全国医学高等专科教育"十三五"规划教材

供护理、助产等相关专业使用

生物化学

梁金环　徐坤山　王晓凌　主编

化学工业出版社

·北京·

《生物化学》教材共 15 章，包括绪论、蛋白质的结构与功能、核酸的结构与功能、酶、维生素、生物氧化、糖代谢、脂类代谢、氨基酸代谢、核苷酸代谢、遗传信息的传递与表达、细胞信号转导、肝的生物化学、水和电解质代谢、酸碱平衡的调节。本教材在内容上更加贴近专业并与职业岗位需求紧密接轨，针对人才培养的定位与需求，调整、精炼、完善教材内容的编排，化繁为简，由浅入深。每章通过案例导入培养诊断思维，通过知识链接拓展临床思维，通过综合性思考题培养学生综合分析能力和自主学习能力，为教师的互动教学、任务教学、案例教学等多种教学方式提供便利，实现知识、能力、素质的综合培养。

本教材可供高等专科、高等职业教育护理、助产等相关专业学生使用，也可供护理专业各类成人高等教育学生及广大临床护理工作者使用和参考。

图书在版编目(CIP)数据

生物化学/梁金环，徐坤山，王晓凌主编. —北京：
化学工业出版社，2018.8 （2022.8重印）
全国医学高等专科教育"十三五"规划教材
ISBN 978-7-122-32620-1

Ⅰ.①生… Ⅱ.①梁… ②徐… ③王… Ⅲ.①生物化
学-医学院校-教材 Ⅳ.①Q5

中国版本图书馆 CIP 数据核字（2018）第 152015 号

责任编辑：邱飞婵　郎红旗　　　　　　　　装帧设计：关　飞
责任校对：王鹏飞

出版发行：化学工业出版社（北京市东城区青年湖南街 13 号　邮政编码 100011）
印　　装：三河市延风印装有限公司
787mm×1092mm　1/16　印张 16½　字数 415 千字　2022 年 8 月北京第 1 版第 3 次印刷

购书咨询：010-64518888　　售后服务：010-64518899
网　　址：http://www.cip.com.cn
凡购买本书，如有缺损质量问题，本社销售中心负责调换。

定　　价：**49.00 元**

全国医学高等专科教育"十三五"规划教材
编审委员会

出版说明

为服务于我国医学高等专科教育护理专业高素质技能型人才的培养，贯彻教育部对"十三五"期间高职高专医药卫生类教材建设的要求，适应现代社会对护理人才岗位能力和职业素质的需要，遵照国家卫生和计划生育委员会关于职业资格考试大纲修订的要求，化学工业出版社作为国家规划教材重要出版基地，在对各院校护理专业的教学情况进行了大量调研和论证的基础上，于 2016 年 12 月组织 60 多所医学高等院校和高职高专院校，共同研讨并编写了这套高等专科教育护理专业"十三五"规划教材。

本套教材包括基础课程、专业课程和公共课程 27 种，其编写特点如下：

① 在全国广泛、深入调研的基础上，总结和汲取"十二五"教材的编写经验和成果，顺应"十三五"数字化教材的特色，充分体现科学性、权威性，同时考虑其全国范围的代表性和适用性。

② 遵循教材编写的"三基""五性""三特定"的原则。

③ 充分借鉴了国内外有关护理专业的最新研究成果，汲取国内不同版本教材的精华，打破了传统空洞、不实用的研究性知识写作思想，做到基础课程与专业课程紧密结合，临床课程与实践课程紧密对接，充分体现行业标准、规范和程序，把培养高素质技能型人才的宗旨落到实处。

④ 适应教学改革要求。本套教材大部分配有数字资源，部分学科还配有微课，以二维码形式与纸质版教材同期出版。

⑤ 教材出版后，化学工业出版社通过教学资源网（www.cipedu.com.cn）同期配有数字化教学内容（如电子教案、教学素材等），并定期更新。

⑥ 本套教材注重系统性和整体性，力求突出专业特色，减少学科交叉，避免相应学科间出现内容重复甚至表述不一致的情况。

⑦ 各科教材根据院校实际教学学时数编写，精炼文字，压缩篇幅，利于学生对重要知识点的掌握。

⑧ 在不增加学生负担的前提下，提高印刷装帧质量，根据学科需要部分教材采用彩色印刷，以提高教材的质量和可读性。

本套教材的编写与出版，得到了广大医学高等院校和高职高专院校的大力支持，作者均来自全国各学科一线，具有丰富的临床、教学、科研和写作经验。希望本套教材的出版，能够推动我国高职高专护理专业教学改革与人才培养的进步。

附：全国医学高等专科教育"十三五"规划教材书目

书　名	主　编		
《人体解剖学与组织胚胎学》	刘　扬	乔跃兵	金昌洙
《医用化学》	江　勇	郭梦金	
《生物化学》	梁金环	徐坤山	王晓凌
《生理学》	景文莉	董泽飞	叶颖俊
《病理学与病理生理学》	吴义春	付玉环	
《病原生物学与免疫学》	栾希英	马春玲	
《药理学》	王　卉	王垣芳	张　庆
《护理学导论》	张连辉	徐志钦	
《基础护理学》	田芬霞	高　玲	
《健康评估》	孙国庆	刘士生	宋长平
《内科护理学》	余红梅	吕云玲	
《外科护理学》	李远珍	吕广梅	李佳敏
《妇产科护理学》	王巧英	冯　蓉	张　露
《儿科护理学》	董荣芹	陈　梅	
《急救与灾难护理学》	储媛媛	许　敏	
《眼耳鼻喉口腔科护理学》	唐丽玲		
《中医护理学》	温茂兴	康凤河	
《社区护理学》	闫冬菊	杨　明	马连娣
《老年护理学》	刘　珊	王秀清	
《精神科护理学》	雷　慧	孙亚丽	
《康复护理学》	姜贵云	李文忠	
《护理心理学》	汪启荣	乔　瑜	
《护理礼仪与人际沟通》	季　诚		
《预防医学》	王祥荣		
《护理管理学》	唐园媛		
《医学统计学》	郭秀花		
《就业指导》	袁金勇	周文一	

全国医学高等专科教育"十三五"规划教材
编审委员会

《生物化学》编写人员名单

主　编　梁金环　徐坤山　王晓凌

副主编　孔丽君　王宏娟　王健华

编　者（以姓氏笔画为序）

王宏娟（首都医科大学燕京医学院）

王晓凌（邢台医学高等专科学校）

王健华（邢台医学高等专科学校）

孔丽君（滨州医学院）

赵利娜（沧州医学高等专科学校）

袁海建（泰州职业技术学院）

贾艳梅（山西医科大学汾阳学院）

徐坤山（泰州职业技术学院）

梁金环（沧州医学高等专科学校）

甄江涛（天津医学高等专科学校）

鄢　雯（首都医科大学燕京医学院）

前 言

本教材以教育部"国家教育事业发展'十三五'规划"为基本指导思想，以"三基""五性""三特定"为基本原则，突出职业教育教材的特点，强调对学生基本理论、基本技能的培养，以提高技术应用能力为宗旨，根据岗位需求编写完成。

高职护理专业教育是以培养高素质实用型护理专门人才为目标，重点培养学生的护理技能和职业素养。按照"健康中国建设战略"的要求，对护理专业人员的专业知识和护理技能的要求也越来越高。本教材的编写思路与内容设置紧扣护理专业的人才培养目标和专业特色，同时兼顾学生的后续发展需要，强调基础理论、基本知识和基本技能。基本理论和基本知识力求必需、够用，同时兼顾知识的前沿性，体现高职护理专业特点，满足护理专科教学需要。

本教材共15章，主要内容包括四个方面。一是生物分子的结构与功能，包括蛋白质的结构与功能、核酸的结构与功能、酶及维生素四章内容；二是物质代谢与调节，包括生物氧化、糖代谢、脂类代谢、氨基酸代谢及核苷酸代谢五章内容；三是遗传信息的传递，包括遗传信息的传递与表达及细胞信号转导两章内容；四是专题篇，包括肝的生物化学、水和电解质代谢及酸碱平衡的调节三章内容。教材知识体系构建完整，注重基本理论、基本知识。

在内容组织上，本教材充分体现专业特点，突出护理专业应用相关内容，如物质代谢的基本规律、疾病的生化机制、生化指标的临床意义以及专题篇等内容；同时兼顾学科发展及学科交叉性，为后续基础医学课程及专业课程打下基础。

在教材编排上，每章正文前设有"学习目标"和"案例导入"，正文中设有"考点提示"和"知识链接"，正文后附有"思考题"；同时配有课件、能力测试题等富媒体内容，力求为师生提供立体化空间，更好地为生物化学教学服务。

本教材主要适用于3年制高职高专护理、助产专业教学，也可供高职高专其他相关医学类专业学生使用，还可用于学生的毕业后续学习。

本教材由全国7所高职高专院校的11位具有高度责任心及丰富教学经验的一线教师编写完成。在编写过程中，各位编者勤勉负责、严谨认真，团队精诚协作，保障了教材的质量及编写任务的顺利完成，在此表示由衷的感谢。

由于学术水平有限，本教材在内容和组织编排上难免有遗漏和不当之处，敬请广大师生批评指正，使其日臻完善。

梁金环　徐坤山　王晓凌

2018 年 7 月

目录

第一章

绪　论

○○
○○
○○

【学习目标】
- ◆ **掌握**：生物化学的概念。
- ◆ **熟悉**：生物化学的研究内容。
- ◆ **了解**：生物化学的发展过程；生物化学与医学的关系。

案例导入

案例回放：

　　某女性，21 岁，对自己体型不满意而采取运动减肥，同时节食，尤其减少食物中糖的摄入。每日骑单车持续约 2h，于锻炼 2 日后，出现双腿疼痛、肿胀，尿液呈现酱油色，遂于当地医院就诊。查血清肌酸激酶及肌红蛋白均显著升高。考虑是剧烈运动所致肌细胞损伤（横纹肌溶解症）。

思考问题：

　　1.骨骼肌运动所消耗的能量主要由哪些物质提供？

　　2.较长时间剧烈运动后体内这些物质代谢有何变化？

　　3.检测血清肌酸激酶、肌红蛋白的水平，有何意义？

　　生物体是由各种化学物质构成的，这些组成成分在体内不断地进行着各种化学变化，以维持正常的生命活动。生物化学就是一门研究生物体的化学组成以及生命过程中发生的各种化学变化规律的科学。生物化学是从分子水平来探讨生命现象的化学本质，所以又被称为生命的化学。生物化学是生命科学领域的前沿学科，在医药学、农业、工业等领域具有广泛的应用。

　　生物化学按照研究对象的不同，可分为动物生物化学、植物生物化学、微生物生物化学等分支。以人体为主要研究对象的生物化学称为医学生物化学，它在分子水平探讨生命过程的本质及疾病发病机制，是一门非常重要的医学基础课程。

　　★ **考点提示：生物化学的概念**

一、生物化学的发展简史

　　生物化学是随着人们的生产和生活实践逐渐发展起来的。在我国，劳动人民在生产、生活实践中掌握了很多生物化学的知识和技术并代代相传。例如，公元前 21 世纪我国人民已能酿酒，这是我国古代用"曲"作"媒"（即酶）催化谷物淀粉发酵的实践；同一时期，我们的祖先已能用豆、谷、麦等原料，制成酱、饴、醋等，也是利用酶进行的生化过程；在我国汉代已能制作豆腐，这是利用了蛋白质沉淀的性质；唐代"药王"孙思邈用猪肝治疗雀目，实际是用富含维生素A的猪肝治疗夜盲症等。

18世纪后期，随着有机化学及生物学等学科的发展，科学家开始应用化学、物理学及生物学的原理及方法研究生命现象。1903年德国学者纽伯（C. Neuberg）提出"生物化学"这一名称，标志着生物化学成为一门独立的学科。其发展历程可大致分为三个阶段。

（一）静态生物化学阶段

18世纪中叶到20世纪初是生物化学的初级阶段，又称静态生物化学阶段或叙述生物化学阶段。在这期间，主要工作是对生物体的各种组成成分进行分离、纯化，进而确定生物体的化学组成、结构及理化性质。1815年至1832年期间法国科学家Braconnot H鉴定出脂肪、甘氨酸、亮氨酸及纤维素等生物体组成成分；19世纪末，人们又确定了生物体内的单糖、二糖及淀粉等多糖的基本组成和结构；1865年瑞士科学家Miescher F发现了核酸；1902年Fischer H首次证明蛋白质是由不同氨基酸组成的；化学家Ernst Hoppe-Seyler首次从血液中分离出血红蛋白，并于1864年制成结晶，证明"血液的红色是由血红蛋白的颜色引起的"；对酵母发酵过程的研究发现了能催化生物化学反应的"可溶性催化剂"，奠定了酶学的基础。

（二）动态生物化学阶段

从20世纪初期开始，生物化学进入了蓬勃发展的阶段。这个时期重点研究物质的代谢转变，故称动态生物化学阶段。随着对生物分子认识的积累，科学家开始研究这些生物分子在体内的化学变化。到20世纪50年代，基本确定了生物体内主要物质的基本代谢途径及其与能量代谢的关系，例如糖酵解过程、三羧酸循环、尿素合成过程、脂肪酸β-氧化、ATP生成方式氧化磷酸化等。这一时期另外一些重要研究成果是：在内分泌方面，发现垂体激素、胰岛素、胰高血糖素、雌二醇、孕酮等多种激素；在营养学方面，发现必需脂肪酸、必需氨基酸和多种维生素；在酶学方面，制备了脲酶、胃蛋白酶、胰蛋白酶结晶，证明酶的化学本质是蛋白质。

（三）分子生物学时期

20世纪后半叶以来，生物化学飞速发展，进入了分子生物学时期。1953年青年科学家Watson J和Crick F提出DNA双螺旋结构模型，标志着生物化学的发展进入了以核酸和蛋白质等生物大分子为主要研究内容的分子生物学时期。此后，对DNA的复制、RNA的转录及蛋白质的合成过程进行了深入的研究，提出了遗传信息传递的中心法则。20世纪70年代，重组DNA技术建立，使基因操作几乎无所不能，人们主动改造生物体成为可能。20世纪末发动的人类基因组计划是人类生命科学中的又一伟大创举，它揭示了人类遗传学图谱的基本特点，将为人类的健康和疾病的研究带来根本性的变革。在人类基因组计划之后，功能基因组的研究迅速崛起，从基因组整体水平上对基因的活动规律进行研究。在人类基因组计划和功能基因组研究的基础上，1994年Wilkins等提出蛋白质组学的概念，蛋白质组学在整体水平上研究组织细胞蛋白质的组成及动态变化。"组学"的发展使人类对生命的认识又从单个分子的研究回归整体，更有利于揭示生命的奥秘。分子生物学的基本理论和技术正在给医药卫生领域带来一场新的变革。

我国学者对生物化学的贡献

我国学者对生物化学的发展做出了重要贡献。早在20世纪30年代，吴宪提出了蛋白质变性学说，创立了血滤液的制备和血糖测定法。新中国成立后，我国的生物化学迅速发展。1965年我国科学家首次人工合成了具有生物活性的结晶牛胰岛素；1981年又成功合成了酵母丙氨酰-tRNA；1999年我国参加人类基因组计划，承担其中1%的任务，并于次年完成；2002年我国学者完成了水稻的基因组精细图；2002年启动的人类蛋白质组计划中，中国科学家领衔完成人类肝蛋白质组计划，在2010年精确鉴定出6788种蛋白质，成为首个被鉴定的人体蛋白质组；2010年中国科学家又承担了人类染色体蛋白质组计划中1号、8号和20号染色体对应蛋白质的鉴定任务。此外，在基因工程、蛋白质工程、疾病相关基因研究等方面，我国均取得重要成果。

二、生物化学的研究内容

（一）生物分子的组成、结构与功能

生物体由蛋白质、核酸、糖类、脂类、水及无机盐等物质组成，其中蛋白质、核酸、多糖等分子量大、结构和功能复杂，称为生物大分子。结构复杂的生物大分子都是由种类有限的有机小分子物质构成的，例如蛋白质是由氨基酸组成的，核酸的基本组成单位是核苷酸。核酸和蛋白质对生命体具有极其重要的意义，核酸是遗传信息的载体，而蛋白质是遗传信息的表达产物，是生命活动的具体执行者。

生物体内的组成物质有的直接来自体外，如水、无机盐和维生素，大部分是利用食物消化吸收的物质在体内重新合成。通常将糖、脂类、蛋白质、水、无机盐及维生素等称为人体需要的六大营养素，必须从食物摄取。食物中核酸消化吸收的产物大多直接分解代谢排出体外，体内的核苷酸主要来自机体的自身合成，因此核酸不属于饮食中必需的营养素。

大分子物质结构复杂，都具有特定的基本结构和空间结构，其结构与功能之间关系密切，结构是功能的基础。

（二）物质代谢与调节

生命的基本特征是新陈代谢。在生物体的整个生命过程中，一方面机体不断地从外界摄取营养物质，合成自身组织，同时储存能量，称为合成代谢；另一方面又不断将其自身组织进行分解，形成代谢废物排出体外，同时释放能量供机体需要，称为分解代谢。这种机体与周围环境之间进行物质交换和能量交换，以实现自我更新的过程即新陈代谢。据估计，一个人在一生中（以60岁年龄计算）与外环境交换的物质，约相当于60000kg水、10000kg糖类、1600kg蛋白质及1000kg脂类。

体内的物质代谢主要包括糖代谢、脂类代谢、蛋白质代谢及核苷酸代谢等，其代谢过程往往由一系列连续的由酶催化的化学反应所构成，各种代谢途径错综复杂又相互联系。在一个细胞中，同一时间有近2000多种酶催化着不同代谢途径中的各种化学反应，并使其互不干扰、有条不紊地以惊人的速度进行着，这是因为体内有完善的调节系统，来精准调控各种物质代谢途径的速度和方向，以适应机体的生理需求。一旦调节系统出现异常，就会引起物质代谢的紊乱，进而导致疾病的发生。例如糖尿病就是因调节糖代谢的胰岛素功能下降而引起的。

生命活动是靠物质代谢来维持的，认识物质代谢及其调节对于我们了解生命活动的基本

规律、探讨疾病的发病机制及对疾病的预防和诊断，都具有重要的意义。

（三）遗传信息的传递与表达

生命的另一重要特征是具有繁殖能力和遗传特性。生物体在繁衍后代的过程中，遗传信息代代相传。DNA是遗传的主要物质基础，基因即DNA分子中储存遗传信息的基本单位。繁殖就是遗传信息在亲代和子代之间的传递，体细胞的分裂增殖就是遗传信息在个体内部的传递。遗传信息的传递与表达涉及DNA复制、转录、翻译等一系列过程。遗传信息通过这一系列的传递过程，最终生成具有各种功能的蛋白质。遗传信息的传递与表达涉及遗传、变异、生长及分化等诸多生命过程，也与遗传疾病、恶性肿瘤、心血管病等多种疾病的发生机制有关。因此，遗传信息的传递与表达及其调控机制，是现代生物化学研究的中心环节。

★ 考点提示：生物化学的主要研究内容

三、生物化学与医学的关系

生物化学是一门必修的基础医学课程，也是生命科学中进展最为迅速的学科之一。生物化学的理论和技术已经渗透到医学的各个学科和领域，成为各学科、各领域进一步研究和发展不可或缺的知识和技术支撑。如果把解剖学作为医学各学科的"宏观基础"，那么生物化学就是医学各学科的"微观基础"。尤其是分子生物学原理及技术的应用，加速了现代医学的发展。

人类的健康有赖于体内的生物分子保持正常的结构与功能及有序的代谢过程，而疾病的发生、发展都有其分子基础。因此，生物化学的基本理论有助于我们在分子水平认识疾病，理解疾病的发生、发展机制，对于疾病的预防、诊断、治疗等有着重要作用。

生物化学检验技术是重要的临床检验技术，通过对血、尿、脑脊液等样品中蛋白质、酶类、葡萄糖、脂类、胆红素等分子的检测，帮助临床医生诊断疾病、评价治疗效果和分析预后。1978年，首次应用基因诊断技术对镰刀形红细胞贫血进行了产前诊断，开创了分子诊断的新时代，目前基因诊断已广泛应用于感染性疾病、肿瘤、遗传性疾病等的临床检测。

通过生物技术生产的生物制品在临床诊断、治疗和疾病预防中起着越来越重要的作用。例如，目前使用的乙肝疫苗是基因工程疫苗，具有很好的免疫效果；现阶段临床最常使用的胰岛素是利用重组DNA技术获得的高纯度的人胰岛素，克服了猪胰岛素或牛胰岛素易产生抗体的缺陷。随着生物技术的迅速发展，各种免疫、诊断制品和治疗用生物药品不断涌现，推动了新的预防、诊断、治疗方法的建立。

生物化学与护理学也是密不可分的。新型护理人才要具备很多方面的能力，如护理基本操作技术、对常见病和多发病病情及用药反应的观察、对患者进行的健康评估及健康教育、对大众的卫生保健指导等，这些无不与生物化学基本知识和技术紧密相关。因此，生物化学是护理学教育中非常重要的一门专业基础课，生物化学基本理论和技术可广泛应用于营养学、临床输液、临床护理观察和处理、生化检验、临床治疗用药等很多方面。因此，学习生物化学知识，对护理人才非常重要。

★ 考点提示：生物化学与医学的关系

思考题

一、名词解释
1. 生物化学

2.生物大分子

二、填空题

1.生物体主要由_____、_____、_____、_____、水和无机盐组成。

2._____标志着生物化学的发展进入分子生物学阶段。

三、简答题

1.简述生物化学的主要研究内容。

2.简述生物化学与医学的关系。

（梁金环）

第二章

蛋白质的结构与功能

○○○○○○○○○○○○○○○○○○○○○○○○○○○○○○○○○○○○○○○
○○○○○○○○○○○○○○○○○○○○○○○○○○○○○○○○○○○○○○○
○○○○○○○○○○○○○○○○○○○○○○○○○○○○○○○○○○○○○○○

【学习目标】

◆ **掌握**：蛋白质的元素组成特点；氨基酸的结构特点；蛋白质一级结构的概念及其主要的化学键；蛋白质变性的概念及应用。

◆ **熟悉**：肽键、肽的概念；蛋白质二级结构、蛋白质三级结构、蛋白质四级结构的概念及维持各级结构的作用力；蛋白质的两性电离、胶体性质、紫外吸收性质及其应用；蛋白质的沉淀方法。

◆ **了解**：氨基酸的分类；蛋白质结构与功能的关系；蛋白质的分类。

案例导入

案例回放：

　　2008年，很多食用三鹿集团生产的婴幼儿奶粉的婴儿被发现患有肾结石，部分患儿已发展为肾功能不全，甚至死亡。随后在其生产的奶粉中发现化工原料三聚氰胺，由此引起一系列连锁事件，重创了中国乳品行业，这就是有名的"三鹿奶粉事件"。

思考问题：

　　1. 不法分子为什么在牛奶中添加三聚氰胺？

　　2. 如何防止类似事件的再次发生？

　　蛋白质（protein）是由氨基酸组成的一类生物大分子，是生命的物质基础。人体物质组成中除了水，含量最多的就是蛋白质，约占固体成分的45%，广泛分布于几乎所有的组织器官。种类繁多的蛋白质在物质转运、催化作用、免疫反应、代谢调节及肌肉收缩等方面发挥着重要作用。

第一节　蛋白质的分子组成

一、蛋白质的元素组成

　　蛋白质种类繁多，结构各异，但所有蛋白质的基本组成元素相同，主要有碳、氢、氧、氮和少量的硫。有些蛋白质还含有微量的磷、铁、锌、铜、锰、钴、钼、碘等元素。各种蛋白质的含氮量很接近，平均为16%，这是蛋白质元素组成的一个特点。蛋白质是体内最主要的含氮物质，因此可通过测定生物样品中的含氮量，推算出其中蛋白质的大致含量。

100g样品中蛋白质的含量（g%）＝1g样品的含氮克数×6.25×100

二、蛋白质的基本组成单位——氨基酸

蛋白质在酸、碱或蛋白酶的作用下，可以被水解为小分子物质，其终产物是氨基酸，因此蛋白质的基本组成单位是氨基酸（amino acid）。

（一）氨基酸的结构通式

组成天然蛋白质的氨基酸，连接羧基的碳原子（α-碳原子）上还连有一个氨基、一个 H 原子和一个 R 侧链基团，不同氨基酸的差别在于 R 基团的不同。氨基酸的结构通式如下：

$$R-\underset{\underset{NH_2}{|}}{CH}-COOH$$

（二）氨基酸的结构特点

存在于自然界中的氨基酸有 300 余种，但组成人体蛋白质的氨基酸只有 20 种，它们在结构上有以下特点。

（1）都是 α-氨基酸（脯氨酸除外） 组成蛋白质的天然氨基酸的氨基均连接在 α-碳原子上，因此被称为 α-氨基酸。脯氨酸为 α-亚氨基酸。

（2）都是 L-氨基酸（甘氨酸除外） 甘氨酸 R 基为 H，α-碳原子不是手性碳原子，只有一种空间构型，不分型；而其他氨基酸的 α-碳原子都是手性碳，有旋光异构现象，存在 L-型和 D-型两种不同的空间构型。组成蛋白质的 20 种氨基酸，除甘氨酸和脯氨酸外，其他均为 L-α-氨基酸。

$$H_2N-\underset{\underset{R}{|}}{\overset{\overset{COOH}{|}}{C}}-H \qquad H-\underset{\underset{R}{|}}{\overset{\overset{COOH}{|}}{C}}-NH_2$$

L-α-氨基酸 　　　　　　 D-α-氨基酸

（三）氨基酸的分类

根据侧链（R 基）的结构和性质不同，将 20 种氨基酸分为四类：非极性侧链氨基酸、极性中性侧链氨基酸、酸性侧链氨基酸和碱性侧链氨基酸（表 2-1）。

表 2-1　组成蛋白质的 20 种氨基酸的结构及分类

中文名	结构式	英文名	缩写	符号	等电点
1. 非极性侧链氨基酸					
甘氨酸	H—CH—COOH 　　| 　　NH$_2$	glycine	Gly	G	5.97
丙氨酸	CH$_3$—CH—COOH 　　　| 　　　NH$_2$	alanine	Ala	A	6.00
缬氨酸	CH$_3$—CH—CH—COOH 　　　|　　| 　　CH$_3$　NH$_2$	valine	Val	V	5.96
亮氨酸	CH$_3$—CH—CH$_2$—CH—COOH 　　　|　　　　| 　　CH$_3$　　　NH$_2$	leucine	Leu	L	5.98
异亮氨酸	CH$_3$—CH$_2$—CH—CH—COOH 　　　　　|　| 　　　　CH$_3$　NH$_2$	isoleucine	Ile	I	6.02
苯丙氨酸	C$_6$H$_5$—CH$_2$—CH—COOH 　　　　　　| 　　　　　　NH$_2$	phenylalanine	Phe	F	5.48
脯氨酸	CH—COOH（环状 NH）	proline	Pro	P	6.30
甲硫氨酸	CH$_3$—S—CH$_2$CH$_2$—CH—COOH 　　　　　　　　　| 　　　　　　　　　NH$_2$	methionine	Met	M	5.74
2. 极性中性侧链氨基酸					
色氨酸	吲哚—CH$_2$—CH—COOH 　　　　　| 　　　　　NH$_2$	tryptophan	Trp	W	5.89
丝氨酸	HO—CH$_2$—CH—COOH 　　　　　| 　　　　　NH$_2$	serine	Ser	S	5.68
苏氨酸	HO—CH—CH—COOH 　　　|　| 　　CH$_3$　NH$_2$	threonine	Thr	T	5.60
酪氨酸	HO—C$_6$H$_4$—CH$_2$—CH—COOH 　　　　　　　　| 　　　　　　　　NH$_2$	tyrosine	Tyr	Y	5.66
半胱氨酸	HS—CH$_2$—CH—COOH 　　　　　| 　　　　　NH$_2$	cysteine	Cys	C	5.07
天冬酰胺	H$_2$N—CO—CH$_2$—CH—COOH 　　　　　　　| 　　　　　　　NH$_2$	asparagine	Asn	N	5.41

中文名	结构式	英文名	缩写	符号	等电点
谷氨酰胺	$\overset{O}{\underset{H_2N}{\|\|}}C-CH_2-CH_2-\overset{\|}{\underset{NH_2}{C}}H-COOH$	glutamine	Gln	Q	5.65
3.酸性侧链氨基酸					
天冬氨酸	$HOOC-CH_2-\overset{\|}{\underset{NH_2}{C}}H-COOH$	aspartic acid	Asp	D	2.97
谷氨酸	$HOOC-CH_2-CH_2-\overset{\|}{\underset{NH_2}{C}}H-COOH$	glutamic acid	Glu	E	3.22
4.碱性侧链氨基酸					
赖氨酸	$H_2NCH_2CH_2CH_2CH_2-\overset{\|}{\underset{NH_2}{C}}H-COOH$	lysine	Lys	K	9.74
精氨酸	$H_2N\overset{\|}{\underset{NH}{C}}NHCH_4CH_2CH_2-\overset{\|}{\underset{NH_2}{C}}H-COOH$	arginine	Arg	B	10.76
组氨酸	$CH_2-\overset{\|}{\underset{NH_2}{C}}H-COOH$	histidine	His	H	7.59

一般来说，非极性侧链氨基酸的水溶性比极性中性侧链氨基酸差，而酸性侧链氨基酸和碱性侧链氨基酸水溶性强于极性中性侧链氨基酸。酸性侧链氨基酸的侧链都含有羧基，碱性侧链氨基酸的侧链含有氨基、胍基或咪唑基。

三、蛋白质中氨基酸的连接方式

蛋白质是由氨基酸聚合而成的高分子化合物。在蛋白质分子中，氨基酸之间通过肽键相连。肽键是一个氨基酸的 α-羧基与另一个氨基酸的 α-氨基脱水缩合形成的酰胺键。

$$H_2N-\overset{\|}{\underset{R_1}{C}}H-COOH + H_2N-\overset{\|}{\underset{R_2}{C}}H-COOH \xrightarrow{-H_2O} H_2N-\overset{\|}{\underset{R_1}{C}}H-\overset{O}{\overset{\|\|}{C}}-N-\overset{\|}{\underset{R_2}{C}}H-COOH$$

肽键

氨基酸通过肽键相连而成的化合物称为肽。由两个氨基酸缩合生成的肽称为二肽，三个氨基酸缩合生成三肽，依此类推，通常把十肽以下者称为寡肽，十肽以上者称为多肽。多肽是链状化合物，故称为多肽链。多肽链中的氨基酸由于脱水缩合已不是完整的氨基酸，故称为氨基酸残基。多肽链中由肽键连接成的长链骨架称为主链，各氨基酸残基的侧链基团称为侧链。

多肽链有两个末端，有游离氨基的一端称为氨基末端或 N-末端；有游离羧基的一端称羧基末端或 C-末端。多肽链的方向是从 N-端指向 C-端，命名和书写肽链，均从左到右依次将各氨基酸的名称列出。

生物体内能合成许多具有重要生物学活性的小分子肽，称为生物活性肽。如：谷胱甘肽

（glutathione，GSH），是由谷氨酸、半胱氨酸和甘氨酸组成的 3 肽，具有很强的抗氧化作用；又如下丘脑分泌的促甲状腺素释放激素（TRH，3 肽）、缩宫素（oxytocin，9 肽）及腺垂体分泌的促肾上腺皮质激素（ACTH，39 肽）等。近年来，通过重组 DNA 技术，在体外还可以生成重组多肽类药物、重组多肽类疫苗等。

★ 考点提示：蛋白质元素组成特点及应用；氨基酸的结构特点；蛋白质中氨基酸的连接方式

第二节　蛋白质的分子结构

蛋白质是由氨基酸通过肽键连接而成的生物大分子，蛋白质多肽链中氨基酸的排列顺序及其空间排布构成蛋白质的分子结构。蛋白质的分子结构可分为一级结构、二级结构、三级结构和四级结构，一级结构又称基本结构，二级结构、三级结构、四级结构统称空间结构（或称高级结构、空间构象）。并非所有蛋白质都有四级结构，由一条肽链构成的蛋白质只有一级结构、二级结构和三级结构；由两条或两条以上肽链构成的蛋白质才有四级结构。

一、蛋白质的一级结构

蛋白质的一级结构是指蛋白质多肽链中氨基酸从 N-端到 C-端的排列顺序。一级结构中的主要化学键是肽键，另外还有少量的二硫键。二硫键是由两个半胱氨酸残基的巯基脱氢而生成的。

牛胰岛素是第一个被测定一级结构的蛋白质（图 2-1）。其由 51 个氨基酸残基组成，分 A、B 两条多肽链，A 链有 21 个氨基酸残基，B 链有 30 个氨基酸残基。胰岛素分子中有 3 个二硫键，一个位于 A 链内部，由 A 链本身的第 6 位和第 11 位两个半胱氨酸形成，称为链内二硫键；A、B 两条链通过两个二硫键相连，称为链间二硫键。

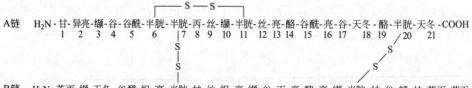

图 2-1　牛胰岛素的一级结构

蛋白质的一级结构决定空间结构，也是特异生物学功能的基础。不同蛋白质所含氨基酸数目、种类及在多肽链中的排列顺序不同，这就形成了功能各异的蛋白质。因此，对蛋白质一级结构的研究，是在分子水平上阐述蛋白质结构与其功能关系的基础，对揭示某些疾病的发病机制及治疗、预防都有十分重要的意义。

二、蛋白质的空间结构

蛋白质分子的多肽链并不是线性伸展，而是按照一定方式折叠盘绕，形成特定的空间结构。各种蛋白质的分子形状、理化特性和生物学功能主要是由其特定的空间结构所决定。

（一）蛋白质的二级结构

蛋白质的二级结构是指多肽链中主链骨架原子的局部空间排布，不涉及侧链的构象。维持蛋白质二级结构稳定的主要作用力是氢键。

1. 肽键平面

肽链中肽键的键长为 0.132nm，介于 C—N 单键（长 0.149nm）和 C═N 双键（长 0.127nm）之间，故肽键具有部分双键的性质，不能自由旋转。肽键中的 C、O、N、H 四个原子和与它们相邻的两个 α-碳原子都处在同一个平面上，该平面称肽键平面（也称肽单元）（图 2-2）。C_α-N 和 C_α-CO 相连的键都是典型的单键，可以自由旋转，旋转角度的大小决定了两个肽键平面之间的关系。

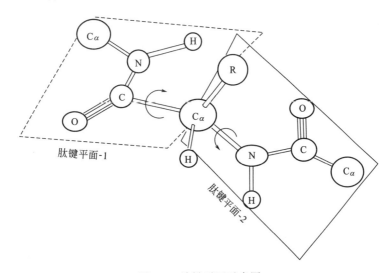

图 2-2　肽键平面示意图

2. 蛋白质二级结构的基本形式

蛋白质二级结构的基本形式包括 α-螺旋、β-折叠、β-转角和无规卷曲，其中 α-螺旋和 β-折叠是最常见的两种二级结构形式。

（1）α-螺旋　是指多肽链中肽单元通过 α-碳原子的相对旋转，沿长轴方向按规律盘绕形成的一种紧密螺旋结构（图 2-3）。其结构特点如下：①多肽链主链以肽单元为单位，围绕中心轴有规律的螺旋上升，以 α-碳原子为转折点，形成右手螺旋结构；②螺旋一圈包含 3.6 个氨基酸残基，每个氨基酸残基向上移动 0.15nm，螺旋螺距（螺旋上升一圈的高度）为 0.54nm；③第一个肽键平面羰基（—CO）氧与第四个肽键平面亚氨基（—NH）氢形成氢键。氢键的方向与螺旋长轴基本平行，氢键是一种弱的非共价键，但由于主链上所有肽键平面都参与了氢键的形成，因此 α-螺旋很稳定；④各氨基酸残基的侧链 R 均伸向螺旋外侧，R 基团的大小、形状、性质及所带电荷状态都能影响 α-螺旋的形成及其稳定性。

α-螺旋结构是最常见的蛋白质二级结构。毛发的角蛋白、肌肉的肌球蛋白、血凝块中的纤维蛋白，它们的多肽链几乎全长都卷曲成 α-螺旋。肌红蛋白和血红蛋白分子中也有许多 α-螺旋结构。

（2）β-折叠　是多肽链充分伸展、呈有规律锯齿状的二级结构形式，也称 β-片层。两条

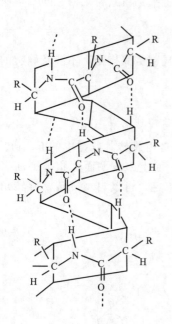
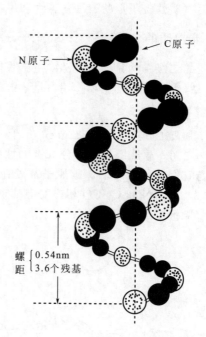

图 2-3　α-螺旋结构示意图

及以上肽链或一条肽链内的若干肽段的锯齿状结构平行排列，肽链走向可相同，也可相反，彼此之间形成氢键以稳固 β-折叠结构（图 2-4）。

蚕丝蛋白几乎都是 β-折叠结构，许多蛋白质同时具有 β-折叠和 α-螺旋结构。

（3）β-转角　常发生于肽链进行 180°回折的转角上，回折部分称为 β-转角（图 2-5）。β-转角通常由 4 个连续的氨基酸残基组成，第一个氨基酸残基与第四个氨基酸残基之间形成氢键，以维持转角构象的稳定。由于 β-转角可使肽链的走向发生改变，所以常出现在球状蛋白质分子的表面。

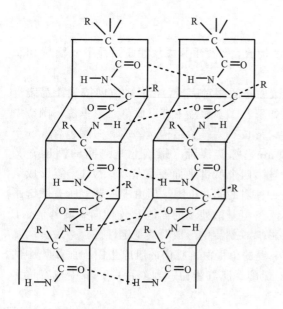

图 2-4　β-折叠结构示意图

图 2-5　β-转角结构示意图

（4）无规卷曲　多肽链中除上述几种比较规则的构象外，其余没有确定规律性的那部分肽链构象称为无规卷曲。

（二）蛋白质的三级结构

蛋白质的三级结构是指整条多肽链中所有氨基酸残基的相对空间位置，包括主链、侧链。三级结构是在二级结构的基础上，侧链 R 基团相互作用使肽链进一步折叠而形成的三维空间结构。

维持三级结构的作用力主要是非共价键（图 2-6），包括疏水键、盐键、氢键、范德华力和二硫键等，统称次级键，维系蛋白质一级结构的肽键又称为主键。疏水键是许多疏水基团避开水相、相互聚合而藏于蛋白质分子内部的力量，它是维持蛋白质三级结构最主要的稳定因素。酸性和碱性氨基酸的 R 基团可以带电荷，正负电荷可以相互吸引而形成盐键；氢和氧原子在空间上相互靠近、相互吸引形成氢键；分子中原子之间的作用力称为范德华力。有些蛋白质分子中还有邻近的两个半胱氨酸的巯基共价结合形成二硫键参与三级结构的稳定。三级结构形成后，氨基酸残基的疏水性侧链常分布于分子的内部，而亲水基团则大多位于分子的表面。

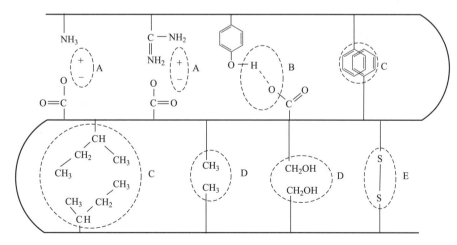

图 2-6　维持蛋白质三级结构稳定的化学键
A—盐键（离子键）；B—氢键；C—疏水键；D—范德华力；E—二硫键

由一条多肽链构成的蛋白质，只有具有三级结构才能发挥生物活性。如果蛋白质只由一条多肽链构成，则三级结构为其最高级结构。例如，肌红蛋白是由 153 个氨基酸残基组成的单个肽链蛋白质，含有 1 个血红素辅基。肌红蛋白分子包括 8 个 α-螺旋区，螺旋区之间各有一段无规卷曲。由于侧链基团的相互作用，多肽链盘曲折叠形成球状结构，球状结构的表面主要为亲水基团，内部主要为疏水基团。肌红蛋白主要分布于心肌细胞和骨骼肌细胞，可结合 O_2 并转运到线粒体。

知识链接

结构域

　　分子量较大的蛋白质在形成三级结构时，肽链中某些局部的二级结构汇集在一起，常可折叠成多个结构较为紧密的区域，并各行使其功能，称为结构域（domain）。每个结构域一般由 100～400 个氨基酸残基组成。若用限制性蛋白酶水解，含多个结构域的蛋白质常分成数个结构域，但各结构域的构象基本不变。因此，结构域也可看作是球状蛋白质的独立折叠单位，有较为独立的三维结构。例如免疫球蛋白（IgG）由 12 个结构域组成，2 个轻链上各有 2 个，2 个重链上各有 4 个，抗原、补体分别结合于不同的结构域。有些蛋白质各结构域之间接触多而紧密，从结构上很难划分，因此并非所有蛋白质的结构域明显可分。

（三）蛋白质的四级结构

　　许多蛋白质分子由两条或两条以上多肽链组成，这种蛋白质的每条多肽链都具有独立的三级结构，称为一个亚基，各亚基之间通过非共价键相连而形成特定的空间排布。四级结构就是指蛋白质分子中亚基间的空间排布及相互作用。在蛋白质四级结构中，各亚基间的非共价键主要有氢键、盐键、疏水作用等。只有完整四级结构的蛋白质才具有生物学功能，亚基单独存在一般不具有生物学功能。

　　一种蛋白质分子中，亚基可以相同，也可不同。如血红蛋白就是由两个 α 亚基和两个 β 亚基构成的四聚体（图 2-7）。

　　有些蛋白质虽然由两条或两条以上的多肽链组成，但肽链间通过共价键（如二硫键）连接，这种结构不属于四级结构，如胰岛素。

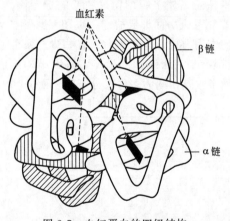

图 2-7　血红蛋白的四级结构

（图中标注：血红素、β链、α链）

　　★ **考点提示**：蛋白质各级结构的概念、作用力

三、蛋白质结构与功能的关系

　　蛋白质的一级结构是其空间结构的基础，二者均与蛋白质功能密切相关。无论一级结构还是空间结构发生改变，都可能影响到蛋白质的生物学功能。

（一）蛋白质一级结构与功能的关系

1. 蛋白质一级结构是空间结构的基础

核糖核酸酶是由一条多肽链构成的蛋白质，有 4 对二硫键。当用尿素和 β-巯基乙醇处理时，该酶中的氢键、二硫键断裂，空间结构被破坏，生物活性丧失。但肽键不受影响，一级结构完整。当去除尿素和β-巯基乙醇后，无规则的多肽链又卷曲折叠成天然酶的空间构象，同时该酶恢复其催化活性（图2-8）。这一现象说明一级结构是空间结构的基础，空间结构遭破坏时，只要一级结构不被破坏，就有可能恢复原有的空间结构。

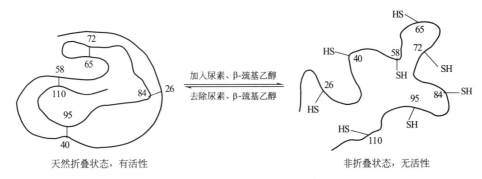

天然折叠状态，有活性　　　　　　　　　　　　　非折叠状态，无活性

图 2-8　核糖核酸酶的变性与复性

2. 一级结构相似的蛋白质，其空间结构和功能也相似

例如，不同哺乳类动物的胰岛素分子，都是由 51 个氨基酸分 A 和 B 两条链组成，并且二硫键的配对位置和空间结构也极相似，在一级结构上只有个别氨基酸差异，因而它们在糖代谢中都起着相同的调节作用。

3. 一级结构中重要部位的氨基酸改变可引起疾病

镰刀形红细胞贫血患者的血红蛋白 β 链第 6 位谷氨酸被缬氨酸取代，仅此一个氨基酸之差，本是水溶性的血红蛋白，就聚集成丝，相互黏着而沉淀，导致红细胞变成镰刀状而极易破碎，产生贫血。这种蛋白质分子一级结构发生改变所导致的疾病，称为"分子病"，其病因为基因突变。

（二）蛋白质空间结构与功能的关系

蛋白质的空间结构直接决定蛋白质的功能，当空间结构发生改变时其生物学功能也随之改变。

1. 蛋白质的功能依赖于特定的空间结构

以血红蛋白（Hb）为例：Hb 由 4 个亚基（$\alpha_2\beta_2$）聚合而成，每个亚基含有 1 个血红素辅基，可与 1 分子 O_2 结合，共可结合 4 个 O_2 分子。Hb 运输氧的功能是通过其对氧的结合与释放来实现的。Hb 未结合 O_2 时，其结构较为紧密，称为紧张态（tense state，T 态），T 态 Hb 与 O_2 的亲和力小。随着与氧的结合，4 个亚基羧基末端之间的盐键断裂，其空间结构发生变化，结构变得相对松弛，称为松弛态（relaxed state，R 态）。在氧丰富的肺中，Hb 呈 R 态，此时与 O_2 的亲和力高，有利于 Hb 迅速充分与 O_2 结合；在组织中 Hb 呈 T 态，此时与 O_2 的亲和力低，有利于 Hb 迅速释放 O_2，供组织利用。

2. 蛋白质空间结构改变可引起疾病

蛋白质空间结构形成过程中，若多肽链的折叠发生错误，尽管一级结构不变，但蛋白质的构象发生改变，仍会影响其功能，严重时可导致疾病的发生，这类疾病称为蛋白质构象病，如老年痴呆症、亨丁顿舞蹈病、疯牛病等。

★ 考点提示：蛋白质结构与功能的关系

第三节　蛋白质的理化性质

一、蛋白质的两性解离和等电点

蛋白质多肽链的两端有游离的 α-氨基和 α-羧基，均是可解离的基团，还有氨基酸残基侧链 R 中的一些可解离的基团，如酸性氨基酸残基的羧基、碱性氨基酸侧链的氨基、胍基和咪唑基等，在一定的 pH 条件下都可以解离而带负电荷或正电荷，因此蛋白质具有两性解离的性质。这些基团在溶液中的解离状态受溶液 pH 的影响。

当蛋白质溶液处于某一 pH 时，蛋白质分子解离成阴离子、阳离子的趋势相等，净电荷为零，呈兼性离子状态，此时溶液的 pH 称为该蛋白质的等电点（pI）。当溶液 pH 小于蛋白质等电点时，蛋白质结合 H^+，带正电荷；当溶液 pH 大于蛋白质等电点时，蛋白质解离出 H^+，带负电荷。蛋白质分子的解离状态可用下式表示：

$$
\begin{array}{ccc}
& \text{COOH} & \\
& | & \\
\text{Pr} & & \\
& | & \\
& \text{NH}_2 & \\
\end{array}
$$

$$
\underset{(\text{pH}<\text{pI})}{\overset{\displaystyle \substack{\text{COOH}\\|\\ \text{Pr}\\|\\ \text{NH}_3^+}}{\text{正离子}}}
\underset{\text{H}^+}{\overset{\text{OH}^-}{\rightleftharpoons}}
\underset{(\text{pH}=\text{pI})}{\overset{\displaystyle \substack{\text{COO}^-\\|\\ \text{Pr}\\|\\ \text{NH}_3^+}}{\text{兼性离子}}}
\underset{\text{H}^+}{\overset{\text{OH}^-}{\rightleftharpoons}}
\underset{(\text{pH}>\text{pI})}{\overset{\displaystyle \substack{\text{COO}^-\\|\\ \text{Pr}\\|\\ \text{NH}_2}}{\text{负离子}}}
$$

人体大多数蛋白质的等电点接近于 pH 5.0，因此在体液 pH 7.4 环境下，大多数蛋白质以负离子（阴离子）形式存在。

不同的蛋白质所含酸性基团、碱性基团数目及解离度不同，等电点也各不相同，因此在同一 pH 环境下，所带净电荷的性质（正或负）及电荷量也就不同。这样在相同电场中移动的方向、速度不同，利用这一特性，可将混合蛋白质通过电泳方法分离、纯化。如以醋酸纤维素薄膜为支持物进行电泳，可将血清蛋白质分为清蛋白、α_1-球蛋白、α_2-球蛋白、β-球蛋白和 γ-球蛋白五类。

二、蛋白质的胶体性质

蛋白质是高分子化合物，分子直径可达 $1\sim100\text{nm}$，为胶粒范围，溶于水形成胶体溶液，具有胶体溶液的各种性质，如扩散速度慢、黏度大、不能透过半透膜等。

蛋白质溶液是一种比较稳定的亲水胶体，蛋白质颗粒表面的同种电荷和水化膜是维持蛋白质胶体稳定的主要因素。蛋白质颗粒表面有许多亲水基团（如氨基、羧基、羟基等），能吸引水分子，使蛋白质颗粒的表面形成一层水化膜，从而将蛋白质颗粒彼此隔开，阻止蛋白质分子聚集沉淀。另外，蛋白质分子在一定 pH 溶液中带有同种电荷，同种电荷相互排斥也能防止蛋白质分子聚合。若去掉蛋白质表面的水化膜，消除同种电荷，蛋白质就极易从溶液中析出（图 2-9）。

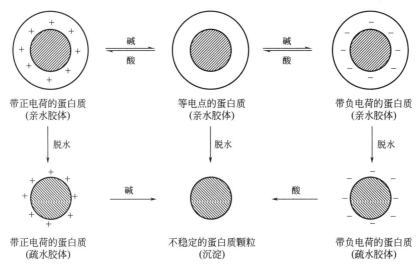

图 2-9　蛋白质胶体的稳定与聚沉

蛋白质胶体颗粒不能透过半透膜。当蛋白质溶液中混杂有小分子物质时，可将此溶液放入半透膜做成的袋内，将袋置于蒸馏水或适宜缓冲液中，小分子杂质即从袋内逸出，大分子蛋白质留于袋内得以纯化，这种方法称为透析。细胞膜和毛细血管壁等都是半透膜，蛋白质等大分子不能自由透过。血浆蛋白质不能透过毛细血管，使血浆蛋白质浓度保持恒定，这对维持血浆胶体渗透压具有重要意义。因此，临床上可用人血清蛋白缓解失血、创伤、肝病或肾病等引起的休克、水肿；利用血液透析帮助肾衰竭患者清除体内的代谢废物及过多的水分。

三、蛋白质的变性

（一）变性的概念

蛋白质主要通过氢键、盐键、疏水作用等非共价键维系其空间结构的稳定，但在某些物理因素或化学因素作用下，其特定的空间结构被破坏，从而导致蛋白质理化性质改变和生物学活性丧失，这种现象称为蛋白质的变性。

引起蛋白质变性的因素有多种，常见的物理因素有高温、高压、紫外线、X 线照射、超声波、剧烈振荡或搅拌等；常见的化学因素有强酸、强碱、重金属盐、有机溶剂、尿素等。

蛋白质变性的实质是次级键断裂，空间结构被破坏，不涉及一级结构的改变。

（二）变性后蛋白质特征

蛋白质变性后其理化性质及生物学活性发生改变，主要表现为溶解度降低、黏度增加、结晶能力消失、易被蛋白酶水解、生物活性丧失。

（三）变性的应用

蛋白质变性具有广泛的应用。在临床医学上，蛋白质变性因素常被用于消毒灭菌、保存生物制品和临床检验等。如应用乙醇、高温高压、紫外线照射等方法，使细菌等病原体的蛋白质变性失活，达到对皮肤、手术器械、室内空气等进行消毒灭菌的目的；在低温条件下保存生物制剂（如抗血清、疫苗等），就是防止蛋白质变性，从而有效保持其活性；加热使蛋白质变性用于尿蛋白测定等。生活上，鸡蛋、肉类等富含蛋白质的食物，熟食营养价值比生食高，是因为熟食中的蛋白质已变性，易被消化道的消化酶水解吸收。

大多数蛋白质变性后，不能再恢复其天然状态，称为不可逆变性。若蛋白质的变性程度较轻时，去除变性因素后，可自发地恢复原有的空间结构和生物学活性，称为复性。例如核糖核酸酶在尿素、β-巯基乙醇的作用下变性，去除变性因素后，酶活性可恢复。但是许多蛋白质变性后，空间构象严重被破坏，不能恢复，为不可逆变性。

四、蛋白质的沉淀与凝固

（一）蛋白质的沉淀

蛋白质从溶液中析出的现象称为蛋白质的沉淀。破坏蛋白质胶体稳定的两个因素——同种电荷和水化膜，即可使蛋白质沉淀。常用方法如下。

1. 盐析

向蛋白质溶液中加入大量的中性盐，使蛋白质从溶液中沉淀析出的现象称为盐析。常用的中性盐有硫酸铵、硫酸钠、氯化钠等。一般用盐析法沉淀的蛋白质不变性，再经透析法除去盐分，即可得到纯净的、保持原活性的蛋白质。

2. 有机溶剂沉淀法

乙醇、甲醇、丙酮等有机溶剂，在等电点时可使蛋白质沉淀。在常温下，有机溶剂沉淀蛋白质往往引起变性，但在低温下，蛋白质不变性。

3. 重金属盐沉淀法

pH 大于等电点时，蛋白质带负电荷，易与带正电的重金属离子［如汞（Hg^{2+}）、铅（Pb^{2+}）、铜（Cu^{2+}）、银（Ag^+）等］结合成不溶性蛋白盐而沉淀。用重金属盐沉淀常引起蛋白质的变性。

利用蛋白质能与重金属盐结合的这种性质，可抢救误服重金属盐中毒的患者。给患者口服大量牛奶或鸡蛋清，然后用催吐剂将结合的重金属盐呕吐出来，以减少重金属对机体的毒性。

4. 生物碱试剂沉淀法

pH 小于等电点时，蛋白质带正电荷，可与某些生物碱试剂（如苦味酸、钨酸、鞣酸、三氯乙酸等）结合生成不溶性的蛋白盐沉淀。生物碱试剂沉淀蛋白质，一般都会引起蛋白质的变性。我国生物化学家吴宪首创的血滤液的制备方法就是利用钨酸沉淀蛋白质除去血液样品中所有的蛋白质。

（二）蛋白质的凝固

蛋白质经强酸、强碱变性后，仍能溶解于强酸或强碱溶液中，调节溶液的 pH 为 pI 时，变性的蛋白质形成絮状沉淀，其仍可溶于强酸或强碱溶液中，但经加热，絮状物转变成较坚固的凝块，而不再溶于强酸或强碱，这种加热使蛋白质变成凝块的现象称为蛋白质的凝固作用。凝固是蛋白质变性后进一步发展的不可逆的结果。

五、蛋白质的紫外吸收性质

蛋白质由于分子中含有色氨酸、酪氨酸，这些氨基酸中含共轭双键，在 280nm 波长处具有特征吸收峰。蛋白质溶液在 280nm 的光吸收值与其浓度成正比，因此可用于蛋白质的定量测定。

★ 考点提示：蛋白质的两性解离和等电点；蛋白质的胶体性质；蛋白质的变性及沉淀；蛋白质的紫外吸收性质

第四节　蛋白质的分类

一、按分子组成分类

根据蛋白质分子组成的不同，可以将其分为单纯蛋白质和结合蛋白质两大类。

1. 单纯蛋白质

在蛋白质分子中，除氨基酸外不含有其他成分的蛋白质称为单纯蛋白质，如清蛋白、球蛋白等。另外，淀粉酶、蛋白酶等消化酶也属于单纯蛋白质。

2. 结合蛋白质

结合蛋白质是由蛋白质和非蛋白质（辅基）两部分组成。结合蛋白质又可按辅基的不同而分为糖蛋白、脂蛋白、核蛋白、磷蛋白、色蛋白、金属蛋白等（表 2-2）。

表 2-2　蛋白质按化学成分分类

类别	举例	非蛋白成分（辅基）
单纯蛋白质	清蛋白、球蛋白、谷蛋白、精蛋白、组蛋白	无
结合蛋白质		
糖蛋白	免疫球蛋白、黏蛋白、胶原蛋白	糖类
脂蛋白	血浆脂蛋白	脂类
核蛋白	病毒核蛋白、染色体核蛋白	核酸
磷蛋白	酪蛋白、卵黄磷蛋白	磷酸
色蛋白	血红蛋白、细胞色素	血红素
金属蛋白	铁蛋白(Fe)、铜蓝蛋白(Cu)、钙调蛋白(Ca)	金属离子

二、按分子形状分类

根据蛋白质分子形状不同，可将蛋白质分为球状蛋白质和纤维状蛋白质两大类。

1. 球状蛋白质

长轴的长度与短轴之比小于 10，其形状近似于球形或椭圆形，多数可溶于水，酶、转运蛋白、蛋白质类激素及免疫球蛋白等属于此类蛋白质。

2. 纤维状蛋白质

蛋白质长轴的长度比短轴长 10 倍以上，形似纤维。纤维状蛋白质多数为结构蛋白，较难溶于水，如结缔组织中的胶原蛋白和弹性蛋白、毛发中的角蛋白、蚕丝中的丝心蛋白等。

三、按功能分类

根据蛋白质的主要功能，可将蛋白质分为活性蛋白质和非活性蛋白质两大类。属于活性蛋白质的有酶、蛋白质激素、运输和储存蛋白质、运动蛋白质和受体蛋白质等。属于非活性蛋白质的有角蛋白、胶原蛋白、弹性蛋白等，它们只参与生物细胞或组织器官的构成，起支持与保护作用。

思考题

一、名词解释

1. 肽键
2. 蛋白质的一级结构
3. 蛋白质的等电点
4. 蛋白质的变性

二、填空题

1. 蛋白质的基本组成单位是_____，维持蛋白质一级结构的化学键是_____。
2. 蛋白质元素组成的特点是_____。
3. 蛋白质二级结构的形式包括_____、_____、_____和_____。
4. 维持蛋白质亲水胶体溶液稳定的两个因素是_____和_____。

三、简答题

1. 什么是蛋白质的一级结构、二级结构、三级结构、四级结构？维持各级结构的作用力是什么？
2. 什么是蛋白质变性？其本质是什么？临床上有哪些应用？

（王健华）

核酸的结构与功能

○ ○
○ ○
○ ○

【学习目标】

◆ **掌握**：核苷酸的分子组成；DNA 一级结构的概念和维持其结构的化学键；DNA 二级结构的主要特征。

◆ **熟悉**：RNA 的种类及主要功能；tRNA 的二级结构的特点；mRNA 的结构特点；DNA 的变性、复性与杂交。

◆ **了解**：DNA 的功能；rRNA 的结构特点；核酸的一般理化性质和紫外吸收性质。

案例导入

案例回放：

近年来，人们对基因检测越来越不陌生。安吉丽娜·朱莉通过基因检测，发现自己携带易感乳腺瘤基因，而提前进行了双乳切除的预防性治疗。苹果公司创始人史蒂夫·乔布斯患癌症时，也曾接受过全基因测序。

基因检测是通过血液以及其他体液或细胞中的 DNA 或 RNA 进行检测的技术，从而使人们能了解自己的基因信息，预知身体患疾病的风险。它不仅能够追踪传染病途径，还能预测个体化疾病风险，有效预测癌症、糖尿病、唐氏综合征等多种疾病。

思考问题：

1. 什么是基因？
2. DNA、RNA 各有何功能？
3. 基因检测有何意义？

核酸是细胞中最重要的生物大分子。1868 年，瑞士外科医生 Miescher 从脓细胞核中分离出核酸，随后陆续发现所有生物体都含有核酸。根据核酸所含戊糖的不同，将核酸分为核糖核酸（ribonucleic acid，RNA）和脱氧核糖核酸（deoxyribonucleic acid，DNA）两大类。真核细胞 DNA 绝大部分存在于细胞核中，少量存在于线粒体或叶绿体，携带生物体的遗传信息；绝大多数生物体的 RNA 是 DNA 的转录产物，主要分布在细胞质中，少量存在于细胞核内，参与遗传信息的传递与表达。RNA 也是某些病毒的遗传物质。

第一节　核酸的分子组成

一、核酸的元素组成

核酸的主要组成元素有 C、H、O、N、P 等，其中磷元素的含量比较接近和恒定，为 9%～10%，因此，通过测定生物样品中 P 的含量，可大致推算出其核酸的含量。

二、核酸的基本组成单位——核苷酸

核酸水解生成核苷酸，核苷酸是核酸的基本组成单位。核苷酸可进一步水解，直至彻底水解生成戊糖、碱基和磷酸（图 3-1）。

（一）戊糖

戊糖是核苷酸的重要组成成分。DNA 中所含的是 D-2-脱氧核糖，RNA 中所含的是 D-核糖（图 3-2）。

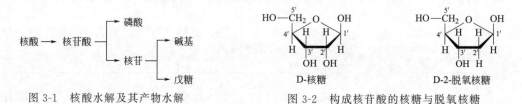

图 3-1　核酸水解及其产物水解　　　图 3-2　构成核苷酸的核糖与脱氧核糖

（二）碱基

碱基包括嘌呤碱和嘧啶碱两类（图 3-3）。嘌呤碱有两种：腺嘌呤（adenine，A）和鸟嘌呤（guanine，G）；嘧啶碱有三种：胞嘧啶（cytosine，C）、尿嘧啶（uracil，U）和胸腺嘧啶（thymine，T）。RNA 中主要含有 A、G、C 和 U 四种碱基，DNA 中主要含有 A、G、C 和 T 四种碱基。某些核酸除含上述碱基外，还有微量稀有碱基，如次黄嘌呤、7-甲基鸟嘌呤、5,6-二氢尿嘧啶等，稀有碱基主要存在于 RNA 中。

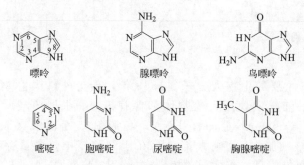

图 3-3　核苷酸中两类主要碱基

（三）核苷

戊糖与碱基通过糖苷键连接而成的化合物称为核苷或脱氧核苷（图 3-4）。糖苷键通常是由戊糖分子中第 1 位碳上的羟基，与嘌呤碱第 9 位的氮或嘧啶碱第 1 位的氮上的氢脱水缩合生成。含核糖的核苷称为核糖核苷，如腺嘌呤核苷（简称：腺苷）；含脱氧核糖的核苷称为脱氧核苷，如胞嘧啶脱氧核苷（简称：脱氧胞苷）。

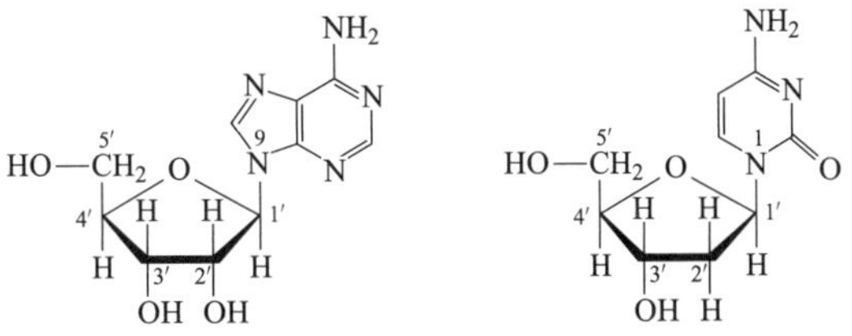

腺嘌呤核苷(腺苷)　　胞嘧啶脱氧核苷(脱氧胞苷)

图 3-4　核苷与脱氧核苷

（四）核苷酸

核苷与磷酸通过磷酸酯键连接即为核苷酸。戊糖上的游离羟基均可与磷酸结合生成酯键，但生物体内的核苷酸，主要通过核苷的第 5 位碳上的羟基与磷酸结合形成酯键，称为 5′-核苷酸（或 5′-脱氧核苷酸）。常用 "NMP" 或 "dNMP" 表示，N 表示任意一种碱基。构成 RNA 的核苷酸主要有 AMP、GMP、CMP、UMP；构成 DNA 的核苷酸主要有 dAMP、dGMP、dCMP、dTMP。核苷酸 5′ 位碳进一步磷酸化即生成核苷二磷酸或脱氧核苷二磷酸（NDP 或 dNDP）和核苷三磷酸或脱氧核苷三磷酸（NTP 或 dNTP）。

DNA 和 RNA 的分子组成比较见表 3-1。

表 3-1　DNA 和 RNA 的分子组成

组成	DNA	RNA
碱基	腺嘌呤(A)、鸟嘌呤(G)、胞嘧啶(C)、胸腺嘧啶(T)	腺嘌呤(A)、鸟嘌呤(G)、胞嘧啶(C)、尿嘧啶(U)
戊糖	D-2-脱氧核糖	D-核糖
磷酸	磷酸	磷酸
核苷酸	脱氧腺苷一磷酸(dAMP)、脱氧鸟苷一磷酸(dGMP) 脱氧胞苷一磷酸(dCMP)、脱氧胸苷一磷酸(dTMP)	腺苷一磷酸(AMP)、鸟苷一磷酸(GMP) 胞苷一磷酸(CMP)、尿苷一磷酸(UMP)

三、体内某些重要的游离核苷酸

核苷二磷酸和核苷三磷酸含有高能磷酸键，在生物体内具有重要的生物学作用。ATP、GTP、CTP、UTP 是合成 RNA 的重要原料；dATP、dGTP、dCTP、dTTP 是合成 DNA 的重要原料。ATP 是生物体内主要的能量储存和利用形式，另外 GTP、CTP、UTP 也可为某些物质合成代谢等过程提供能量。核苷酸还是许多酶的辅助因子的组成成分，如腺苷酸参与构成 NAD$^+$（尼克酰胺腺嘌呤二核苷酸）、FAD（黄素腺嘌呤二核苷酸）、辅酶 A 等。此外，核苷酸的衍生物还参与多种物质代谢的调控，如环腺苷酸（cAMP）和环鸟苷酸（cGMP）是细胞信号传导过程中的第二信使（图 3-5）。

四、核酸中核苷酸的连接方式

核酸是由众多核苷酸聚合而成的多聚核苷酸，相邻两个核苷酸通过 3′,5′-磷酸二酯键连接。多聚核苷酸链一端的戊糖上有一个 3′ 位游离的羟基，称为 3′-末端（或 3′端），而另一端

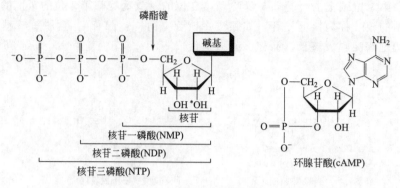

图 3-5　核苷酸与环腺苷酸

的戊糖上有一个 5′ 位游离的磷酸基团，称为 5′-末端（或 5′端）。由于核苷酸之间的差异主要是碱基的不同，因此碱基顺序即代表核苷酸的排列顺序。习惯上将 5′-末端作为多核苷酸链的"头"，写在左端；将 3′-末端作为"尾"，写在右端，按 5′→3′ 的方向书写，从繁到简如图 3-6 所示。

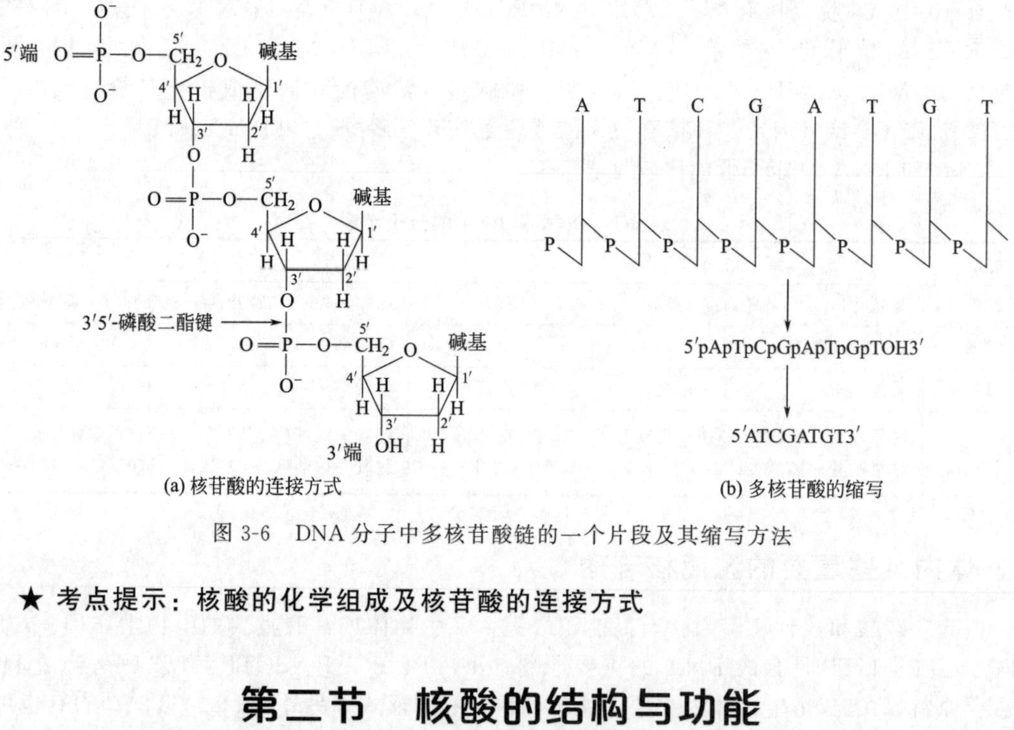

5′端

3′5′-磷酸二酯键 →

3′端

(a) 核苷酸的连接方式

A T C G A T G T

P P P P P P P P

5′pApTpCpGpApTpGpTOH3′

5′ATCGATGT3′

(b) 多核苷酸的缩写

图 3-6　DNA 分子中多核苷酸链的一个片段及其缩写方法

★ 考点提示：核酸的化学组成及核苷酸的连接方式

第二节　核酸的结构与功能

一、DNA 的结构与功能

（一）DNA 的一级结构

核酸的一级结构是指核酸分子中核苷酸（或脱氧核苷酸）从 5′-端到 3′-端的排列顺序。其表示方法如图 3-6(b) 所示。在多核苷酸链中，磷酸戊糖部分是主链，碱基作为侧链，排列在主链一侧。虽然 DNA 只由 4 种碱基组成，但自然界中 DNA 分子的长度可达几十万个碱基，不同的碱基排列顺序蕴涵着特定的遗传信息。

★ **考点提示**：DNA 一级结构的概念

（二）DNA 的空间结构

DNA 的空间结构是指构成 DNA 所有原子在三维空间的相对位置关系，可分为二级结构和高级结构。

1. DNA 的二级结构

J. Watson 和 F. Crick 两位年轻的科学家在 1953 年提出了 DNA 分子二级结构的双螺旋结构（double helix）模型（图 3-7）。这一发现揭示了生物界遗传性状得以世代相传的分子机制，它不仅解释了当时已知的 DNA 的一切理化性质，而且还将 DNA 的功能与结构联系起来，奠定了现代生命科学的基础。J. Watson 和 F. Crick 提出的 DNA 双螺旋结构具有以下特征。

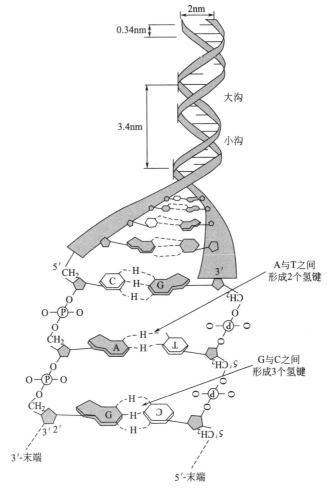

图 3-7　DNA 双螺旋结构和碱基配对示意图

（1）DNA 是反向平行的双链结构　DNA 由两条平行且方向相反的多聚核苷酸链围绕同一中心轴盘旋而成右手双螺旋结构。两条链的走向相反，一条为 $5'→3'$，另一条是 $3'→5'$。

双螺旋表面形成大沟和小沟，这些沟状结构是蛋白质识别 DNA 碱基序列并发生相互作用的基础。

（2）双链结构严格遵循碱基互补配对原则　在 DNA 双螺旋结构中，磷酸戊糖构成的主链位于外侧，碱基位于内侧，碱基之间以氢键结合。在碱基配对中，总是 A 与 T 配对，形成两个氢键；G 与 C 配对，形成三个氢键，这种配对规律称为碱基互补配对原则。通过碱基互补而结合的两条链彼此称为互补链。

（3）双螺旋的直径为 2nm，螺距为 3.4nm　每一螺旋含有 10 个碱基对，上下层碱基对之间的堆砌距离为 0.34nm，并有 36° 的旋转夹角。

（4）维持 DNA 双螺旋结构稳定的作用力是氢键和碱基堆积力　其中上下层碱基之间的堆积力维系双螺旋纵向结构的稳定，互补碱基之间的氢键维系双螺旋横向结构的稳定。相对而言，碱基堆积力是维持双螺旋结构稳定的主要力量。

知识链接

DNA 双螺旋结构的建立

20 世纪 40 年代末至 50 年代初期，Erwin chargaff 等利用层析和紫外吸收光谱等技术研究了 DNA 化学成分，提出了 DNA 分子的碱基组成的 Chargaff 规则：①腺嘌呤与胸腺嘧啶的摩尔数相等（A-T），鸟嘌呤与胞嘧啶的摩尔数相等（G-C）；②不同生物种属的 DNA 碱基组成不同；③同一个体不同器官、不同组织的 DNA 具有相同的碱基组成。

此后，M. Wilkins 和 R. Franklin 获得了高质量的 DNA 分子 X 线衍射照片。分析结果表明 DNA 是螺旋性分子，并且是以双链的形式存在。

综合前人的研究结果，J. Watson 和 F. Crick 提出了 DNA 分子双螺旋结构的模型，亦称为 Watson-Crick 结构模型。这一结构模型揭示了生物界遗传性状得以世代相传的分子机制，揭开了现代分子生物学研究的序幕，为分子遗传学的发展奠定基础。

Watson 和 Crick 提出的 DNA 双螺旋结构模型是基于 92% 的相对湿度得到的 DNA 纤维的 X 线衍射图像的分析结果。这是 DNA 在水性环境下和生理条件下最稳定的结构。后来人们发现 DNA 的结构不是一成不变的，在改变溶液的离子强度或相对湿度后，DNA 双螺旋结构中沟的深浅、螺距、旋转角度等都会发生变化。目前已知的 DNA 二级结构形式有 3 种类型：B-DNA（Watson-Crick 模型）、A-DNA 和 Z-DNA。A-DNA 和 B-DNA 均为右手螺旋结构，差别主要在于双螺旋的密度不同；Z-DNA 为左手螺旋结构。综上所述，DNA 的右手双螺旋结构不是自然界 DNA 的唯一存在方式。在生物体内，不同类型的 DNA 在功能上可能有所差异，与基因表达的调节和控制相适应。

2. DNA 的高级结构

不同物种的 DNA 分子大小和复杂程度相差很大。一般来说，生物进化程度越高，其基因组 DNA 分子越庞大。

原核生物的 DNA 一般为环状双螺旋分子，在二级结构基础上，进一步盘绕形成麻花状超螺旋结构（图 3-8）。在细胞中，超螺旋结构的盘绕方向与 DNA 双螺旋方向相同为正超螺旋；盘绕方向与 DNA 双螺旋方向相反则为负超螺旋。自然界的闭合双链 DNA 主要是以负超螺旋形式存在。

真核生物 DNA 与蛋白质结合，以非常致密的形式存在于细胞核内。在细胞间期以染色

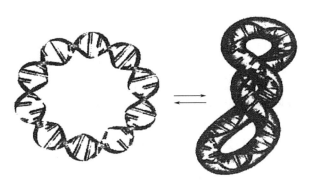

图 3-8 原核生物环形 DNA 的超螺旋结构

质的形式出现，在细胞分裂期形成高度凝集的染色体。染色质的基本组成单位是核小体。核小体由 5 种组蛋白和 DNA 共同组成。组蛋白 H2A、H2B、H3、H4 各 2 分子共同构成八聚体的核心组蛋白，长度约 150bp 的 DNA 双链在组蛋白八聚体上盘绕 1.75 圈形成核小体的核心颗粒；组蛋白 H1 和约 60bp 的 DNA 构成连接区。核小体的核心颗粒与连接区连接起来形成串珠状染色质细丝。核小体又进一步旋转折叠形成中空螺旋管，进而卷曲折叠成超螺旋管纤维，再进一步压缩为染色单体，在核内组装成染色体。

（三）DNA 的功能

DNA 是遗传信息的载体。DNA 的基本功能是作为生物遗传信息的携带者，是基因复制和转录的模板。基因（gene）就是 DNA 分子中的功能性片段。经过复制可将遗传信息传递给子代，经过转录和翻译可指导参与生命活动的各种蛋白质和与之相关的各种 RNA 的有序合成。一个生物体的全部基因序列称为基因组（genome）。

★ 考点提示：DNA 双螺旋结构的特征及 DNA 的功能

二、RNA 的结构与功能

RNA 在生命活动中同样具有重要作用，它和蛋白质共同参与基因的表达和表达过程的调控。RNA 分子比 DNA 分子小得多，小的仅含数十个核苷酸，大的由数千个核苷酸组成。RNA 的种类、大小和结构都远比 DNA 多样化，其功能也各不相同（表 3-2）。

表 3-2　真核细胞内主要 RNA 的种类、结构特点与功能

种类	结构特点	功能
mRNA	$5'$-端有 m^7GpppN 帽子结构 $3'$-端有多聚 A 尾 编码区核苷酸序列决定多肽链氨基酸序列	蛋白质合成的模板
tRNA	含多种稀有碱基 二级结构呈三叶草形;反密码环中含反密码子;上端有氨基酸臂	转运氨基酸的工具
rRNA	原核生物有 5S,16S,23S 三种 rRNA 真核生物有 5S,5.8S,18S,28S 四种 rRNA	构成核糖体;蛋白质合成的场所

（一）信使 RNA

细胞核内 DNA 的遗传信息通过信使 RNA（messenger RNA，mRNA）转移至细胞质，进而指导蛋白质的生物合成，将自身的核苷酸序列转变为多肽链中氨基酸的排列顺序。因此，mRNA 是蛋白质生物合成的直接模板。mRNA 占总 RNA 的 2%～5%，但种类最多。

mRNA 由编码区和非编码区组成。其编码序列上每 3 个相邻核苷酸为一组，决定相应多肽链中某一种氨基酸（或多肽链合成的起始或终止信号），被称为三联体密码或密码子。

真核生物成熟 mRNA 的 $5'$-末端有一个 7-甲基鸟苷三磷酸（m^7GpppN）的帽子结构（图 3-9），$3'$-末端有一段 80～250 个腺苷酸组成的多聚 A（poly A）尾，二者均可增强 mRNA 的稳定性。帽子结构在蛋白质合成中还可促进核糖体与 mRNA 的结合，加速翻译的起始；poly A 尾还参与 mRNA 从细胞核向细胞质的转位并参与调控蛋白质合成的速度。

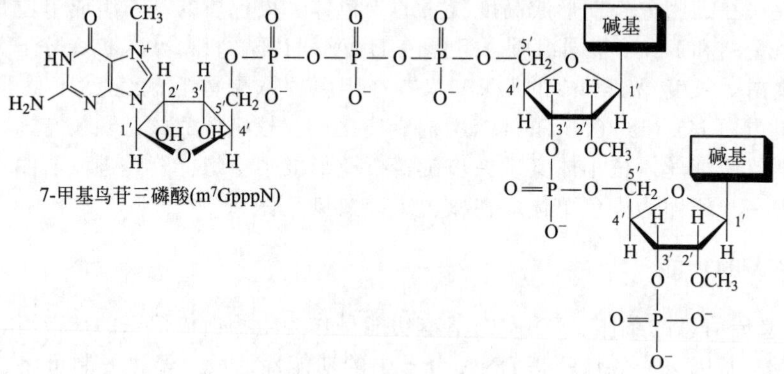

图 3-9　真核生物成熟 mRNA 帽子结构

原核生物的 mRNA 未发现 $5'$ 端的帽子结构和 $3'$ 端的 poly A 尾。

（二）转运 RNA

转运 RNA（transfer RNA，tRNA）的功能是作为各种氨基酸的转运工具，在蛋白质生物合成过程中起到活化与转运氨基酸的作用。一般由 74～95 个核苷酸组成，在三类 RNA 中分子量最小。tRNA 分子中含有较多的稀有碱基，如二氢尿嘧啶（DHU）、假尿嘧啶（Ψ）及甲基化碱基等，这些稀有碱基是 tRNA 合成后化学修饰的产物。

tRNA 的二级结构呈三叶草形（图 3-10）。其结构特点为：有四个局部螺旋区，包含三个环和一个附加叉（可变环）。tRNA 的三个环分别被称为 DHU 环、TΨC 环和反密码环。位于下方的反密码环上居中的 3 个核苷酸构成反密码子，可与 mRNA 上的密码子反向互补结合，将自身携带的氨基酸运送到正确位置。位于上方的茎环结构称为氨基酸臂，是结合氨基酸的部位。所有 tRNA $3'$-末端都是 CCA-OH 结构，氨基酸与 CCA-OH 脱水结合生成氨基酰-tRNA。

tRNA 在二级结构基础上进一步折叠形成三级结构（图 3-10）。tRNA 的三级结构呈倒 L 型，L 型的拐角处有 DHU 环和 TΨC 环，这是所有 tRNA 的共同结构特点。

（三）核糖体 RNA

核糖体 RNA（ribosomal RNA，rRNA）与多种蛋白结合共同构成的核糖体（又称核蛋白体）是蛋白质生物合成的场所。rRNA 是细胞内含量最多的一类 RNA，占 RNA 总量的

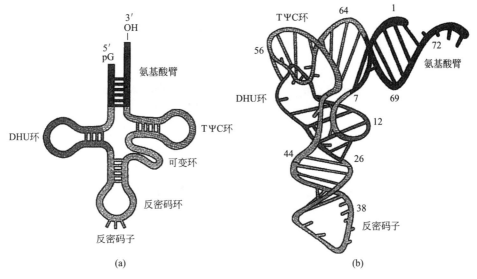

图 3-10 tRNA 的二级结构（a）和三级结构（b）

80％以上。

原核生物有三种 rRNA，大小分别为 5S、16S、23S，其中 16S rRNA 和 20 余种蛋白质构成核糖体的小亚基，大亚基则由 5S 和 23S rRNA 共同与 30 余种蛋白质结合构成。真核生物有四种 rRNA，大小分别为 5S、5.8S、18S、28S，其中 18S rRNA 和 30 余种蛋白质构成核糖体小亚基，5S、5.8S、28S 三种 rRNA 和近 50 种蛋白质结合构成大亚基。

★ 考点提示：三种 RNA 的结构特点及功能

知识链接

三种 RNA 的发现

1958 年 Crick 提出"转换器"假说，认为在蛋白质生物合成过程中信息由核酸到蛋白质必定有信号转换的中介物。当时已从细胞匀浆超速离心的上清液中提出一种可溶性 RNA，不久就知道这类 RNA 就相当于 Crick 的转换器，其后又被称作 tRNA。用差速离心的方法除去细胞碎片和各种细胞器，然后在 $10^5 \times g$ 离心力作用下可将核糖体沉降下来。核糖体是直径为 20nm 的颗粒，含有大约 40％的蛋白质和 60％的 RNA。1959 年分离出 rRNA。1961 年 F. Jacob 和 J. Monod 提出信使 RNA 的假设，同时有几个实验室用放射性核素脉冲标记的方法从感染或未感染噬菌体的 $E. coli$ 中分离出 mRNA。

知识链接

短链非编码 RNA

短链非编码 RNA 的长度一般 <200nt，主要有以下几种类型：①核小 RNA（small nuclear RNA，snRNA）：位于细胞核内，许多 snRNA 参与真核细胞 hnRNA（mRNA 前体）的加工剪接过程。②核仁小 RNA（small nucleolar RNA，snoRNA）：定位于核仁，

主要参与 rRNA 的加工和修饰，如 rRNA 中核糖 C-2′ 的甲基化修饰。③胞质小 RNA（small cytoplasmic RNA，scRNA）：存在于胞质中，参与形成蛋白质内质网定位合成的信号识别体。④催化性小 RNA：又被称为核酶（ribozyme），是细胞内具有催化功能的一类小分子 RNA，具有催化特定的 RNA 降解的活性，在 RNA 的剪接修饰中具有重要作用。⑤小片段干扰 RNA（small interfering RNA，siRNA）：是生物宿主对外源侵入的基因表达的双链 RNA 进行切割所产生的，具有特定长度（21～23bp）和特定序列的小片段 RNA，能与外源基因表达的 mRNA 相结合，并诱导这些 mRNA 的降解。

第三节　核酸的理化性质

一、核酸的一般性质

核酸是极性化合物，微溶于水，不溶于乙醇、乙醚、三氯甲烷等有机溶剂。核酸分子中含有碱性的碱基和酸性的磷酸基，因此核酸是两性电解质，但具有较强的酸性。磷酸残基可解离成多阴离子状态，多阴离子状态的核酸可与金属离子或碱性蛋白结合成盐，核酸盐的溶解度比游离酸的溶解度大得多。DNA 和 RNA 均为线性大分子，有极高的黏度，RNA 分子远小于 DNA，因而 RNA 的黏度也比 DNA 小得多。

二、核酸的紫外吸收性质

由于嘌呤及嘧啶杂环上有共轭双键，使核酸在 250～280nm 紫外波段具有强烈的吸收，最大吸收峰在 260nm 处。利用这一特性，可以对核酸进行定量测定。

三、DNA 的变性、复性与杂交

（一）DNA 变性

DNA 变性（DNA denaturation）是指在某些理化因素的作用下，DNA 分子互补碱基对之间的氢键断裂，双链解离为单链的过程。这一过程不伴有共价键的断裂，核酸的一级结构没有破坏。引起 DNA 变性的因素很多，如加热、有机溶剂、酸、碱、尿素等。

核酸在变性时，由于碱基更多的暴露，260nm 的光密度值显著升高，此现象称为增色效应。

双链 DNA 热变性是在很窄的温度范围内发生的，呈爆发式。通常将 DNA 分子解链达 50% 时的温度称为"熔点"或解链温度，用 T_m 表示。DNA 的 T_m 通常在 82～95℃。常用 260nm 的紫外吸收值的变化监测不同温度下 DNA 的变性情况，所得的曲线称为解链曲线（图 3-11）。

DNA 的 T_m 值主要受 DNA 的长度和 GC 含量的影响：分子越大，T_m 值越高；GC 含量越高，T_m 值越高。

（二）DNA 复性

核酸的变性在一定条件下是可逆的。去除变性因素，解开的互补单链恢复到天然双螺旋结构的现象称为复性（renaturation）。热变性 DNA 一般经缓慢冷却后即可复性，此过程被

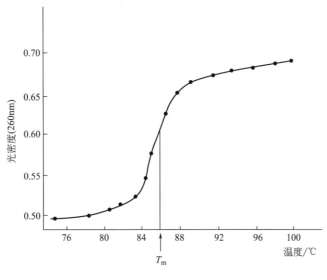

图 3-11　DNA 解链曲线

称为退火（annexing）。若热变性后的 DNA，温度突然急剧下降到 4℃以下，则不发生复性。可利用这一性质保存变性后的 DNA。伴随着 DNA 复性，其紫外吸收值降低，黏度增加，同时恢复生物活性。

（三）核酸杂交

若将不同来源的 DNA 单链或 RNA 单链放在同一溶液中进行复性，只要不同单链间存在着一定程度的碱基配对关系，就可以形成杂化的双链。这种杂化双链可以在不同来源的 DNA 单链间形成，也可以在 RNA 单链间形成，甚至可以在 DNA 单链和 RNA 单链之间形成，这种现象称为核酸杂交（hybridization）（图 3-12）。

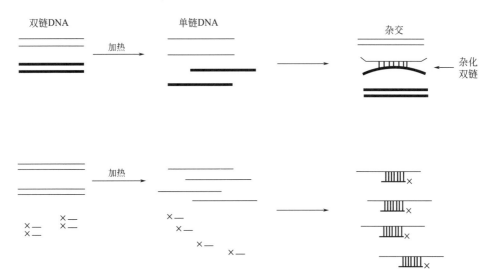

图 3-12　核酸分子杂交原理示意图

核酸杂交作为一项常规实验技术，广泛应用于生物化学、分子生物学和医学相关领域，用于遗传病的基因诊断、传染病病原体的检测和恶性肿瘤的基因分析等。

★ **考点提示：DNA 变性、复性及杂交；核酸的紫外吸收性质**

知识链接

核酸杂交的应用——印迹技术

最常用的是以硝酸纤维素膜作为载体进行杂交。英国分子生物学家 E. M. Southern 创立的 Southern 印迹法（Southern blotting）就是将凝胶电泳分离的 DNA 片段转移至硝酸纤维素膜上后，再进行杂交。其操作基本过程是：DNA 样品酶切降解，琼脂糖凝胶电泳分离 DNA 片段，于 NaOH 中变性，转膜，再与标记的探针杂交，放射自显影，即可鉴定待分析的 DNA 片段。

将 RNA 经电泳变性后转移至纤维素膜上再进行杂交的方法，称 Northern 印迹法（Northern blotting）。根据抗体与抗原可以结合的原理，用类似方法也可以分析蛋白质，这种方法称 Western 印迹法（Western blotting）。

杂交技术可对含量极少的目的基因或蛋白进行分析，是研究核酸、蛋白质结构与功能的一个极其有用的工具。

思考题

一、名词解释

1. DNA 的一级结构
2. DNA 变性
3. 核酸杂交

二、填空题

1. DNA 水解后可得________、________、________。

2. 核苷酸链中核苷酸的连接方式是________。

3. 核酸的主要组成元素有______、________、________、________、________等；DNA 的基本组成单位是__________、__________、__________和__________；RNA 的基本组成单位是__________、__________、__________和__________。

4. 真核生物成熟 mRNA 的 5′-末端有__________，3′-末端有__________。

5. 真核生物有__________、__________、__________和__________ 4 种 rRNA 参与构成核糖体。

三、简答题

1. DNA 分子二级结构有哪些特点？
2. 简要说明 tRNA 二级结构的特点及其功能。

（袁海建）

第四章

酶

○○○○○○○○○○○○○○○○○○○○○○○○○○○○○○○○○○○○○
○○○○○○○○○○○○○○○○○○○○○○○○○○○○○○○○○○○○○
○○○○○○○○○○○○○○○○○○○○○○○○○○○○○○○○○○○○○

【学习目标】

◆ **掌握**：酶的概念；酶的分子组成；酶的活性中心、同工酶及酶原的概念；酶促反应的特点；底物浓度、抑制剂对酶促反应速度的影响。

◆ **熟悉**：酶浓度、温度、pH、激活剂对酶促反应速度的影响；K_m 的意义；酶活性的调节。

◆ **了解**：酶促反应的机制；酶与疾病的关系。

案例导入

案例回放：

李某，男性，42岁，职员。两日前聚会酒宴后出现上中腹疼痛，并伴恶心呕吐两日，入院。辅助检查：WBC $13.1 \times 10^9 /L$，Hb 127g/L，血淀粉酶 624U/L。诊断为急性胰腺炎。

思考问题：

1. 胰腺产生的消化酶有哪些？这些酶初分泌和发挥作用的形式有何不同？
2. 试用酶学的相关知识解释急性胰腺炎的发病机制。

第一节　概　述

一、酶与生物催化剂

新陈代谢是生物体维持生命活动的基础，构成新陈代谢的许多复杂而规律的化学反应和能量变化，都是在生物催化剂的作用下完成的。生物体内的各种化学反应能在温和的条件下高效、特异、有条不紊地进行，就是因为体内存在着极为重要的生物催化剂——酶（enzyme）。酶是由活细胞产生的、对其底物具有高度特异性和高效催化作用的蛋白质。由酶催化进行的化学反应称为酶促反应（enzymatic reaction），酶促反应的反应物又称为底物（substrate），反应后生成的物质称为产物（product）。

在 20 世纪 80 年代初，人们又发现了具有催化功能的 RNA——核酶（ribozyme），打破了酶是蛋白质的传统认识，是对酶概念的补充。本章主要讨论本质为蛋白质的酶。

★ 考点提示：酶的概念及化学本质

> **知识链接**
>
> ### 酶学简史
>
> 人们利用发酵的原理制作豆酱、酿酒、制醋等已有几千年的历史，酶学知识得益于发酵，Enzyme 的词根 zyme 就是希腊文中"发酵"或"酵母"的意思。1926 年 Sumner 首次从刀豆中获得脲酶结晶并证明是蛋白质，以后又有数千种酶被证明是蛋白质。1981 年，T. R. Cech 在研究四膜虫的 26S rRNA 前体在成熟过程中，即使不添加蛋白提取液，该 rRNA 前体也能变成成熟的 RNA。其内含子通过剪接反应而被除去，此剪接反应是一种 RNA 的自我剪接作用，说明 RNA 具有催化作用，这种具有催化作用的 RNA 称为核酶。
>
> 核酶的发现，开辟了生物化学研究的新领域，提出了生命起源的新概念，并设计出多种人工核酶，为研究防治抗病毒、抗肿瘤的药物及临床的基因治疗提供了一种手段，有广泛的应用前景。

二、酶促反应的特点

酶是一类生物催化剂，具有一般催化剂的共性：酶在反应前后没有质和量的变化且只能催化热力学允许的化学反应；只能加速可逆化学反应的进程而不改变反应的平衡点和平衡常数；催化反应的机制是降低反应的活化能等。由于酶的化学本质是蛋白质，所以酶所催化的反应具有不同于一般催化剂的特点。

（一）酶具有极高的催化效率

酶对底物具有极高的催化效率，通常比非催化反应高 $10^8 \sim 10^{20}$ 倍，比一般催化剂催化的反应高 $10^7 \sim 10^{13}$ 倍。例如，脲酶催化尿素水解的速率是 H^+ 催化作用的 7×10^{12} 倍；α-胰凝乳蛋白酶催化苯酰胺水解的速率是 H^+ 催化作用的 6×10^6 倍，而且不需要较高的反应温度。

（二）酶具有高度的特异性

酶对其所催化的底物和反应具有严格的选择性，表现为一种酶仅作用于一种或一类化合物，或作用于一定的化学键，催化一定的化学反应并生成一定的产物。酶的这种特性称为酶的特异性或专一性（specificity）。例如，H^+ 可以催化淀粉、蛋白质和脂肪的水解反应，而淀粉酶却只能催化淀粉糖苷键的水解，蛋白酶只能催化蛋白质肽键的水解，脂肪酶只能催化脂肪酯键的水解。根据酶对其底物分子选择的严格程度不同，酶的特异性可分为绝对特异性、相对特异性、立体异构特异性三种类型。

1. 绝对特异性

绝对特异性是指一种酶只作用于特定结构的底物，进行一种专一的反应，生成一种特定结构的产物。例如，脲酶只催化尿素水解生成氨和二氧化碳，对甲基尿素则不起作用；琥珀酸脱氢酶只催化琥珀酸与延胡索酸之间的氧化还原反应。

2. 相对特异性

有些酶对底物的选择依据底物分子中特定的化学键或特定的基团，因此这类酶对底物的选择不太严格，可以作用于含有相同化学键或化学基团的一类化合物，称为相对特异性。

3. 立体异构特异性

有些具有绝对专一性的酶，对底物的立体异构具有严格的选择性，即一种酶仅作用于底物的立体异构体中的一种类型，称为立体异构特异性。如 L-乳酸脱氢酶只作用于 L-乳酸，对 D-乳酸没有作用。

（三）酶促反应的可调节性

体内的酶促反应受多种因素的调节，主要通过对酶的含量和酶的活性调节使代谢过程受到精确的调控，以此适应机体对不断变化的内外环境和生命活动的需要。

（四）酶具有不稳定性

酶的化学本质是蛋白质，任何使蛋白质变性的理化因素都可以使酶发生变性而失去催化活性，因此酶促反应往往在比较温和的条件下进行。

★ 考点提示：酶促反应的特点

三、酶的分类和命名

（一）酶的分类

根据酶催化反应的性质，将酶分为六大类。

1. 氧化还原酶类

催化底物进行氧化还原反应的酶属于氧化还原酶类，包括催化传递电子、氢及需氧参加反应的酶。例如乳酸脱氢酶、细胞色素氧化酶等。

2. 转移酶类

催化底物之间进行某些基团的转移或交换的酶属于转移酶类，例如氨基转移酶、甲基转移酶、己糖激酶、磷酸化酶等。

3. 水解酶类

催化底物发生水解反应的酶属于水解酶类，如蛋白酶、脂肪酶、核酸酶等。

4. 裂合酶类

催化从底物移去一个基团而形成双键的反应或其逆反应的酶属于裂合酶类，例如脱水酶、脱羧酶、水化酶、醛缩酶等。

5. 异构酶类

催化分子内部基团位置互变，即各种同分异构体间相互转变及醛酮互变的酶属于异构酶类。如磷酸丙糖异构酶、磷酸己糖异构酶等。

6. 合成酶类

催化两种底物分子合成一种产物并同时耦联有高能键水解和释放能量的酶属于合成酶类或称连接酶类。如谷氨酰胺合成酶、DNA 连接酶、氨基酰-tRNA 合成酶等。

（二）酶的命名

1. 酶的习惯命名

早期酶的命名多根据酶所催化的底物、反应的性质以及酶的来源来确定，如催化淀粉水解的酶称为淀粉酶，催化蛋白质水解的酶称为蛋白酶；有些酶依据其所催化反应的类型或方式命名，如琥珀酸脱氢酶、天冬氨酸氨基转移酶；有时还加上酶的来源或酶的其他特点，如唾液淀粉酶和胰淀粉酶、碱性磷酸酶和酸性磷酸酶等。习惯命名法有时不能完全说明酶促反应的本质，甚至出现一酶多名或多酶一名的混乱情况。

2. 酶的系统命名

为了克服习惯命名法的弊端，国际生物化学与分子生物学学会（IUBMB）以酶的分类为依据，于 1961 年提出系统命名法。系统命名法规定：每一个酶都有一个系统名称，它标明酶的所有底物和反应性质。底物名称之间以"："分隔。每种酶都有一个特定的编号，编号由四位数字组成，数字间由"."隔开。编号之前冠以酶学委员会（Enzyme Commision）的缩写"EC"。但由于许多酶促反应是双底物甚至是多底物参加的反应，且许多底物的化学名称很长，使得许多酶的系统名称过长或过于复杂，为了应用方便，国际酶学委员会又从每种酶的习惯名称中选定一个简便实用的推荐名称。一些酶的系统名称及推荐名称见表 4-1。

表 4-1　酶的分类与命名举例

分类	编号	推荐名	系统命名
氧化还原酶类	EC1.1.1.1	乙醇脱氢酶	乙醇：NAD^+氧化还原酶
转移酶类	EC2.6.1.2	谷丙氨基转移酶	L-丙氨酸：α-酮戊二酸氨基转移酶
水解酶类	EC3.5.3.1	精氨酸酶	L-精氨酸脒基水解酶
裂合酶类	EC4.1.2.13	果糖二磷酸醛缩酶	D-果糖 1,6-二磷酸：D-甘油醛 3-磷酸裂合酶
异构酶类	EC5.3.1.9	磷酸葡萄糖异构酶	D-葡萄糖 6-磷酸酮醇异构酶
合成酶类	EC6.3.1.2	谷氨酰胺合成酶	L-谷氨酸：氨连接酶

第二节　酶的结构与功能

一、酶的分子组成

酶的化学本质是蛋白质，按照酶的分子组成，可将酶分为单纯酶和结合酶两类。单纯酶是指仅由氨基酸残基构成的酶，如脲酶、蛋白酶、淀粉酶、脂酶等。结合酶由蛋白质部分和非蛋白部分共同组成，其中蛋白质部分称为酶蛋白（apoenzyme），决定酶促反应的特异性及其催化机制；非蛋白质部分称为辅助因子（cofactor），主要决定酶促反应的类型与性质。酶蛋白与辅助因子结合形成的复合物称为全酶（holoenzyme），酶蛋白与辅助因子单独存在时均无催化活性，只有全酶才具有催化作用。

酶的辅助因子按其与酶蛋白结合的紧密程度与作用特点，可以分为辅酶与辅基。辅酶与酶蛋白结合疏松，可用透析或超滤的方法除去。辅酶在酶促反应中作为底物接受（或释放）质子或基团后离开酶蛋白，参加另外的酶促反应。辅基与酶蛋白的结合紧密，不能通过透析或超滤的方法将其除去，在酶促反应中不能离开酶蛋白。

辅助因子多为金属离子或小分子有机化合物。作为辅助因子的金属离子有 K^+、Na^+、Mg^{2+}、Cu^{2+}、Zn^{2+}、Fe^{2+}、Mn^{2+} 等，约有 2/3 的酶含有金属离子。金属离子在酶促反应中的主要作用有：①作为酶活性中心的组成部分参与催化反应，使底物与酶活性中心的必需基团形成正确的空间排列，以利于酶促反应的发生；②中和阴离子，降低反应的静电斥力，有利于底物与酶的结合；③作为连接底物与酶的桥梁，维持酶分子构象等。

作为辅助因子的小分子有机化合物多为 B 族维生素的衍生物，在酶促反应中主要参与传递电子、质子或其他基团，起运载体作用（表4-2）。

表 4-2　部分辅酶或辅基在酶促反应中的作用

转移的基团	辅酶或辅基名称	所含的维生素
H^+、电子	NAD$^+$（烟酰胺腺嘌呤二核苷酸），辅酶Ⅰ	烟酰胺（维生素 PP）
H^+、电子	NADP$^+$（烟酰胺腺嘌呤二核苷酸磷酸），辅酶Ⅱ	烟酰胺（维生素 PP）
氢原子	FMN（黄素单核苷酸）	维生素 B_2（核黄素）
氢原子	FAD（黄素腺嘌呤二核苷酸）	维生素 B_2（核黄素）
醛基	TPP（焦磷酸硫胺素）	维生素 B_1（硫胺素）
酰基	CoA（辅酶 A）	泛酸
酰基	硫辛酸	硫辛酸
氢原子、烷基	钴胺素辅酶类	维生素 B_{12}
二氧化碳	生物素	生物素
氨基	磷酸吡哆醛	吡哆醛（维生素 B_6）
一碳单位	四氢叶酸	叶酸

二、酶的活性中心

酶分子中能与底物特异结合，并催化底物发生化学反应生成产物的特定结构区域，称为酶的活性中心（active center），酶的活性中心是酶分子执行催化活性的部位。酶分子中的氨基酸残基侧链上含有许多不同的化学基团，并非每一个化学基团都与酶的活性有关，一般将与酶活性密切相关的化学基团称为酶的必需基团（essential group），常见的必需基团有组氨酸的咪唑基、丝氨酸的羟基、半胱氨酸的巯基、谷氨酸的 γ-羧基等。活性中心内的必需基团可分为两类：①结合基团（binding group），其作用是识别结合底物，形成酶-底物复合物；②催化基团（catalytic group），其作用是催化底物发生化学变化，并将其转变为产物，决定酶的催化能力。酶活性中心内的这些必需基团虽然在一级结构上可能相距很远，但在空间结构上彼此靠近，集中在一起形成活性中心。辅助因子一般位于酶的活性中心内，有些必需基团可同时具有结合基团和催化基团两种功能。有些必需基团位于活性中心外，主要为维持酶活性中心的空间构象和（或）作为调节剂的结合部位所必需（图4-1）。

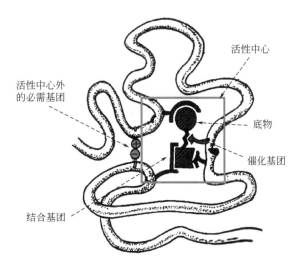

图 4-1　酶的活性中心与必需基团示意图

酶的活性中心往往是酶分子多肽链折叠成形，如裂隙或凹陷的三维结构区域，深入到酶分子的内部，且多为氨基酸残基的疏水基团组成的疏水环境，形成疏水"口袋"，这种疏水环境有利于底物与酶形成复合物。例如溶菌酶的活性中心是一裂隙结构，可容纳6个（A、B、C、D、E、F）N-乙酰氨基葡糖环，见图4-2。

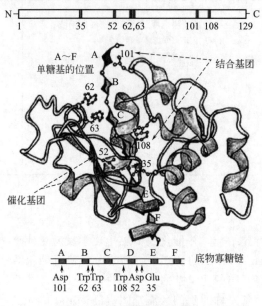

图 4-2　溶酶菌的活性中心

★ 考点提示：单纯酶、结合酶、酶的活性中心、必需基团的概念

三、酶促反应的机制

酶在催化反应过程中，通过促进酶与底物结合形成过渡态的中间复合物，并有效降低反应活化能来实现其高效催化作用。

（一）酶有效地降低反应的活化能

在化学反应体系中，只有所含自由能达到或超过一定能量水平的底物分子，才可能发生相互碰撞并进行化学反应，这样的分子称为活化分子。活化能（activation energy）是指在一定温度下，1mol底物全部进入活化态所需要的自由能（J/mol），即底物分子从初态转变到过渡态（活化分子）所需要的能量。活化能是化学反应的"能障"，决定了化学反应的速率。与一般催化剂一样，酶加速反应的作用也是通过降低反应所需的活化能而实现的（图4-3）。酶比一般催化剂能更有效地降低活化能，从而更高效地提高酶促反应的速率。

（二）酶与底物结合形成中间复合物

酶在发挥催化作用时，必须首先与底物特异结合形成过渡态中间复合物，此过程是酶降低反应活化能、发挥催化作用的关键。

1. 酶与底物结合的诱导契合

1958年D. E. Koshland提出的酶-底物结合的诱导契合假说认为，酶与底物相互接近时，其结构相互诱导、相互变形、相互适应，进而相互结合成复合物，这一过程称为酶与底物结

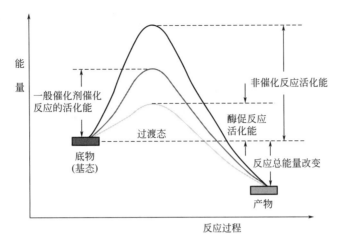

图 4-3　酶促反应活化能的改变

合的诱导契合（induced-fit）（图 4-4）。酶的构象改变有利于酶和底物的结合及对底物的催化作用。底物在酶活性中心的某些基团或金属离子作用下发生变形，使某些化学键变得敏感而易于断裂，容易受到酶的催化而转变成产物。

2. 邻近效应与定向排列

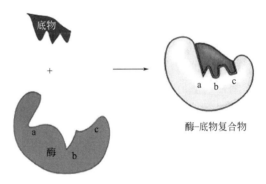

图 4-4　酶与底物的诱导契合模型

在有两个以上的底物参加的反应中，底物之间必须以正确的方向相互碰撞才有可能形成过渡态分子而发生反应。邻近效应是指酶将反应中所需的底物和辅助因子，按特定顺序和空间定向结合于酶的活性中心，使它们相互接近在特定区域内，增加底物之间互相碰撞的机会。而定向排列是指底物和酶结合时诱导酶蛋白的构象变化，使二者能更好地互补，并使底物有正确的定向。邻近效应与定向排列实际是使分子间（底物与底物）的反应变成了类似于分子内（酶-底物复合体）的反应，提高了反应的速率。

3. 表面效应

酶的活性中心多为疏水性"口袋"样结构。底物与酶的反应在酶分子内部疏水环境中进行，使底物分子脱溶剂化，可排除水分子对酶和底物功能基团的干扰性吸引或排斥，防止在酶与底物之间形成水化膜，有利于酶和底物的亲密接触与结合，并相互作用，这种现象称为表面效应。

★ 考点提示：酶促反应的机制

四、酶原及其激活

有些酶在细胞内初合成或初分泌出细胞或在其发挥催化功能之前只是无活性的酶前体，称为酶原（zymogen，proenzyme）。酶原必须在特定的部位和条件下水解一个或几个肽键，使酶的构象发生改变，形成或者暴露出酶的活性中心，才具有催化活性。无活性的酶原转变为有活性的酶的过程称为酶原的激活，其实质是酶活性中心的形成或暴露。如胰蛋白酶原由胰腺分泌随胰液入小肠后，在 Ca^{2+} 存在下被肠激酶激活，从 N 端水解去掉一个六肽，分子构象发生改变，形成酶的活性中心，从而成为有催化活性的胰蛋白酶（图 4-5）。

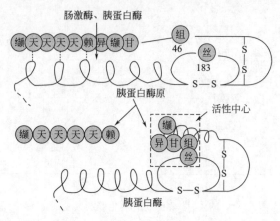

图 4-5　胰蛋白酶原的激活过程

　　消化道及血管中的许多酶在初分泌时都是以无活性的酶原形式存在的。例如消化道中的胃蛋白酶原、胰蛋白酶原、胰凝乳蛋白酶原等，在特定的条件下水解掉一个或几个短肽，转变成相应的酶，才具有消化蛋白质或肽类的活性。血液中参与凝血过程及纤维蛋白溶解系统的酶类也都以酶原的形式存在，在特定的情况下被激活成有活性的酶。

　　酶原与酶原的激活有着重要的生理意义。一方面是保护及定位作用，蛋白酶以酶原形式分泌可以保护细胞本身的蛋白质不受蛋白酶的水解破坏，同时保证酶在特定的部位与环境发挥作用。另一方面，酶原是酶的储存形式。如血液中的凝血酶和纤溶酶以酶原的形式储存在血循环中，一旦机体需要便转变成有催化活性的酶，发挥其对机体的保护作用。急性胰腺炎的主要病理就是由于胰腺内的酶，特别是胰蛋白酶原的过早激活而引起的组织自溶。

　　★ 考点提示：酶原的概念、酶原激活的实质、酶原与酶原激活的生理意义

五、同工酶

　　同工酶（isoenzyme 或 isozyme）是指催化相同的化学反应，而酶蛋白的分子结构、理化性质、免疫学性质都不同的一组酶。同工酶的一级结构存在差异，但其活性中心的空间结构相同或相似，可以催化相同的化学反应。乳酸脱氢酶（lactate dehydrogenase，LDH）是最先发现的同工酶，是一种四聚体。其同工酶包括由骨骼肌型（M 型）和心肌型（H 型）两种亚基按不同比例组成的 5 种类型，即 LDH_1、LDH_2、LDH_3、LDH_4 和 LDH_5（图 4-6）。

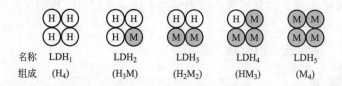

名称	LDH_1	LDH_2	LDH_3	LDH_4	LDH_5
组成	(H_4)	(H_3M)	(H_2M_2)	(HM_3)	(M_4)

图 4-6　LDH 的 5 种同工酶及亚基组成

　　同一个体不同的发育阶段及不同的组织器官，编码不同亚基的基因开放程度不同，合成的亚基种类和数量也不同，因此在同一个体的不同组织以及同一细胞的不同亚细胞结构中，某种同工酶的分布也不相同，形成不同的同工酶谱。如表 4-3 所示，LDH 同工酶有组织特

异性，LDH_1 在心肌中表达量较高，而 LDH_5 在肝、骨骼肌中相对含量高，人体 LDH 同工酶在不同组织器官中的种类、含量和分布比例不同，这使得不同的组织细胞具有不同的代谢特点。同工酶的存在及分布不同不仅可以调节代谢，临床上也可利用同工酶谱的变化进行疾病的诊断。

表 4-3　人体各组织器官中 LDH 同工酶的分布

组织器官	同工酶百分比/%				
	LDH_1	LDH_2	LDH_3	LDH_4	LDH_5
血清	27	34.7	20.9	11.7	5.7
肝	2	4	11	27	56
骨骼肌	0	0	5	16	79
红细胞	43	44	12	1	0
白细胞	12	49	33	6	0
肾	43	44	12	1	0
心肌	73	24	3	0	0

血清 LDH 同工酶相对含量的改变在一定程度上反映了某脏器的功能状况。当某组织细胞发生疾病时，该组织细胞特异的某种同工酶可释放入血，引起血清 LDH 同工酶含量或同工酶谱的变化，这些变化是组织损伤的指标，被用于临床诊断。例如，正常血清 LDH_2 的活性高于 LDH_1，血清中 LDH_1 相对于 LDH_2 升高是心肌炎或心脏受损的标志，而肝病患者血清的 LDH_5 活性升高（图 4-7）。

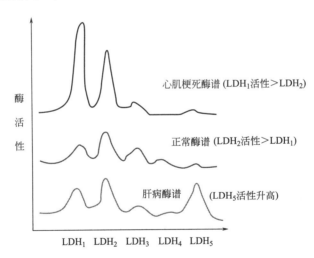

图 4-7　心肌梗死与肝病患者血清 LDH 同工酶谱的变化

肌酸激酶（creatine kinase，CK）是由肌型（M 型）和脑型（B 型）两种亚基组成的二聚体酶。脑中含 CK_1（BB 型），骨骼肌中含 CK_3（MM 型），而 CK_2（MB 型）仅见于心肌（图 4-8）。血清 CK_2 活性的测定对于早期诊断心肌梗死有一定意义。

图 4-8　肌酸激酶同工酶的亚基组成

★ 考点提示：同工酶的概念及临床应用

六、酶的调节

生物体存在着精细的调控系统，使体内各种代谢途径能有条不紊地进行。机体对代谢途径的调节主要是对酶的调节。细胞根据内外环境的变化，通过改变关键酶的活性或数量来实现对细胞内代谢途径的调节。

> ### 知识链接
>
> **酶活性的测定**
>
> 酶的活性或酶的活力是指酶催化反应的能力。酶活性的大小用酶的活性单位来表示。酶的活性单位是指在规定条件下，酶促反应在单位时间内生成一定量产物或消耗一定量底物所需要的酶量。酶活性单位有酶的国际单位和催量两种表示方法。1961 年国际生化学会（IUB）酶学委员会规定：在特定条件下，每分钟催化 $1\mu mol$ 底物转化为产物所需的酶量为 1 个国际单位（IU）。1979 年 IUB 又推荐以催量单位（Katal, Kat）表示酶的活性，1 催量（1Kat）是指在特定条件下，每秒钟催化 1mol 底物转化成产物所需的酶量。$1IU = 16.67 \times 10^{-9} Kat$。测定时要求有适宜的、特定的反应条件，如最适温度、最适 pH、适宜的辅助因子和激活剂等。

（一）酶活性的调节

酶活性的调节方式包括别构调节和化学修饰调节，这是调节代谢途径速率最直接、最有效的方式，被调节的酶多为代谢途径中的关键酶。

1. 酶的别构调节

某些代谢物可与一些酶分子活性中心外的某个部位非共价键可逆的结合，引起酶分子构象改变，从而改变酶的催化活性，这种调节酶活性的方式称为酶的别构调节（allosteric regulation）也称变构调节。受别构调节的酶称为别构酶，引起别构效应的代谢物称别构效应剂（allosteric effector）。变构效应剂引起酶活性的增强或减弱，分别称别构激活作用或别构抑制作用。

2. 酶的化学修饰调节

酶的化学修饰调节是通过某些化学基团与酶的共价可逆结合而实现的。一些酶在其他酶的催化下可与某种化学基团发生共价结合或解离，从而改变酶的活性，这种调节酶活性的方式称为酶的化学修饰（chemical modification）或称酶的共价修饰（covalent modification）。在化学修饰过程中，酶发生无活性（或低活性）与有活性（或高活性）两种形式的互变。这种互变是由两种酶催化的两个不可逆反应，它们又都受激素的调控，有级联放大效应。酶的化学修饰类型包括磷酸化与去磷酸化、乙酰化与去乙酰化、甲基化与去甲基化、腺苷化与去腺苷化等，其中以磷酸化修饰最为常见（图 4-9）。

（二）酶含量的调节

机体内的酶都处于不断合成与降解的动态平衡过程中，细胞可以通过改变酶蛋白的合成与降解速率来调节酶的含量，影响酶的总活性。

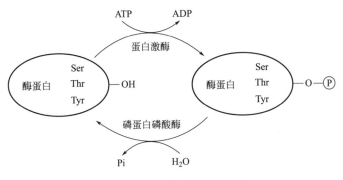

图 4-9　酶的磷酸化与脱磷酸

酶蛋白的生物合成受底物、产物、激素、药物等多种因素的影响。一些因素能促进酶蛋白的基因表达，增加酶蛋白生物合成，某些因素则抑制酶蛋白的基因表达，减少酶蛋白的生物合成，从而改变酶的数量。如胰岛素能诱导合成胆固醇合成过程的关键酶 HMG-CoA 还原酶而促进胆固醇的合成，胆固醇则抑制 HMG-CoA 还原酶的合成；镇静催眠类药物苯巴比妥可诱导肝中代谢它的酶微粒体加单氧酶的合成，因而长期服用会产生耐药性。这种调节作用时间长，属于缓慢而长效的调节。酶蛋白的降解与一般蛋白质的降解途径相同，改变酶的降解速率也是细胞对酶含量调控的一种方式。

★ 考点提示：酶活性的调节方式

第三节　影响酶促反应速度的因素

影响酶促反应速度的因素包括底物浓度、酶浓度、温度、pH、激活剂和抑制剂等。研究各种因素对酶促反应速度的影响不仅可以提供有关酶促反应的有关信息，还可作为选择酶作用的最佳条件、某些药物设计、代谢性疾病防治的理论依据，因此具有重要的理论和实践意义。

在探讨某种因素对酶促反应速度的影响时，其他因素保持稳定。

一、底物浓度的影响

在酶浓度及其他因素不变的情况下，酶促反应速度（V）与底物浓度（[S]）的变化作图，呈矩形双曲线关系（图 4-10）。

在酶浓度恒定情况下，酶促反应的速度主要取决于底物的浓度。当底物浓度很低时，游离的酶多，故随着 [S] 增高，酶与底物结合产生的中间复合物（ES）量也随之增高，反应速度 V 随 [S] 增高而呈直线上升，两者呈正比关系；随着底物浓度的进一步提高，反应速度增加的幅度逐渐下降；继续加大底物浓度，反应速度不再增加而达到极限最大值，此时酶已经被底物饱和形成中间复合物，反应速度达到最大值，称最大反应速度（V_{max}）。

（一）米氏方程式

1913 年 Leonor Michaelis 和 Maud L. Menten 提出反应速度与底物浓度关系的数学方程式，即米-曼氏方程（Michaelis equation）：

$$V = \frac{V_{\max} [S]}{K_m + [S]}$$

式中，V 为在不同底物浓度时的反应速度；$[S]$ 为底物浓度；$V_{\max}$ 为最大反应速度（maximum velocity）；K_m 为米氏常数（Michaelis constant）。当底物浓度很低（$[S] \ll K_m$）时，反应速度与底物浓度成正比；当底物浓度很高（$[S] \gg K_m$）时，$V \cong V_{\max}$，反应速度达到最大速度，再增加底物浓度不影响反应速度。

（二）K_m 和 $V_{\max}$ 的意义

1. K_m 的意义

（1）当反应速度为最大速度的一半时（$V = 1/2 V_{\max}$），根据米氏方程整理得：$K_m = [S]$。由此可见，K_m 值等于酶促反应速度为最大速度一半时的底物浓度，单位：mol/L 或 mmol/L。

（2）K_m 是酶的特征性常数，其大小只与酶的结构、底物、反应环境有关，与酶浓度（$[E]$）无关。大多数酶的 K_m 值在 $10^{-6} \sim 10^{-2}$ mol/L。

（3）在一定条件下，K_m 可表示酶和底物的亲和力。K_m 值越大，酶和底物亲和力越小；K_m 值越小，酶和底物亲和力越大。

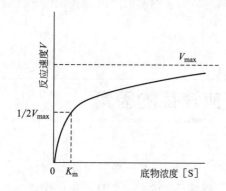

图 4-10　底物浓度对酶促反应速度的影响

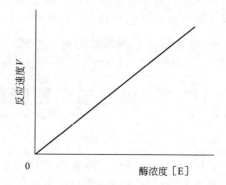

图 4-11　酶浓度对酶促反应速度的影响

2. $V_{\max}$ 的意义

$V_{\max}$ 是酶完全被底物饱和时的反应速度，与酶浓度成正比。$V_{\max}$ 不是酶的特征性常数。

二、酶浓度的影响

在底物浓度足够大的情况下（$[S] \gg [E]$），酶促反应速度与酶浓度的变化成正比（图 4-11）。

三、温度的影响

随着温度的升高，一般化学反应的速度加快，但酶是蛋白质，蛋白质对温度的变化极为敏感，因此温度对于酶促反应速度有双重影响（图 4-12）：提高温度，一方面加快酶促反应速度；另一方面也加速了酶的变性。当温度在较低范围内，随着温度的升高，酶的活性也增加，化学反应速度加快；但温度升高到 50℃ 以上时，酶的活性开始降低；继续升高温度达 60℃ 以上时，绝大多数酶已经变性；在 80℃ 时绝大多数酶的变性已经不可逆转。酶促反应速度最大时的环境温度称为酶促反应的最适温度（optimum T）。哺乳动物体内酶的最适温度为 35～40℃。

　　酶的最适温度不是酶的特征性常数，它与反应进行的时间及环境条件有关。酶在短时间内可耐受较高的温度，即反应时间短最适温度较高，反之，延长反应时间，最适温度降低。低温可使酶活性降低，但一般不会使酶失活。当温度回升后，酶活性也恢复。临床上利用酶的这种性质，采用低温麻醉，以减慢组织细胞代谢速度，提高机体对氧和营养物质缺乏的耐受性。实验室利用低温保存菌种、酶制剂；生化实验中测定酶活性时，需要严格控制反应液的温度等都基于这一原理。

四、pH 的影响

　　酶对 pH 的影响极为敏感，每种酶只能在一定 pH 范围内有活性，在不使酶变性的 pH 条件下，反应的速度对 pH 作图，可得到一钟形曲线（图 4-13），从曲线可以看出，在某一 pH 下，反应速度可达到最大，这一 pH 称为酶的最适 pH（optimum pH）。偏离最适 pH，酶的活性即受抑制；pH 过高或过低都会导致酶变性失活。人体内多数酶的最适 pH 接近中性，多在 6.5～8。也有少数酶例外，如胃蛋白酶的最适 pH 约为 1.8，胰蛋白酶的最适 pH 为 7.8，肝精氨酸酶最适 pH 为 9.8。

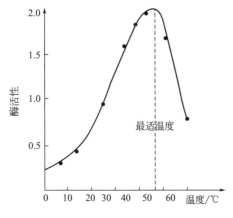

图 4-12　温度对酶促反应速度的影响

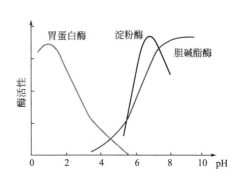

图 4-13　pH 变化对某些酶活性的影响

　　最适 pH 不是酶的特征性常数，其受酶的来源、底物浓度、缓冲溶液、作用时间及温度等因素的影响。pH 主要通过影响酶分子上极性基团的解离、底物与辅酶的解离，而影响酶的活性。酶分子的极性基团在不同 pH 条件下解离状态不同，所带电荷的种类和数量也不相同，酶活性中心的某些必需基团仅在某一解离状态才最容易同底物结合或具有最大的催化作用；许多具有可解离基团的底物与辅酶的解离状态也受 pH 改变的影响，从而影响它们对酶的亲和力。此外，酶活性中心的空间构象也受 pH 的影响，从而影响酶的活性。

　　★ 考点提示：底物浓度、酶浓度、温度、pH 对酶促反应速度的影响；K_m 的意义

五、激活剂的影响

　　能使酶从无活性变为有活性或使酶从低活性变为高活性的物质称作酶的激活剂（activator）。大多数金属离子激活剂对酶促反应是不可缺少的，这类激活剂称为必需激活剂（essential activator）。例如，Mg^{2+} 是多种激酶和合成酶的激活剂。缺乏必需激活剂则酶无活力。有些激活剂不存在时，酶仍有一定的催化活性，这类激活剂称为非必需激活剂（non-essential activator）。缺乏非必需激活剂时，酶有活力但活力较低，如 Cl^- 是唾液淀粉酶的非必需激活剂。

六、抑制剂的影响

凡能使酶的催化活性下降而不引起酶蛋白变性的物质称为酶的抑制剂（inhibitor，I）。抑制剂多与酶的活性中心内或活性中心外必需基团相结合，从而抑制酶的催化活性。酶抑制与酶失活是两个不同的概念，抑制剂虽然可使酶失活，但并不明显改变酶的结构，即酶尚未变性，去除抑制剂后酶活性可恢复。根据抑制剂与酶结合紧密程度的不同，酶的抑制作用分为不可逆性抑制和可逆性抑制。

（一）不可逆性抑制作用

有些抑制剂能与酶活性中心的必需基团以共价键相结合，使酶失活，不能用透析、超滤等方法去除抑制剂，这种抑制作用称为不可逆性抑制作用（irreversible inhibition）。通过化学等方法可解除抑制作用，抑制程度取决于抑制剂浓度及酶与抑制剂的接触时间。

有机磷农药1605、敌百虫、敌敌畏等特异性抑制与神经传导有关的胆碱酯酶的活性，通过与该酶活性中心丝氨酸残基的羟基（—OH）共价结合，形成磷酰化胆碱酯酶，使胆碱酯酶活性受到抑制。机体正常情况下神经兴奋时，神经末梢释放的乙酰胆碱发挥作用后，被胆碱酯酶水解为乙酸和胆碱。有机磷农药中毒后胆碱酯酶被抑制，神经末梢分泌的乙酰胆碱不能被及时分解而积聚，引起胆碱能神经的毒性兴奋状态。临床上用解磷定和氯磷定治疗有机磷农药中毒。解磷定和氯磷定可将有机磷化合物从酶分子上取代下来，解除其对胆碱酯酶的抑制作用。

砷化合物（如路易士气）、重金属盐类（Ag^+、Hg^{2+}、Pb^{2+}）等，可与巯基酶的活性巯基（—SH）进行共价结合而导致酶失活。这种类型的巯基酶中毒可通过加入过量的巯基化合物解除抑制，使酶恢复活性，如解毒剂二巯基丙醇（british anti-lewisite，BAL）、二巯基丙磺酸钠、半胱氨酸、还原型谷胱甘肽等常被称为巯基酶保护剂，可被用作砷、重金属等中毒的解毒剂（图4-14）。

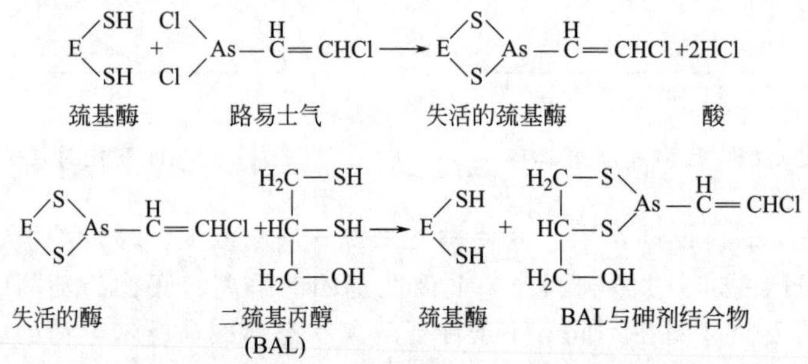

图 4-14　路易士气对巯基酶的抑制作用及解毒

★ **考点提示：不可逆性抑制作用的概念；有机磷农药中毒、重金属中毒的机制**

（二）可逆性抑制作用

抑制剂以非共价键与酶和（或）酶-底物复合物可逆性结合，使酶活性降低或失活，可以通过透析或超滤方法除去，使酶恢复活性，这种抑制作用称为可逆性抑制作用（reversible inhibition）。可逆性抑制作用主要有竞争性抑制、非竞争性抑制和反竞争性抑制三种类型。

1. 竞争性抑制作用

竞争性抑制剂与酶的底物结构相似，可与底物竞争酶活性中心的同一结合部位，阻碍酶与底物结合成中间复合物，使反应速度下降，这种抑制作用称为竞争性抑制作用（competitive inhibition）。这种抑制作用的程度取决于抑制剂和底物的相对浓度及二者对酶的相对亲和力，增加底物的浓度，可降低甚至解除抑制剂的抑制作用。如丙二酸对琥珀酸脱氢酶的抑制作用即竞争性抑制，增大底物琥珀酸（丁二酸）的浓度，可减弱此抑制作用。竞争性抑制作用模式为：

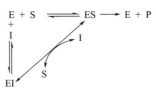

磺胺类药物就是根据竞争性抑制作用的原理设计产生的。对磺胺类药物敏感的细菌在生长繁殖时，不能直接利用环境中的叶酸，必须在细菌体内二氢叶酸合成酶的催化下，以对氨基苯甲酸（para-aminobenzoic acid，PABA）、二氢蝶呤和谷氨酸为底物合成二氢叶酸，进一步还原生成四氢叶酸，四氢叶酸是核苷酸合成中必需的辅酶。磺胺类药物的化学结构与对氨基苯甲酸相似，是二氢叶酸合成酶的竞争性抑制剂，可抑制细菌二氢叶酸的合成，进而造成细菌的核苷酸与核酸合成受阻而影响其生长繁殖，从而达到抑菌作用（图4-15）。人类能直接利用食物中的叶酸，因此不受磺胺类药物的影响。根据竞争性抑制的特点，服用磺胺类药物时必须保证血液中药物的高浓度，以确保其发挥有效的竞争性抑菌作用。

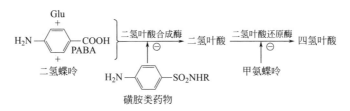

图 4-15　磺胺类药物、甲氨蝶呤对四氢叶酸合成的抑制作用

许多抗代谢物类药物都是通过酶的竞争性抑制发挥作用的。如甲氨蝶呤（MTX）、氟尿嘧啶（5-FU）、巯嘌呤（6-MP）等都是酶的竞争性抑制剂，分别通过抑制四氢叶酸、脱氧胸苷酸和嘌呤核苷酸的合成，而抑制肿瘤细胞的生长。

★ **考点提示：竞争性抑制作用的概念、特点及应用**

2. 非竞争性抑制作用

非竞争性抑制剂与酶活性中心外的必需基团结合，不影响酶与底物的结合，而酶与底物的结合也不影响酶与抑制剂的结合。底物和抑制剂之间无竞争关系，但酶-底物-抑制剂形成的三元复合物（ESI）不能进一步释放出产物而使酶的催化活性降低，这种抑制作用称为非竞争性抑制作用（non-competitive inhibition）。非竞争性抑制剂作用于酶活性中心外的部位，其抑制作用取决于抑制剂的浓度，不能通过增大底物浓度的方法减弱抑制。如亮氨酸对精氨酸酶的抑制、哇巴因对细胞膜 Na^+，K^+-ATP 酶的抑制都属于非竞争性抑制。其作用模式为：

$$
\begin{array}{ccc}
E+S & \Longrightarrow ES \longrightarrow & E+P \\
+ & + & \\
I & I & \\
\Updownarrow & \Updownarrow & \\
EI+S & \Longrightarrow ESI &
\end{array}
$$

3. 反竞争性抑制作用

反竞争性抑制剂也是作用于酶活性中心外的部位，但其不与游离的酶结合，仅与酶-底物复合物（ES）可逆结合，使中间产物的量下降，导致酶促反应的速度降低，这种抑制作用称为反竞争性抑制（uncompetitive inhibition）。这种抑制作用由于 IES 的生成，使 ES 的量减少，进而促进底物与酶的结合。其作用模式为：

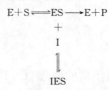

★ 考点提示：非竞争性抑制与反竞争性抑制的概念、特点

第四节　酶在医学上的应用

一、酶与疾病的关系

（一）很多疾病与酶的质和量的异常有关

酶的催化作用是机体物质代谢、生长和生命活动的重要环节。酶的质和量的异常影响酶的活性，直接或间接导致疾病的发生。很多遗传性疾病是由酶的先天性异常引起的。现在已经发现 140 多种遗传性代谢缺陷病与酶的缺陷有关。例如，由于酪氨酸酶先天缺乏导致黑色素合成障碍所引起的白化病；苯丙酮酸尿症是由于苯丙氨酸羟化酶缺乏引起苯丙氨酸和苯丙酮酸大量堆积而发病。许多疾病能够引起酶的异常，而酶的异常又常常加重病情。例如急性胰腺炎时胰蛋白酶原在胰腺内被异常激活，导致胰腺组织被严重破坏。许多炎症都可以导致蛋白水解酶从浸润的巨噬细胞或白细胞中释放，对组织产生破坏和损伤。激素代谢障碍或维生素缺乏也会引起某些酶的异常。如维生素 K 缺乏时，凝血因子 II、VII、IX、X 的前体不能在肝内羧化为成熟的凝血因子而导致患者凝血时间延长。中毒性疾病会使酶的活性受抑制。如前述的有机磷农药或重金属中毒等都是因为体内的酶活性受到抑制。

（二）酶在疾病诊断中的作用

许多组织器官的疾病常表现为血液中一些酶活性的异常，体液中酶活性的改变可作为某些疾病的诊断指标。正常情况下，在组织细胞中发挥催化作用的酶在血清中含量甚微，只有在组织器官受损造成细胞破坏或细胞膜通透性改变时，胞内某些酶会大量释放入血；细胞内酶的合成或诱导增强，或酶的清除障碍或分泌受阻也可引起血清酶活性升高。例如急性胰腺炎时，血清淀粉酶升高；肝硬化时，血清碱性磷酸酶清除的受体减少，造成血清中该酶活性增加；细胞转换率增加或细胞增殖加快，其标志酶的释放量也增加。许多遗传性疾病是由于某些酶的先天性缺乏所致，故在胎儿出生前可检测母亲子宫羊水或绒毛膜中的酶或其基因表达的是否缺失，减少出生缺陷。

（三）酶在疾病治疗中的作用

某些酶可作为药物用于疾病的治疗，如胃蛋白酶、胰蛋白酶、胰脂肪酶、胰淀粉酶等帮助消化；用胰蛋白酶、胰凝乳蛋白酶、链激酶、尿激酶、纤溶酶、溶菌酶、木瓜蛋白酶等进行外科清创、消炎、浆膜粘连的防治等；天冬酰胺酶用于治疗白血病；尿激酶、链激酶、纤溶酶还可以用于抗凝、防治血栓等。

还有某些药物是通过抑制生物体内某些酶的活性来治疗病症。如磺胺类药物、氯霉素等抗生素的作用机制就是通过抑制细菌重要代谢途径中某些酶的活性来达到抑菌目的；抗肿瘤药物的作用也多是阻断其相应酶的活性，以达到抑制肿瘤生长的目的。例如，甲氨蝶呤可抑制肿瘤细胞的二氢叶酸还原酶，使核酸代谢受阻而抑制肿瘤细胞的生长繁殖；氟尿嘧啶、巯嘌呤等抗代谢药物，都是核苷酸代谢途径中相关酶的竞争性抑制剂。

二、酶在其他领域中的作用

有些酶可作为临床检验中的辅助酶或指示剂。有些酶促反应的底物或产物含量极低，不易直接测定，耦联一种或两种酶，使初始反应产物定量地转变为另一种容易定量测定的产物，从而对一些酶的活性、底物浓度等进行定量分析。如临床上应用葡萄糖氧化酶法测定血糖。这种方法也广泛应用于科学研究。

有些酶还作为工具用于科研与生产。例如在基因工程操作中，将酶作为工具，在分子水平上对某些生物大分子进行定向的分割与连接。常用的工具酶包括限制性核酸内切酶、DNA 连接酶、DNA 聚合酶等。

思考题

一、名词解释
1.酶
2.酶的活性中心
3.同工酶
4.不可逆性抑制作用

二、填空题
1.酶的化学本质是_____。
2.酶促反应的特点包括_____、_____、_____和_____。
3.结合酶由_____和_____组成。
4.酶活性的调节方式主要有_____和_____。
5.有机磷农药中毒是由于_____。
6.铅、汞等重金属离子对疏基酶的抑制作用属于_____抑制。

三、简答题
1.何谓酶原、酶原的激活？酶原及酶原的激活有何生理意义？
2.影响酶促反应速度的因素有哪些？它们如何影响酶促反应的速度？
3.何谓竞争性抑制作用？举例说明竞争性抑制在临床上的应用。

（孔丽君）

第五章

维生素

【学习目标】
- **掌握**：维生素的概念、分类；脂溶性维生素的生理作用和缺乏症。
- **熟悉**：水溶性维生素的生理作用及缺乏症，B 族维生素参与组成的辅酶或辅基。
- **了解**：维生素缺乏症的原因。

案例导入

案例回放：

6 个月婴儿，北方冬季出生，体重在正常水平，平素多汗，易惊，夜哭，枕部毛发少，前囟较大。婴儿纯牛奶喂养，未添加辅食，很少户外活动。近两日出现腹泻，今晨突然抽搐，表现为面肌及四肢抽动，约数秒，抽后神志清醒，不伴发热及呕吐。体查：精神可，前囟平软，心肺无异常，凯尔尼格征阴性。

思考问题：

1. 该患儿发生抽搐的原因是缺乏何种维生素？
2. 患儿在户外活动增加日晒后，症状有所改善，为什么？

第一节　概　述

一、维生素的概念

维生素（vitamins）是维持机体正常生命活动所必需的一类有机小分子化合物，在调节物质代谢、促进生长发育等方面发挥重要作用。

根据溶解性的不同，维生素可分为脂溶性维生素和水溶性维生素两类，脂溶性维生素包括维生素 A、维生素 D、维生素 E 和维生素 K，水溶性维生素包括 B 族维生素和维生素 C，B 族维生素又包括维生素 B_1、维生素 B_2、维生素 B_6、维生素 B_{12}、维生素 PP、泛酸、叶酸和生物素等。

人体对维生素的需要量很少，但体内不能合成或合成量很小，必须通过食物获取，以满足需求，否则将引起机体功能障碍、代谢失调、生长停滞，称为维生素缺乏症。某些维生素过量摄入在体内蓄积或使用方法不当也会引起维生素中毒。

导致维生素缺乏症的常见原因有：①摄入不足、饮食不当、烹调破坏等均可导致食物中维生素不足；②吸收障碍，如腹泻、消化道切除手术后等都会影响维生素的吸收；③需要量相对增加，如孕妇、乳妇、儿童及慢性消耗性疾病恢复期患者，如无适当补充，就不能满足机体需要；④其他原因，如体内肠道细菌的代谢过程可合成部分的维生素，如维生素 K、维生素 B_6 及维生素 B_{12} 等，长期服用抗生素及其他原因引起的肠道菌群失调可能造成这些维生素的缺乏；缺乏日光照射，会影响体内维生素 D 的生成。

知识链接

维生素发展简史

早在 1000 多年前的唐朝，药王孙思邈的《千金方》中就有关于动物肝脏治疗夜盲症的记载。维生素 A 是最早有应用记载的维生素。

1896 年，荷兰医生在爪哇研究脚气病，发现食用精米易患脚气病，而食用糙米能治疗这种病。他认为，糙米的皮中含有一种保护素。1910 年，波兰学者冯克从米糠中提取出了一种可以治疗脚气病的胺类物质，当时命名为"活性胺"。艾克曼因发现可以抗神经炎的维生素（即维生素 B_1）而获得 1929 年的诺贝尔医学或生理学奖。

18 世纪，在海员中普遍流行着一种"维生素 C 缺乏病"。主要症状是四肢无力，皮肤红肿出血，牙龈出血、牙齿脱落，最后腹泻、呼吸困难、骨折、肝肾衰竭而致死亡。而这种疾病往往在船只靠岸后就不治而愈。一直到 1911 年，人类才确定它是因为缺乏维生素 C 而引起的。1928 年匈牙利生物化学家圣捷尔吉·阿尔伯特首次提纯出了维生素 C，以此获得 1937 年的诺贝尔医学或生理学奖。

由此可见，维生素的发现史与营养性疾病的研究是分不开的，维生素在营养物质中的角色也是不可或缺的。

★ 考点提示：维生素的概念、分类；维生素缺乏症的常见原因

二、维生素的命名

维生素命名主要有三种方式。

1. 按字母顺序命名

最广为人知的维生素命名方式是按照英文字母命名为维生素 A、B 族维生素、维生素 C、维生素 D……这样命名不完全是按照维生素的发现顺序，有些是根据维生素作用的首字母命名。例如：脂溶性维生素 A、脂溶性维生素 D、脂溶性维生素 E，水溶性维生素 B_1、水溶性维生素 B_2、水溶性维生素 C 等是按照发现顺序命名的；而维生素 K 则是根据其功能"凝血"的丹麦语首字母命名的。

2. 按照生理功能和治疗作用命名

例如，维生素 A 可以治疗夜盲症和眼干燥病，称为抗眼干燥病维生素；维生素 PP 对癞皮病有治疗作用，称为抗癞皮病维生素；维生素 B_1 可以防止末梢神经炎，称为抗脚气病维生素等。

3. 根据化学结构命名

如维生素 B_1，分子结构中含有 S 和氨基，被称为硫胺素。

目前比较倾向于化学结构命名法，但固有的习惯不易改变，常常三类名称混合使用。

第二节 脂溶性维生素

维生素 A、维生素 D、维生素 E、维生素 K 为脂溶性维生素,易溶于脂类及有机溶剂,在肠道随脂类物质吸收,在血液中与脂蛋白或特异性载体蛋白结合而运输。脂溶性维生素在体内能够储存,主要储存于肝和脂肪组织,故长期缺乏才会引起相应缺乏症,而摄入过多也能够引起中毒。

一、维生素 A

(一) 化学结构与活性形式

维生素 A 又称视黄醇(retinol)、抗眼干燥病维生素,是含有 β-白芷酮环的不饱和一元醇。维生素 A 有两种,维生素 A$_1$(视黄醇)和维生素 A$_2$(3-脱氢视黄醇)。维生素 A 遇热或光而易被氧化。

维生素 A 主要来源于动物性食物,如肝、肉类、蛋黄、奶、鱼肝油等;植物中不含维生素 A,但红、橙、黄色蔬菜和水果中含有丰富的 β-胡萝卜素。β-胡萝卜素在加氧酶催化下可以转化为两分子视黄醇,故 β-胡萝卜素称为维生素 A 原(图 5-1)。在体内维生素 A 可氧化生成为视黄醛、视黄酸,视黄醇、视黄醛和视黄酸是维生素 A 的活性形式。

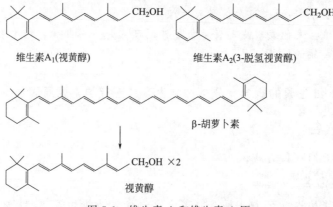

图 5-1 维生素 A 和维生素 A 原

(二) 生理功能

1. 维生素 A 参与构成视觉细胞内感光物质

维生素 A 是构成视觉细胞中视紫红质的组成成分。视紫红质由视蛋白和 11-顺视黄醛组成。当弱光照射到视网膜的视杆细胞时,11-顺视黄醛转变为全反视黄醛,视蛋白变构,通过与受体结合产生视觉冲动,之后视紫红质分解为视蛋白和全反视黄醛;分解产生的全反视黄醛还原转变为全反视黄醇,全反视黄醇在异构酶作用下可转变为 11-顺视黄醇,11-顺视黄醇在 11-顺视黄醇脱氢酶作用下又可转变为 11-顺视黄醛;11-顺视黄醛可以重新与视蛋白合成视紫红质,从而形成一个视循环(图 5-2)。

机体缺乏维生素 A 时,11-顺视黄醛补充不足,视紫红质合成减少,对弱光的敏感性降低,暗适应时间延长,严重时出现"夜盲症"。

2. 维生素 A 参与维持上皮细胞的正常形态与功能

维生素 A 能促进上皮细胞的正常生长与分化，促进黏蛋白、透明质酸等细胞外基质的分泌，视黄醇、视黄酸还参与糖蛋白、蛋白聚糖的合成，维持上皮细胞的正常形态与功能。缺乏维生素 A 可引起皮肤、黏膜的上皮细胞过度角质化，表现为皮肤粗糙，毛囊角质化，眼部可出现泪腺萎缩、泪液分泌减少、角膜干燥，称为眼干燥病，因此维生素 A 又称为抗干眼病维生素。

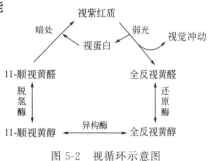

图 5-2　视循环示意图

3. 维生素 A 促进儿童生长发育

维生素 A 通过调控基因表达对人体生长发育、细胞分化发挥重要作用。缺乏时，儿童可出现生长缓慢、发育不良。

4. 维生素 A 还具有抗氧化及一定的抗癌作用

维生素 A 具有还原性，可清除氧自由基，控制细胞膜脂质过氧化，是良好的抗氧化剂。维生素 A 还可以诱导肿瘤细胞分化和凋亡，抑制肿瘤生长。

脂溶性的维生素 A 可以在体内蓄积，过量摄入可引起中毒。多见于婴幼儿预防治疗佝偻病时不合理使用鱼肝油。

二、维生素 D

（一）化学结构与活性形式

维生素 D 又称钙化醇、抗佝偻病维生素，是类固醇的衍生物。维生素 D 有维生素 D_2（麦角钙化醇）和维生素 D_3（胆钙化醇）两种。维生素 D_3 主要存在于肝、蛋黄、鱼肝油等动物性食物中，人体皮下储存的 7-脱氢胆固醇在紫外线照射下可以转化为维生素 D_3，7-脱氢胆固醇又称为维生素 D_3 原。植物中含有麦角固醇，在紫外线照射下可转变为维生素 D_2，麦角固醇是维生素 D_2 的维生素原。

维生素 D_3 经过肝的羟化作用生成 25-(OH)-D_3，25-(OH)-D_3 进一步在肾羟化生成 1,25-$(OH)_2$-D_3，1,25-$(OH)_2$-D_3 是维生素 D 的活性形式（图 5-3）。

（二）生理功能

1,25-$(OH)_2$-D_3 具有类固醇激素样作用，通过作用于胞内受体调节相关基因表达，可促进小肠钙磷的吸收和肾对钙磷的重吸收，维持血钙、血磷的正常水平，同时促进骨盐的沉积，维持骨、牙的正常生长与更新。维生素 D 缺乏时，儿童易患佝偻病，成人可发生骨质软化，老人易发生骨质疏松。因此，维生素 D 又称抗佝偻病维生素。

长期摄入维生素 D 过多也可引起中毒，表现为软组织钙化、高钙血症及高血压等。

> **知识链接**
>
> **手足搐搦症**
>
> 维生素 D 缺乏初期，甲状旁腺代偿不足，或者补充维生素 D 初期使骨骼钙化加速，血钙沉积到骨骼过多，使血钙过低会出现小儿惊厥和手足搐搦，称为手足搐搦症。发作时神志清，腕部屈曲，手指伸直，拇指内收足踝部跖屈，足前部内收，两眼凝视、惊跳或部分面肌抽动，一般不发热，甚至会出现喉痉挛引起窒息。

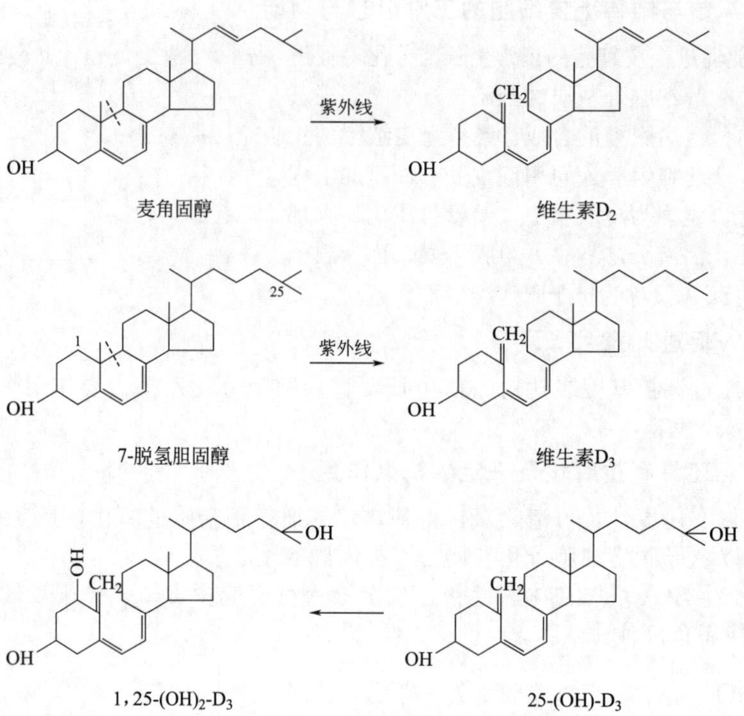

图 5-3　维生素 D 及其活性形式

三、维生素 E

（一）化学本质和活性形式

维生素 E 又称生育酚（tocopherol），主要来自植物油和种子胚芽中，天然维生素 E 有多种，差异仅在于其侧链 R_1、R_2、R_3 上（图 5-4）。维生素 E 为淡黄色油状物，无氧条件下稳定，在空气中极易被氧化。

（二）生理功能

1. 维生素 E 是体内最重要的脂溶性抗氧化物质

维生素 E 能保护生物膜不被氧化，从而维护生物膜的结构与功能，对延缓衰老也有一定作用。

2. 维生素 E 与动物的生殖功能有关

动物缺乏维生素 E 会引起生殖器官受损甚至不孕。人类尚未发现维生素 E 缺乏所致的不孕症。临床上常用维生素 E 治疗先兆流产和习惯性流产。

3. 维生素 E 可调节基因表达和细胞信号转导

维生素 E 可调控脂类代谢相关基因表达，调节脂类代谢，降低血浆低密度脂蛋白；影响细胞黏附和炎症相关基因表达和相关的信号转导过程，发挥抗炎、调节免疫功能的作用；维生素 E 还可以影响细胞周期调节相关基因，抑制细胞增殖。因此，维生素 E 对预防和治疗冠心病、肿瘤和延缓衰老有一定作用。

4. 维生素 E 可促进血红素合成

维生素 E 能提高 δ-氨基-γ-酮戊酸（ALA）合成酶和 ALA 脱水酶的活性，促进血红素的合成。

四、维生素 K

（一）化学本质和活性形式

维生素 K 因其功能与凝血酶原的合成有关，故又称凝血维生素。维生素 K 为 2-甲基-1,4 萘醌的衍生物，天然存在维生素 K_1 和维生素 K_2 两种，二者差别在于其侧链 R 的不同（图 5-5）。维生素 K_1 可以从多肝、鱼、肉和绿色植物中提取，维生素 K_2 由肠道细菌代谢产生。目前临床常用的为人工合成的维生素 K，主要有维生素 K_3 和维生素 K_4。

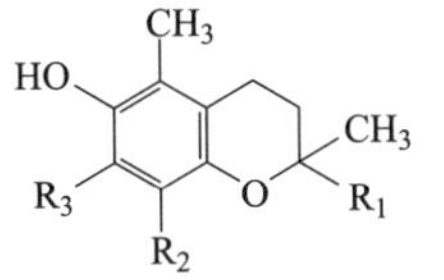

图 5-4　维生素 E 结构 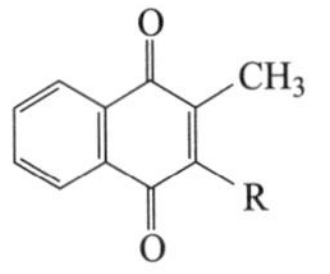　　　　　　　　图 5-5　维生素 K 结构通式

（二）生理功能

1. 维生素 K 的主要功能为促进凝血

凝血因子 II、凝血因子 VII、凝血因子 IX、凝血因子 X，抗凝血因子蛋白 C 和蛋白 S 需经 γ-谷氨酰羧化酶的催化才能变为活性形式，而维生素 K 为 γ-谷氨酰羧化酶的辅酶。维生素 K 缺乏可引起凝血时间延长或出血病症。

维生素 K 有还原型和环氧化物型两种形式，二者之间可以互相转化。环氧化物酶催化还原形式的维生素 K 变为环氧化物形式，环氧化物形式在还原酶的催化下变为还原形式。γ-谷氨酰羧化酶需要的辅酶为还原形式。新双羟香豆素是还原酶的抑制剂，抑制环氧化物形式变为还原形式，进而抑制凝血酶原的合成，故临床上新双羟香豆素作为抗凝血药使用。

2. 维生素 K 对骨代谢也有重要作用

骨中的骨钙蛋白和骨基质 Gla 蛋白均为维生素 K 依赖蛋白，需要维生素 K 的参与才能发挥功能。

★ 考点提示：脂溶性维生素的功能与缺乏症

第三节　水溶性维生素

水溶性维生素包括 B 族维生素和维生素 C。水溶性维生素可随尿排出，很少在体内蓄积。因此，一般不会发生水溶性维生素中毒，但也必须不断从食物中摄入才能满足每日需要。水溶性维生素主要功能是构成酶的辅助因子参与物质代谢。

一、B 族维生素

B 族维生素种类很多，包括维生素 B_1、维生素 B_2、维生素 B_6、维生素 B_{12}、维生素

PP、泛酸、叶酸和生物素等。B族维生素本身没有生物活性，一般应转变为辅酶才具有生物学功能（表 5-1）。辅酶是酶的重要组成成分。B族维生素缺乏时，影响与之相关的酶所催化的代谢过程而引起相应缺乏症。

表 5-1   B 族维生素的活性形式

维生素名称	辅酶或辅基	酶（举例）
维生素 B_1	TPP（焦磷酸硫胺素）	丙酮酸脱氢酶系
维生素 B_2	FAD（黄素腺嘌呤二核苷酸）	琥珀酸脱氢酶
	FMN（黄素单核苷酸）	NADH-泛醌还原酶
维生素 PP	NAD^+（尼克酰胺腺嘌呤二核苷酸，辅酶 I）	乳酸脱氢酶
	$NADP^+$（尼克酰胺腺嘌呤二核苷酸磷酸，辅酶 II）	6-磷酸葡萄糖脱氢酶
泛酸	HS-CoA（辅酶 A）	丙酮酸脱氢酶系
维生素 B_6	磷酸吡哆醛、磷酸吡哆胺	丙氨酸氨基转移酶
生物素	生物素	丙酮酸羧化酶
叶酸（F）	四氢叶酸	一碳单位转移酶
维生素 B_{12}	甲基钴胺素	N^5-甲基四氢叶酸转甲基酶

（一）维生素 B_1

维生素 B_1 又称硫胺素（thiamine）、抗脚气病维生素，易溶于水，酸性环境中稳定（图 5-6）。维生素 B_1 主要存在于植物种子的外皮和胚芽中，粗粮中含量丰富，精制米面中缺乏，瘦肉中含量也较多。

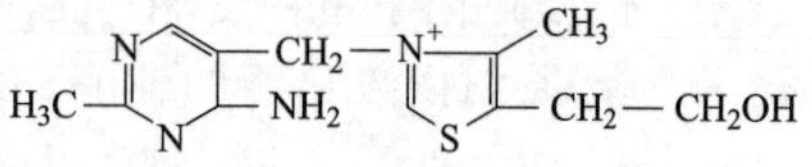

图 5-6   维生素 B_1 结构

其在体内的活性形式为焦磷酸硫胺素（TPP），TPP 是 α-酮酸氧化脱氢酶系的辅酶，参与体内糖代谢。维生素 B_1 缺乏时，糖分解代谢的中间产物丙酮酸不能沿糖代谢途径氧化脱羧，造成丙酮酸堆积，乙酰 CoA 生成减少和能量供应不足。这些酸性物质堆积和能量的不足影响神经和心肌细胞的代谢，患者可出现肢体末端麻木、四肢乏力、健忘、不安，甚至心力衰竭，临床上称为"脚气病"。

糖分解产生的乙酰 CoA 是合成神经递质乙酰胆碱的原料，故缺乏维生素 B_1 会引起乙酰胆碱合成减少；同时 TPP 还是胆碱酯酶的抑制剂，TPP 缺乏又会加速乙酰胆碱的分解。因此，临床上缺乏维生素 B_1 会出现乙酰胆碱不足的表现，如食欲下降、消化液分泌减少、肠蠕动减慢、消化不良等。

知识链接

韦尼克-科尔萨科夫综合征

韦尼克脑病（Wernicke encephalopathy，WE）和科萨科夫综合征（Korsakoff syndrome，KS）是由于维生素 B_1 缺乏引起的神经精神疾病，临床上最为常见的原因为长期大量饮酒。WE 经典的三联征是意识障碍、眼肌麻痹和共济失调，为可逆性。未经及时、积极治疗的逐步发展为不可逆的慢性神经损伤——KS，其主要表现以记忆损害为主。

（二）维生素 B₂

维生素 B_2 又称核黄素（Riboflavin），为 6,7-二甲基异咯嗪和核糖醇的缩合物，耐热、酸性环境下稳定，对光敏感、易破坏。在自然界分布广泛，豆类、鱼、蛋类、绿叶蔬菜等食物中含量丰富。

其在体内的活性形式为黄素单核苷酸（FMN）和黄素腺嘌呤二核苷酸（FAD）。其异咯嗪环上的第一位和第十位氮原子可反复发生接受和释放氢的反应，故 FMN 和 FAD 均为重要的递氢体，作为多种氧化还原酶（如琥珀酸脱氢酶、脂酰辅酶 A 脱氢酶等）的辅酶发挥作用（图 5-7）。

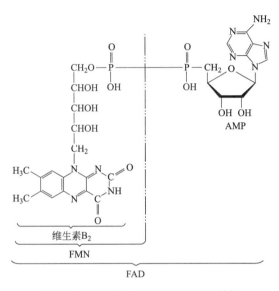

图 5-7　维生素 B_2 和 FMN、FAD 结构

FAD 和 FMN 作为递氢体参与生物氧化，可促进糖、脂类及蛋白质的分解代谢，促进能量生成，对维持皮肤、黏膜和视觉功能有重要作用。维生素 B_2 缺乏可引起口角炎、舌炎、唇炎、阴囊炎等。新生儿黄疸应用光照疗法时会破坏维生素 B_2，引起缺乏症。

（三）维生素 PP

维生素 PP 又称抗癞皮病维生素，是吡啶的衍生物，包括尼克酸（nick acid）和尼克酰胺（nicotinamide）（图 5-8）。其性质稳定，不易被酸、碱、热破坏，易溶于水。

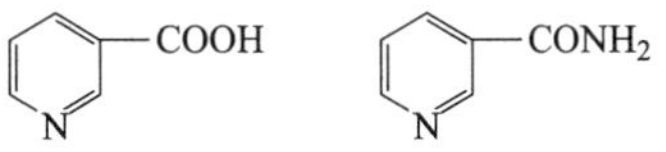

其在体内的活性形式为尼克酰胺腺嘌呤二核苷酸（NAD^+，辅酶Ⅰ）和尼克酰胺腺嘌呤二核苷酸磷酸（$NADP^+$，辅酶Ⅱ）。在生理条件下，其吡啶环上的五价 N

图 5-8　尼克酸和尼克酰胺

原子，能接受两个电子而转变为三价，其对位 C 原子性质活泼，可以可逆性加氢脱氢。这样，NAD^+ 能从代谢物上可逆性的接受一个质子和两个电子（另一个质子游离）。因此，NAD^+ 和 $NADP^+$ 是体内重要的递氢体，作为多种氧化脱氢酶的辅酶，参与氧化还原反应（图 5-9）。

维生素 PP 在自然界普遍存在，而且动物可利用色氨酸代谢产生维生素 PP，但转化效率较低。一般食物中均富含维生素 PP，并且大多数蛋白质都含有色氨酸，故正常人体一般不会缺乏。但以玉米为主食者易缺乏，玉米的蛋白质中含色氨酸极少，且其所含的维生素

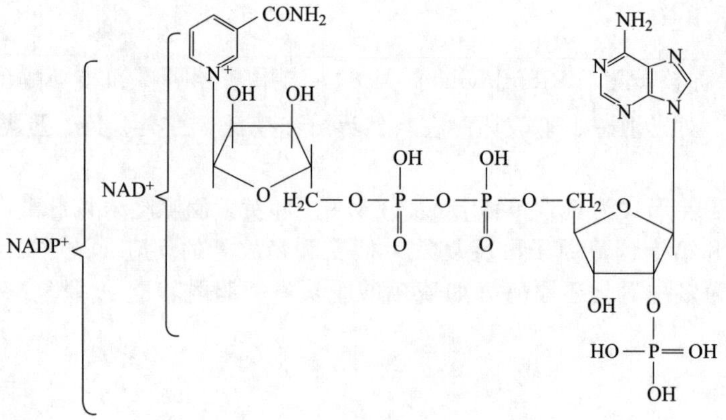

图 5-9 NAD^+ 和 $NADP^+$ 的结构

PP 常以不易吸收的形式存在，易引起维生素 PP 缺乏。

维生素 PP 缺乏可引起癞皮病，其症状是皮肤产生红色斑点，并有口炎、舌炎、胃肠功能紊乱、腹泻等表现，甚至出现神经营养障碍、痴呆等。抗结核药异烟肼与尼克酰胺结构类似，可拮抗维生素 PP 的作用引起癞皮病。

（四）泛酸

泛酸（pantothenic acid）又称遍多酸，因其在自然界广泛存在又呈酸性而得名，在酸、碱、光、热等条件下均不稳定。

泛酸在体内参与组成辅酶 A（CoA）和酰基载体蛋白（acyl carrier protein，ACP），参与糖、脂类、蛋白质代谢过程中的酰基转移。泛酸来源广泛，且肠道细菌也可以合成，因此一般不会出现缺乏症。

辅酶 A 对厌食、疲劳等症状有明显改善作用，临床上辅酶 A 常用于配制能量合剂作为多种疾病治疗的辅助用药。

（五）生物素

生物素（biotin）又称为维生素 H、维生素 B_7，在酸性条件下性质稳定，碱性条件下加热易被破坏。

生物素是体内多种羧化酶的辅酶，参与羧化反应。如丙酮酸羧化酶催化丙酮酸与 CO_2 合成草酰乙酸。

生物素来源广泛，蔬菜、谷物、肝、蛋类含量都很丰富，肠道菌群代谢也可产生，故临床很少出现缺乏症。但长期服用生蛋清会引起生物素缺乏，因生蛋清中有一种抗生物素蛋白，可与生物素结合而阻碍其吸收。动物缺乏生物素，易出现消瘦、皮炎、脱毛、神经过敏等症状。

（六）维生素 B_6

维生素 B_6 是吡啶的衍生物，包括吡哆醇（pyridoxine）、吡哆醛（pyridoxal）和吡哆胺（pyridoxamine）三种，在酸性条件下稳定，碱性条件下遇高温易被破坏。胚芽、米糠、蛋黄、肝、肉类等维生素 B_6 含量丰富。

在体内，维生素 B_6 的活性形式主要是磷酸吡哆胺和磷酸吡哆醛，二者可以相互转变

（图 5-10）。

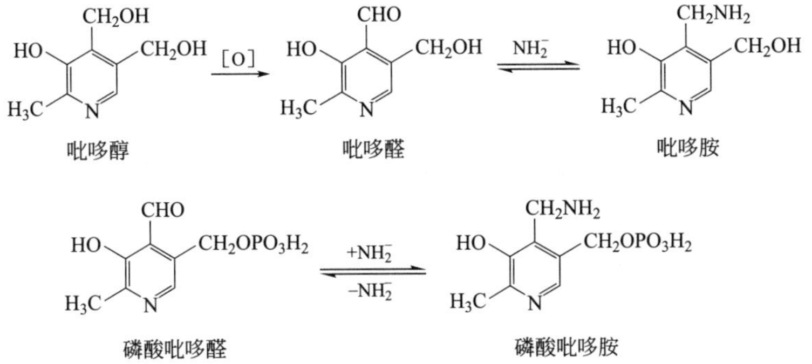

图 5-10　维生素 B_6 和其活性形式

磷酸吡哆胺和磷酸吡哆醛是氨基转移酶及氨基酸脱羧酶的辅酶，参与氨基酸的脱氨基和脱羧基反应。补充维生素 B_6 可提高谷氨酸脱羧酶的活力，产生较多的 γ-氨基丁酸，γ-氨基丁酸是重要的神经递质。缺乏维生素 B_6，γ-氨基丁酸缺乏，易导致神经系统功能异常。

磷酸吡哆醛还是 δ-氨基-γ-酮戊酸合成酶（ALA 合酶）的辅酶，参与血红素的合成代谢。缺乏维生素 B_6 会引起小细胞低色素性贫血。

抗结核药异烟肼可以和吡哆醛结合生成腙，从尿中排出，故应用异烟肼治疗结核病时易引起维生素 B_6 缺乏。乙醇在体内代谢生成乙醛，乙醛可促进磷酸吡哆醛的分解，长期饮酒者也可造成维生素 B_6 缺乏。

（七）叶酸

叶酸（folic acid）也称为蝶酰谷氨酸（图 5-11），由 2-氨基-4-羟基-6-甲基蝶呤、对氨基苯甲酸和谷氨酸三部分组成，因富含于绿叶中而得名，广泛存在于绿叶植物中。叶酸微溶于水，见光易失去生理活性，在中性、碱性溶液中对热稳定。

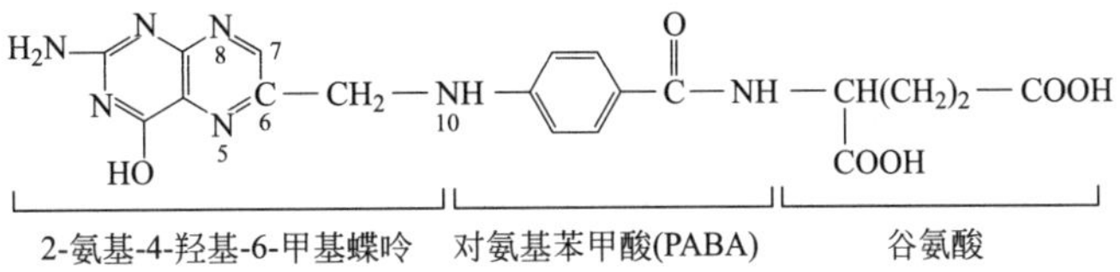

图 5-11　叶酸的结构

叶酸的 5、6、7、8 位置加氢转变为其活性形式四氢叶酸（FH_4），FH_4 是一碳单位转移酶的辅酶。四氢叶酸分子中第 5、10 位 N 原子可携带一碳单位，如 $N^5\text{-}CH_3\text{-}FH_4$、$N^5$，$N^{10}\text{-}CH_2\text{-}FH_4$。一碳单位参与体内多种合成代谢，如核苷酸的合成、甲硫氨酸的合成等。四氢叶酸作为一碳单位的载体，参与上述代谢过程。

叶酸缺乏时，核苷酸合成障碍，DNA 合成受到抑制，骨髓幼红细胞的细胞分裂减慢，红细胞减少而体积增大，造成巨幼细胞贫血。另外，叶酸缺乏影响同型半胱氨酸甲基化生成甲硫氨酸，使血液中同型半胱氨酸增多，增加心脑血管病的风险；缺乏叶酸，DNA 甲基化障碍增加很多种癌症的风险。

叶酸在自然界分布广泛，且人体肠道细菌可以合成，故一般不易缺乏。但妊娠期和哺乳期妇女因代谢旺盛，应适量补充叶酸，以降低胎儿神经管缺乏和脊柱裂的危险。

抗癌药甲氨蝶呤是叶酸的类似物，可竞争性抑制二氢叶酸还原酶的活性，引起四氢叶酸的减少，进而抑制细胞内核苷酸的合成，起到抗癌作用。

（八）维生素 B_{12}

维生素 B_{12} 又称钴胺素（cobalamin），分子中含金属离子钴，是唯一含有金属元素的维生素。维生素 B_{12} 在水溶液中稳定，熔点较高（大于 320℃）；易被酸、碱、日光等破坏。维生素 B_{12} 的主要活性形式为甲基钴胺素和 5'-脱氧腺苷钴胺素。

甲基钴胺素是 N^5-CH_3-FH_4 转甲基酶的辅酶，该酶催化同型半胱氨酸生成甲硫氨酸。维生素 B_{12} 缺乏时，一方面，FH_4 上的甲基不能转移，影响 FH_4 的再利用，一碳单位代谢受阻，核酸合成障碍，影响细胞分裂，导致巨幼细胞贫血；另一方面，同型半胱氨酸不能甲基化生成甲硫氨酸而造成堆积，高同型半胱氨酸血症增加动脉粥样硬化、血栓形成和高血压的危险性。

5'-脱氧腺苷钴胺素是 L-甲基丙二酰辅酶 A 变位酶的辅酶。缺乏维生素 B_{12} 造成 L-甲基丙二酰辅酶 A 增多，L-甲基丙二酰辅酶 A 是脂肪酸合成过程中间产物丙二酰辅酶 A 的类似物，可影响脂肪酸的正常合成。脂肪酸合成异常可引起神经细胞髓鞘退行性改变，引起脱髓鞘病变，故临床上维生素 B_{12} 常作为神经营养药物使用。

牛奶、肝、肉类等动物性食品富含维生素 B_{12}，人体肠道细菌也可以合成一部分，但植物中缺乏维生素 B_{12}。维生素 B_{12} 与胃液中的内因子（intrinsic factor，IF）结合后才能通过肠壁被吸收，内因子缺乏，将导致维生素 B_{12} 吸收的障碍。故胃肠道疾病患者和长期素食者可出现维生素 B_{12} 缺乏。

★ 考点提示：B 族维生素的活性形式、功能及缺乏症

二、维生素 C

（一）概述

维生素 C 为不饱和多羟基化合物，其烯醇式羟基易解离出 H^+ 而显酸性，又因其能预防和治疗维生素 C 缺乏病，故又称抗坏血酸。维生素 C 对碱、热不稳定，易被氧化，烹饪不当容易破坏。维生素 C 广泛存在于新鲜蔬菜和水果中，其中以山楂、橘类含量最多。

（二）生理功能

1. 维生素 C 是多种羟化酶的辅酶，参与体内多种羟化反应

（1）促进胶原蛋白的合成　胶原蛋白的氨基酸组成特点是羟脯氨酸较多，而新合成的胶原蛋白多肽链相应位置上是脯氨酸，需经脯氨酰羟化酶催化才能变为羟脯氨酸。维生素 C 可维持脯氨酰羟化酶的活性，促进胶原蛋白合成。胶原蛋白是骨、毛细血管和结缔组织的重要组成成分。因此，维生素 C 缺乏，会引起胶原蛋白合成减少，造成毛细血管脆性增加，易出血，牙齿松动脱落，骨折等，称为"维生素 C 缺乏病"。

（2）促进胆汁酸的生成　胆固醇转变为胆汁酸需 7α-羟化酶的催化，维生素 C 也是该酶的辅酶。维生素 C 缺乏，胆固醇转化为胆汁酸障碍，体内胆固醇增多，易引起动脉粥样硬化。

（3）参与芳香族氨基酸代谢　酪氨酸脱去氨基生成对-羟苯丙酮酸，对-羟苯丙酮酸在对-羟苯丙酮酸羟化酶催化下生成尿黑酸。维生素 C 缺乏时对-羟苯丙酮酸羟化障碍，血中对-羟苯丙酮酸增多。

（4）参与肉碱合成　肉碱是脂肪酸氧化过程中将脂酰辅酶 A 转运至线粒体的载体，其合成过程也需维生素 C 参与的羟化酶催化。维生素 C 缺乏时肉碱合成障碍，影响脂肪酸氧化。

2. 维生素 C 是一种重要的抗氧化剂

（1）维持谷胱甘肽的还原状态　维生素 C 可将氧化型谷胱甘肽（GSSG）还原为还原型谷胱甘肽（GSH），GSH 具有保护巯基酶活性及抗氧化的作用。

（2）将 Fe^{3+} 还原为 Fe^{2+}　小肠中的维生素 C 能将食物中的 Fe^{3+} 还原为 Fe^{2+}，有利于铁的吸收。另外，某些氧化性较强的物质能将血红蛋白中的 Fe^{2+} 氧化为 Fe^{3+}，使血红蛋白变为高铁血红蛋白，影响血红蛋白的运氧能力。维生素 C 能将血红蛋白中的 Fe^{3+} 还原为 Fe^{2+}，恢复其运氧能力。

（3）维生素 C 还具有增强机体免疫力及一定的抗癌作用。

★ 考点提示：维生素 C 的功能与缺乏症

三、硫辛酸

（一）概述

硫辛酸（alpha lipoic acid）是一种存在于线粒体的辅酶，属于类维生素，广泛存在于动物的肝、肾、心脏及多种植物中。硫辛酸兼具脂溶性与水溶性的双重特性，因此吸收和体内转运均较容易（图 5-12）。

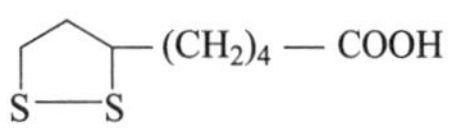

图 5-12　硫辛酸的结构

（二）生理功能

1. 硫辛酸是丙酮酸脱氢酶复合体的辅酶

丙酮酸脱氢酶复合体中硫辛酸与氨基酸残基组成硫辛酰胺，硫辛酰胺可以接受酰基形成一个硫酯键，再将酰基转移到辅酶 A 分子的硫原子上。硫辛酸是能量代谢中的必要因子，能增加细胞中 ATP 的生成，还可明显提高糖尿病患者细胞对胰岛素的敏感度，可用于治疗糖尿病及其并发症的心肌损害。

2. 硫辛酸具有抗氧化作用

硫辛酸的双硫五元环结构具有显著的亲电子性和与自由基反应的能力，因此具有很好的抗氧化性。硫辛酸分子量比水溶性维生素 C 大，但比脂溶性的维生素 E 小，又兼具水溶性和脂溶性，被称为万能抗氧化剂。硫辛酸还可螯合重金属离子如 Cu^{2+}、Zn^{2+}、Pb^{2+}、Co^{2+}、Ni^{2+}、Hg^{2+}、Fe^{2+}、Cd^{2+} 等，防止这些重金属离子对巯基酶的损伤。目前，硫辛酸被应用于美容护肤领域及治疗氧化损伤造成的疾病（如糖尿病、动脉粥样硬化等）。

思考题

一、名词解释
1. 维生素
2. 脂溶性维生素

二、填空题
1. 食用橙黄色水果可以补充维生素 A，原因是其富含_____。
2. 冬季出生的小儿易患佝偻病，原因是缺乏维生素_____，造成这种缺乏的主要原因是缺少_____。

3.与凝血关系密切的维生素是_____。

4.水溶性维生素包括_____和_____，因其_____，需经常从食物摄取。

5.含有金属元素钴的维生素是_____。

三、简答题

1.当维生素 A 缺乏时为什么会患夜盲症？

2.叶酸和维生素 B_{12} 在生理功能上有何关系？

（甄江涛）

第六章

生物氧化

【学习目标】

◆ **掌握**：氧化呼吸链、氧化磷酸化的概念；线粒体两条氧化呼吸链；ATP 生成的方式。

◆ **熟悉**：生物氧化的概念及特点；影响氧化磷酸化的因素。

◆ **了解**：胞质中 NADPH 的氧化；非线粒体生物氧化体系。

案例导入

案例回放：

　　某女士近期胃口大开，越来越能吃，却日渐消瘦，而且这些天脾气也不好，易怒，而且怕热、多汗，身体乏力，出现心悸、失眠等症状。经诊断为甲状腺功能亢进症。

思考问题：

　　1. 甲状腺功能亢进症是哪种激素分泌异常引起的？

　　2. 体内能量是怎样生成的？

　　3. 甲状腺激素对机体能量代谢有何影响？从能量生成角度分析甲状腺功能亢进症患者病症的机制。

第一节　概　　述

一、生物氧化的概念

　　物质在生物体内进行的氧化过程称为生物氧化，主要指糖、脂肪及蛋白质等营养物质在体内彻底氧化分解生成二氧化碳和水，并逐步释放能量的过程。此过程主要在线粒体内进行，其生物学意义主要是氧化供能。释放的能量一部分可使 ADP 磷酸化生成 ATP，供机体各种生命活动所需，其余能量以热量形式释放，以维持体温。

二、生物氧化的特点

　　生物氧化与体外的物质氧化化学本质相同。氧化的方式有加氧、脱氢和失去电子，同一物质在体内、外氧化时的耗氧量、终产物（CO_2 和 H_2O）及释放的能量均相等。但生物氧化在反应条件、反应过程等方面又有其特点：①生物氧化都是在酶的催化下，在体温、pH

近中性的体液中进行，反应条件温和；②生物氧化反应过程逐步进行，能量随之逐步释放，释放的能量一部分用于产生 ATP；③生物氧化中氧化方式以脱氢为主，代谢物脱下的氢逐步传递与氧结合生成 H_2O；④生物氧化中 CO_2 是由有机酸通过脱羧基反应生成；⑤生物氧化受多种因素的调节。

★ 考点提示：生物氧化的概念及特点

第二节 线粒体生物氧化体系

糖、脂肪、蛋白质等营养物质的氧化分解过程主要发生在线粒体，线粒体内进行的生物氧化是机体产生 ATP 的主要途径。

一、氧化呼吸链

生物氧化过程中代谢物脱氢产生的成对氢原子（2H）主要以 $NADH + H^+$ 或 $FADH_2$ 的形式存在。有氧条件下，$NADH + H^+$ 或 $FADH_2$ 携带的氢在一系列酶催化下经过连续的氧化还原反应逐步传递，最终与氧结合生成水，同时释放能量。

（一）氧化呼吸链的概念

糖、脂肪、蛋白质等物质分解代谢过程中产生的氢传递给氧的过程，是在一系列由酶蛋白及辅酶构成的酶复合体作用下完成的，这些酶蛋白和辅酶存在于线粒体的内膜上，其中传递氢的酶蛋白或辅酶称为递氢体，传递电子的则称为递电子体。这些在线粒体内膜上按一定顺序排列的递氢体和递电子体，可将代谢物脱下的氢逐步传递给氧生成水，形成一个连续的传递链，称为氧化呼吸链，也称为电子传递链。

（二）氧化呼吸链的组成

构成线粒体氧化呼吸链的组成成分及其在线粒体内膜的分布如图 6-1 所示。

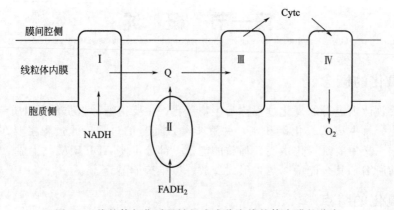

图 6-1 线粒体氧化呼吸链组成成分在线粒体内膜的分布

氧化呼吸链主要由 4 种具有传递氢和电子功能的酶复合体组成，分别为复合体Ⅰ、复合体Ⅱ、复合体Ⅲ和复合体Ⅳ。各复合体的组成及功能见表 6-1。

表 6-1 线粒体氧化呼吸链复合体的组成与功能

复合体	酶名称	重要酶蛋白	辅基	功能
复合体Ⅰ	NADH-泛醌还原酶	黄素蛋白、铁硫蛋白	FMN、Fe-S	将 NADH+H^+中的电子传递给泛醌
复合体Ⅱ	琥珀酸-泛醌还原酶	黄素蛋白、铁硫蛋白	FAD、Fe-S	将琥珀酸中电子传递给泛醌
复合体Ⅲ	泛醌-细胞色素 c 还原酶	Cytb、Cytc$_1$、铁硫蛋白	铁卟啉、Fe-S	将电子从 QH$_2$ 传递给 Cytc
复合体Ⅳ	细胞色素 c 氧化酶	Cytaa$_3$	铁卟啉、Cu	将电子从 Cytc 传递给氧

1. 复合体Ⅰ

复合体Ⅰ又称 NADH-泛醌还原酶，由黄素蛋白、铁硫蛋白等组成，该复合体可将电子从 NADH 经 FMN 及铁硫蛋白传给泛醌。

（1）黄素蛋白　黄素蛋白的辅基为黄素单核苷酸（FMN），FMN 是含有维生素 B$_2$ 的一种辅基，可以接受 $2H^+ + 2e$ 转变为还原型 FMNH$_2$，反之，FMNH$_2$ 也可脱去 $2H^+ + 2e$ 转变为氧化型 FMN，故 FMN 既是递氢体又是递电子体。

$$FMN + 2H \rightleftharpoons FMNH_2$$

（2）铁硫蛋白　铁硫蛋白的辅基为铁硫中心（Fe-S），其中心的铁离子可通过 Fe^{2+} 和 Fe^{3+} 的互变来传递电子，因此铁硫蛋白为单电子传递体。铁硫中心结构示意图见图 6-2。

$$Fe^{2+} \rightleftharpoons Fe^{3+} + e$$

图 6-2 线粒体铁硫中心结构示意图

复合体Ⅰ中黄素蛋白辅基 FMN 接受 NADH 中的 $2H^+ + 2e$ 生成 FMNH$_2$，电子再经 Fe-S 传递给内膜中的泛醌（又称辅酶 Q，CoQ）。泛醌是一种脂溶性小分子，能在线粒体内膜自由移动，不包含在复合体中。其功能与 FMN 类似，可以通过氧化型 Q 和还原型 QH$_2$ 的互变来传递质子和电子。

$$Q + 2H \rightleftharpoons QH_2$$

2. 复合体Ⅱ

复合体Ⅱ又称琥珀酸-泛醌还原酶，该复合体由以黄素腺嘌呤二核苷酸（FAD）为辅基的黄素蛋白及铁硫蛋白等组成，其功能是将电子从琥珀酸经 FAD 及铁硫蛋白传递给泛醌。

FAD 也是由维生素 B$_2$ 转变生成的辅基，与 FMN 功能一样，都是氢的传递体。琥珀酸氧化脱氢使 FAD 转变为 FADH$_2$，后者再将电子由 Fe-S 传递给泛醌。该电子传递过程释放的自由能较少。

$$FAD + 2H \rightleftharpoons FADH_2$$

3. 复合体Ⅲ

复合体Ⅲ又称泛醌-细胞色素 c 还原酶，含有细胞色素 b、细胞色素 c$_1$ 及铁硫蛋白等组分，其功能是将电子从泛醌经 Cytb、Cytc$_1$ 传递给 Cytc。

细胞色素（Cyt）是一类以血红素为辅基的电子传递蛋白。血红素中的铁可以通过铁价态的变化来传递电子，为单电子传递体。

$$Fe^{2+} \rightleftharpoons Fe^{3+} + e$$

线粒体呼吸链中的细胞色素包括 Cyta、Cyta₃、Cytb、Cytc、Cytc₁ 等，其中 Cytb 和 Cytc₁ 存在于复合体Ⅲ中。Cytc 是一种膜蛋白，位于线粒体内膜外表面，能自由扩散，不包含在复合体中，可将电子由复合体Ⅲ传递至复合体Ⅳ。

4. 复合体Ⅳ

复合体Ⅳ又称细胞色素 c 氧化酶，含有 Cytaa₃、Cu 等，其功能是将电子从 Cytc 经 Cytaa₃ 传递给氧，最终生成水。

（三）氧化呼吸链的种类与功能

生物氧化中大部分脱氢酶以 NAD^+、FAD 为辅基，NAD^+、FAD 接受代谢物脱下的氢生成 $NADH+H^+$ 或 $FADH_2$，$NADH+H^+$ 经复合体Ⅰ进入氧化呼吸链传递给氧彻底氧化生成水并释放能量；在复合体Ⅱ作用下，$FADH_2$ 直接进入氧化呼吸链彻底氧化放能。

目前认为，体内有两条重要的呼吸链：NADH 氧化呼吸链和 $FADH_2$ 氧化呼吸链。

1. NADH 氧化呼吸链

NADH 氧化呼吸链是最重要的一条呼吸链。在线粒体内，大多数代谢物（如丙酮酸、α-酮戊二酸、苹果酸等）脱下的氢都是经过 NADH 氧化呼吸链被氧化。该呼吸链从 NADH 开始，NADH 在复合体Ⅰ作用下将 $2H^++2e$ 传递给泛醌，生成还原型泛醌 QH_2，QH_2 脱下的 2e 在复合体Ⅲ作用下传递给 Cytc，2 个 H^+ 游离在基质中，Cytc 再将 2e 经复合体Ⅳ最终传递给氧，一个氧原子接受 2e 生成氧离子，同时与基质中 $2H^+$ 结合生成 H_2O。

2. FADH₂ 氧化呼吸链

代谢物脱下的氢直接或间接交给 FAD 生成 $FADH_2$，从 $FADH_2$ 到水的生成途径称为 $FADH_2$ 氧化呼吸链，最早发现琥珀酸脱氢生成 $FADH_2$，因此该呼吸链又称为琥珀酸氧化呼吸链。$FADH_2$ 直接在复合体Ⅱ作用下将 $2H^++2e$ 传递给泛醌生成 QH_2，此后传递过程与 NADH 氧化呼吸链相同。其他一些以 FAD 为辅酶的脱氢酶如 α-磷酸甘油脱氢酶、脂酰辅酶 A 脱氢酶等，其相应底物脱下的氢经 FAD 传递给泛醌，经该呼吸链彻底氧化生成水。

两条氧化呼吸链电子传递顺序如图 6-3 所示。

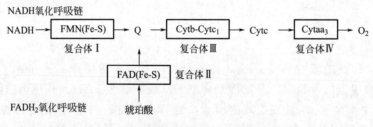

图 6-3　两条氧化呼吸链电子传递示意图

★ 考点提示：氧化呼吸链的概念和组成成分；线粒体两条氧化呼吸链递氢、递电子传递规律

二、氧化磷酸化

ATP 的生成方式有两种：底物水平磷酸化和氧化磷酸化。

直接将高能代谢物分子中的能量转移给 ADP（或 GDP）生成 ATP（或 GTP）的过程，称为底物水平磷酸化，其可以发生在线粒体，也能在胞质中进行。而氧化磷酸化是产生

ATP 的主要方式。

（一）氧化磷酸化的概念

代谢物脱下的氢经线粒体氧化呼吸链传递给氧释放能量，耦联驱动 ADP 磷酸化生成 ATP 的过程，称为氧化磷酸化。这种氢氧化放能与 ADP 磷酸化耗能的耦联，是产生 ATP 最重要的途径。

（二）氧化磷酸化耦联部位

氧化呼吸链中耦联生成 ATP 的部位可根据下列两种方法来推测。

1. P/O 比值

P/O 比值是指氧化磷酸化过程中每消耗 1mol 氧原子（$1/2$mol O_2）时所需要的磷酸（H_3PO_4）的摩尔数。2H 通过氧化呼吸链传递给 $1/2$ 分子 O_2 生成 1 分子 H_2O，释放的能量使 ADP 磷酸化生成 ATP，每消耗 1 分子 H_3PO_4，即生成 1 分子 ATP。因此，P/O 比值可以表示 2H 通过氧化呼吸链传递给氧所生成的 ATP 的量。实验测得：丙酮酸脱氢产生的 NADH 经 NADH 氧化呼吸链传递，P/O 比值接近 2.5，琥珀酸脱氢产生的 $FADH_2$ 经 $FADH_2$ 氧化呼吸链传递，P/O 比值约为 1.5，抗坏血酸直接通过 Cytc 进入氧化呼吸链传递电子，测得 P/O 比值约为 1。实验结果推测：NADH 氧化呼吸链中可能有 3 个可以生成 ATP 的部位，分别是在 NADH 和 CoQ 之间，CoQ 到 Cytc 之间及 Cytaa$_3$ 与 O_2 之间，即分别在呼吸链复合体Ⅰ、复合体Ⅲ、复合体Ⅳ中。

实验证明，每分子 NADH 经 NADH 氧化呼吸链传递，氧化磷酸化生成 2.5 分子 ATP，每分子 $FADH_2$ 经 $FADH_2$ 氧化呼吸链传递，氧化磷酸化生成 1.5 分子 ATP。

2. 自由能变化

根据测得的氧化呼吸链电子传递过程每个阶段的电位差，可以计算出相应的自由能变化。实验测得：呼吸链复合体Ⅰ、复合体Ⅲ、复合体Ⅳ催化的电子传递过程标准自由能分别为 69.5kJ/mol、36.7kJ/mol、112kJ/mol，而每生成 1mol ATP 需耗能 30.5kJ，可见，复合体Ⅰ、复合体Ⅲ、复合体Ⅳ催化电子传递释放的能量可以满足 ATP 生成所需。

（三）氧化磷酸化耦联机制

英国科学家 P. Mitchell 提出的化学渗透假说阐述了氧化磷酸化的耦联机制。其基本要点是：电子经氧化呼吸链传递时释放的能量，可以驱动 H^+ 从线粒体基质侧泵出至内膜的外侧，形成跨膜的 H^+ 电化学梯度，储存了能量。当 H^+ 顺浓度梯度回流至基质侧时，驱动 ADP 磷酸化生成 ATP，线粒体内膜上的复合体Ⅴ即 ATP 合酶催化该反应的发生，每当 4 个 H^+ 从膜间腔回流到基质时，生成 1 分子 ATP。实验证实，呼吸链复合体Ⅰ、复合体Ⅲ、复合体Ⅳ均具有质子泵的作用，每传递 2e 分别可以泵出 4、4、2 个 H^+。

目前实验数据表明：每分子 NADH 经 NADH 氧化呼吸链传递，可以泵出 10 分子 H^+，生成 2.5 分子 ATP，每分子 $FADH_2$ 经 $FADH_2$ 氧化呼吸链传递，可以泵出 6 分子 H^+，生成 1.5 分子 ATP。

（四）影响氧化磷酸化的因素

1. ADP 的调节作用

ADP 的浓度是正常机体调节氧化磷酸化的主要因素。当机体消耗能量增加时，ATP 水解加强，ADP 浓度升高，氧化磷酸化加快以补充 ATP，同时 NADH 或 FADH$_2$ 减少，又促进糖、脂肪、蛋白质等营养物质的分解；反之，细胞能量充足时，ADP 浓度较低，氧化磷酸化速率减慢，ATP 合成减少。这种调节作用使氧化磷酸化随体内能量状态而变化，保证机体合理利用能源。

2. 甲状腺激素的作用

甲状腺激素是调节氧化磷酸化的重要激素。甲状腺激素能诱导细胞膜上 Na$^+$，K$^+$-ATP 酶的生成，加速 ATP 水解成 ADP 和 Pi，ADP 浓度升高，促进氧化磷酸化。由于 ATP 的合成和分解都加快，机体耗氧量和产热量均增加，所以甲状腺功能亢进症患者常出现基础代谢率增高。

3. 抑制剂的作用

抑制剂根据其作用方式不同，分为三种类型。

（1）呼吸链抑制剂　该类抑制剂作用于氧化呼吸链中的某一部位阻断电子传递，又称电子传递抑制剂，如鱼藤酮、抗霉素 A、萎锈灵、CO 及氰化物（CN$^-$）等，其抑制部位如图 6-4 所示。

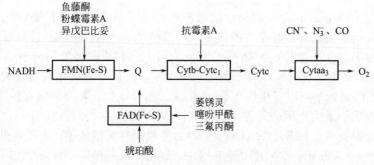

图 6-4　呼吸链抑制剂抑制作用示意图

这类抑制剂阻断电子传递给氧，抑制了细胞呼吸，营养物质不能释放能量生成 ATP，严重时导致生命活动停止，机体死亡。例如氰化物极易与复合体Ⅳ中 Cytaa$_3$ 结合，阻断电子传至氧，从而中断呼吸链。氰化物中毒的病例在临床上较多见，误食大量含有氰化物的苦杏仁、白果、木薯等或吸入含有氰化物的蒸气都可引起氰化物中毒。

（2）解耦联剂　使电子传递与磷酸化生成 ATP 的耦联过程相分离的物质称为解耦联剂。这类抑制剂不影响呼吸链电子的传递，但释放的能量以热能的形式散发，抑制 ATP 的生成。二硝基苯酚（DNP）为一脂溶性化合物，是最早发现的解耦联剂。某些药物（如双香豆素、水杨酸等）也有一定的解耦联作用。另外，新生儿体内存在含有大量线粒体的棕色脂肪组织，其线粒体内膜存在一种独特的解耦联蛋白，可使氧化磷酸化解耦联，氧化过程释放的能量主要以热能的形式散发，对于维持新生儿体温非常重要。

（3）ATP 合酶抑制剂　这类抑制剂如寡霉素作用于 ATP 合酶，阻断质子回流，从而抑制 ATP 的生成。质子回流受阻，引起线粒体内膜两侧 H^+ 电化学梯度增加，同样也会抑制电子的传递。

4. 线粒体 DNA 损伤

线粒体是能量代谢最重要的细胞器，其有一重要特性是含有 DNA。线粒体 DNA 编码的蛋白质主要参与氧化呼吸链的组成。因此，线粒体 DNA 损伤会直接影响氧化呼吸链的功能，造成氧化磷酸化能力下降，ATP 合成减少，导致能量代谢障碍，进而引起细胞结构与功能的改变。比如与衰老相关的退行性疾病帕金森综合征、阿尔茨海默病等就与线粒体 DNA 损伤的积累有关。

★ 考点提示：ATP 生成的方式；氧化磷酸化的概念；影响氧化磷酸化的因素

> **知识链接**
>
> **线粒体的结构与功能**
>
> 线粒体是生物氧化和能量转换的主要场所，生命活动所需能量约 90% 来自线粒体。线粒体具有双膜结构，氧化呼吸链就存在于线粒体的内膜中。线粒体内糖、脂肪、蛋白质等营养物质分解代谢脱下的氢直接进入氧化呼吸链，氧化磷酸化生成 ATP。线粒体内膜和嵴的基质面上排列着基粒，即为复合体Ⅴ，又称 ATP 合酶。基粒的头部是 ATP 合酶的催化基团；柄部负责调控质子通道，寡霉素特异性作用于此，阻断质子回流，抑制 ATP 的生成；基片是质子回流的通道。
>
> 线粒体是细胞核外唯一存在 DNA 的细胞器。线粒体 DNA（mtDNA）编码 13 种蛋白质，参与构成氧化呼吸链。mtDNA 为一裸露的双链环状 DNA 分子，易受体内、外因素如电离辐射、活性氧簇（ROS）、某些病毒、毒物或药物等影响导致 mtDNA 损伤，直接或间接影响氧化磷酸化，使 ATP 合成减少，导致能量代谢紊乱，进而引起疾病。如阿尔茨海默病、帕金森综合征等均与 mtDNA 损伤密切相关。

三、胞质中 NADH 的氧化

线粒体内生成的 NADH 可直接进行氧化磷酸化，但胞质中生成的 NADH 不能自由透过线粒体膜，可经两种穿梭机制将其所携带的氢转运进入线粒体，再进行氧化磷酸化。不同的穿梭机制转运进线粒体的方式不同，进入不同的呼吸链，生成的 ATP 数量也不同。

（一）α-磷酸甘油穿梭系统

α-磷酸甘油穿梭系统主要存在于脑和骨骼肌中。如图 6-5 所示，胞质中 NADH 在 α-磷酸甘油脱氢酶催化下，使磷酸二羟丙酮还原成 α-磷酸甘油，后者通过线粒体外膜，再经位于线粒体内膜近细胞质侧的磷酸甘油脱氢酶（辅基为 FAD）催化下重新生成磷酸二羟丙酮和 $FADH_2$，磷酸二羟丙酮可穿出线粒体外膜至细胞质，继续进行穿梭，$FADH_2$ 进入 $FADH_2$ 氧化呼吸链。因此 1 分子 NADH 经此穿梭系统生成 1.5 分子 ATP。

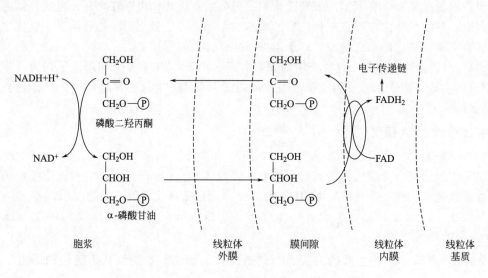

图 6-5 α-磷酸甘油穿梭系统

（二）苹果酸-天冬氨酸穿梭系统

苹果酸-天冬氨酸穿梭系统主要存在于肝和心肌中。胞质中 NADH 在苹果酸脱氢酶作用下，使草酰乙酸还原成苹果酸，后者通过线粒体内膜上的 α-酮戊二酸载体进入线粒体，又在线粒体内苹果酸脱氢酶的作用下重新生成草酰乙酸和 NADH。线粒体内生成的草酰乙酸经天冬氨酸氨基转移酶的作用生成天冬氨酸，后者经酸性氨基酸载体转运出线粒体再转变成草酰乙酸，继续进行穿梭（图 6-6）。因此，1 分子 NADH 经此穿梭系统进入 NADH 氧化呼吸链被氧化，生成 2.5 分子 ATP。

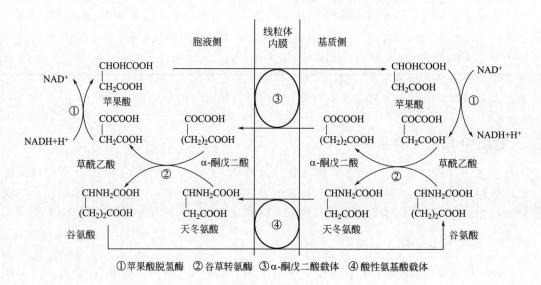

①苹果酸脱氢酶 ②谷草转氨酶 ③α-酮戊二酸载体 ④酸性氨基酸载体

图 6-6 苹果酸-天冬氨酸穿梭系统

四、能量的利用和储存

（一）高能键与高能化合物

水解时释放的标准自由能大于 25kJ/mol 的化学键称为高能键，用"～"表示。含有高能键的化合物称为高能化合物。最常见的高能化合物为高能磷酸化合物，如 ATP、GTP、磷酸肌酸、磷酸烯醇式丙酮酸等，分子中所含高能磷酸键，用"～P"表示。每摩尔 ATP分子末端磷酸酯键水解生成 ADP 时释放出 30.5kJ 的能量，则 ATP 为高能化合物；每摩尔6-磷酸葡萄糖水解生成葡萄糖，磷酸酯键断裂，释放的能量为 13.8kJ，6-磷酸葡萄糖即为普通磷酸化合物。另一类高能化合物见于含有高能硫酯键的硫酯化合物，如 $CH_3CO \sim SCoA$（乙酰辅酶 A）等。

（二）能量的利用与储存

1. 能量的利用

ATP 是体内最重要的高能磷酸化合物，是细胞储备能量的重要方式，也是体内能量的直接利用形式。生物氧化释放的能量约 40% 以化学能的形式在 ATP 分子中。ATP 水解为 ADP 和 Pi 或 AMP 和 Pi 时，释放大量的能量，可直接用于耗能的肌肉收缩、跨膜转运、神经传导、生物合成等重要生命过程。ATP 还可以通过自身基团的转移提供能量，使底物活化，如葡萄糖氧化分解时首先需要消耗 ATP 活化为 6-磷酸葡萄糖，才能进一步分解。

能量的转换和利用是通过 ATP 与 ADP 的相互转变而实现的。ATP 水解为 ADP 和 Pi释放能量，满足机体各种生理活动需求；ADP 又可通过氧化磷酸化或底物水平磷酸化吸收能量生成 ATP。

体内大多数需能过程由 ATP 直接供给，但某些过程需要其他特殊的核苷三磷酸供能，如糖原合成时需要 UTP，蛋白质合成时需要 GTP，磷脂合成时需要 CTP。这些高能化合物一般是在核苷二磷酸激酶的催化下，由 ATP 提供～P 生成。

$$ATP+UDP \longrightarrow ADP+UTP$$
$$ATP+GDP \longrightarrow ADP+GTP$$
$$ATP+CDP \longrightarrow ADP+CTP$$

2. 能量的储存

当 ATP 充足时，ATP 可在肌酸激酶（CK）催化下，将其高能磷酸键转移给肌酸生成磷酸肌酸（C～P），贮存在需能较多的肌肉和脑组织中。当 ATP 消耗时，磷酸肌酸迅速将"～P"转移给 ADP 生成 ATP（图 6-7）。

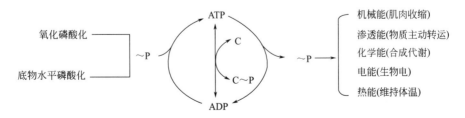

图 6-7　ATP 的生成、利用和储存

★ 考点提示：能量的利用及储存

第三节　非线粒体生物氧化体系

一、微粒体生物氧化体系

　　微粒体也是生物氧化的重要场所，存在一些特殊的氧化酶系，但催化的反应以加氧氧化为主，不发生氧化磷酸化，因此不能产生 ATP，但在某些物质合成、生物转化等方面发挥着重要作用。

　　细胞微粒体中重要的加氧酶类为加单氧酶系。加单氧酶催化氧分子中一个氧原子加到底物分子上，使底物羟化，另一个氧原子被氢（来自 $NADPH＋H^+$）还原成水，故又称混合功能氧化酶或羟化酶。

$$RH+NADPH+H^+ +O_2 \longrightarrow ROH+NADP^+ +H_2O$$

　　加单氧酶类中最重要的是细胞色素 P_{450} 加单氧酶，含有细胞色素 P_{450}（Cyt P_{450}）。此酶在肝和肾上腺的微粒体中含量最多，参与胆汁酸、胆色素及类固醇激素等的生成，以及药物和毒物的生物转化过程。

二、抗氧化酶体系

　　在生物氧化过程中也会产生超氧阴离子（$\cdot O_2^-$）、过氧化氢（H_2O_2）、羟自由基（$\cdot OH$）等，这些强氧化剂均为一些未被还原的氧分子，统称活性氧类（ROS）。生理条件下，少量的 ROS 具有一定的生理作用，但生成过多，会直接氧化蛋白质、核酸、脂肪酸等生物分子，影响细胞正常的结构与功能。正常机体存在各种抗氧化酶及小分子抗氧化剂以防御 ROS 对机体的氧化损伤。

（一）过氧化氢酶

　　过氧化氢酶能分解 H_2O_2，生成 H_2O 和 O_2，存在于过氧化物酶体、胞质及微粒体中，其辅基含有 4 个血红素。反应如下：

$$2H_2O_2 \xrightarrow{\text{过氧化氢酶}} 2H_2O+O_2$$

H_2O_2 也有一定的生理作用，在粒细胞和吞噬细胞中，H_2O 可氧化杀死入侵的细菌；甲状腺细胞中产生的 H_2O_2 可使 $2I^-$ 氧化为 I_2，进而使酪氨酸碘化生成甲状腺激素。

（二）过氧化物酶

过氧化物酶也是以血红素为辅基，存在于红细胞、白细胞中，它催化 H_2O_2 直接氧化酚类或胺类等底物。反应如下：

$$R+H_2O_2 \xrightarrow{\text{过氧化物酶}} RO+H_2O$$

$$RH_2+H_2O_2 \xrightarrow{\text{过氧化物酶}} RO+2H_2O$$

体内存在一种含硒的谷胱肽过氧化物酶（GPx），也是体内重要的抗氧化酶类。GPx 催化 H_2O_2 或过氧化物（ROOH）与还原型谷胱甘肽（G-SH）反应，生成的氧化型谷胱甘肽（GS-SG），再由 $NADPH+H^+$ 供氢，使 GS-SG 被还原为 G-SH。此类酶具有保护生物膜及血红蛋白免遭氧化损伤等作用。反应如下：

$$2G\text{-}SH+H_2O_2 \xrightarrow{\text{GPx}} GS\text{-}SG+2H_2O$$

$$2G\text{-}SH+ROOH \xrightarrow{\text{GPx}} ROH+GS\text{-}SG+H_2O$$

（三）超氧化物歧化酶

超氧化物歧化酶（SOD）可催化一分子 $\cdot O_2^-$ 氧化生成 O_2，另一分子 $\cdot O_2^-$ 还原成 H_2O_2。

$$2O_2^-+2H^+ \xrightarrow{\text{SOD}} H_2O_2+O_2$$

细胞外或胞质中的 SOD，以 Cu^{2+}、Zn^{2+} 为辅基，称为 CuZn-SOD；线粒体 SOD 以 Mn^{2+} 为辅基，称为 Mn-SOD。生成的 H_2O_2 可被过氧化氢酶继续分解。SOD 活性很强，是人体防御内、外环境 ROS 氧化损伤的重要酶。

体内还有一些具有抗氧化作用的小分子化合物，如谷胱甘肽、维生素 E、维生素 C、泛醌等，它们与体内的抗氧化酶共同构成人体抗氧化体系。

思考题

一、名词解释
1. 生物氧化
2. 氧化呼吸链
3. 氧化磷酸化

二、填空题
1. 线粒体氧化呼吸链主要有_____和_____。
2. 氧化呼吸链中不属于线粒体复合体的组成成分是_____和_____。
3. 体内 ATP 生成的方式包括_____和_____，其在肌肉中的储存形式为_____。
4. 每分子琥珀酸脱下的成对氢原子氧化磷酸化可产生_____分子 ATP。
5. 在离体肝线粒体悬液中加入氰化物，则 1 分子琥珀酸氧化磷酸化的 P/O 比值约为_____。

三、简答题

1. 比较生物氧化与体外氧化。

2. 简述线粒体两条氧化呼吸链的组成及排列顺序。

3. 简述甲状腺激素对氧化磷酸化的影响。

（梁金环）

第七章

糖代谢

○○○ ○
○○○ ○
○○○ ○

【学习目标】

◆ **掌握**：糖酵解、糖有氧氧化及磷酸戊糖途径的概念、关键酶和生理意义；三羧酸循环的概念、关键酶及生理意义；糖原合成与分解的关键酶；糖异生的概念及生理意义；血糖的来源和去路。

◆ **熟悉**：糖酵解、糖有氧氧化的基本过程；糖原合成与分解的调节；糖异生的调节；血糖浓度的调节。

◆ **了解**：糖的生理功能；糖酵解、糖有氧氧化的调节；糖代谢异常。

案例导入

案例回放：

王某，男，40岁，农民。因多饮、多食、消瘦2月余就诊。患者平时喜饮酒，偏爱甜食和肉类，2月前无明显诱因出现食量增加，体重减轻，多喝水，尿量增加。于当地就诊后，查空腹血糖10.9mmol/L，尿糖（＋＋）。初步诊断：2型糖尿病。

思考问题：

1. 血糖的来源和去路有哪些？

2. 除了测定空腹血糖和尿糖，还有哪些指标可以反映机体调节糖代谢的能力？

3. 除了应用降糖药物进行治疗，还应在饮食、运动、生活方式上给患者哪些建议？

糖是一类多羟基醛或多羟基酮化合物及其聚合物。人体内的糖约占组织干重的2％，是体内重要的碳源和能源物质，参与多种物质的合成并为机体提供50％～70％的能量。人体内糖的消化、吸收、运输、贮存、分解及转变均以葡萄糖为中心，本章重点介绍葡萄糖在体内的代谢。

第一节　概　述

一、糖的生理功能

1. 糖在人体内最主要的生理功能是氧化供能，是人体主要的能量来源

1mol葡萄糖彻底氧化分解生成CO_2和H_2O，可以释放2840kJ的能量，其中约34％的

能量可用于合成 ATP，为生命活动提供能量。

2. 糖还是人体重要的碳源

糖的某些代谢中间物可循不同途径转变生成营养非必需氨基酸、脂肪、胆固醇和血红素等非糖含碳化合物。

3. 糖也是组织细胞的重要结构成分

糖与脂类或蛋白质形成糖复合物：糖脂是细胞膜的重要组分；糖蛋白的功能多样，许多生物活性物质如激素、酶、免疫球蛋白、血型物质及多数血浆蛋白都属于糖蛋白；蛋白聚糖是结缔组织的结构成分，分布于骨、软骨、角膜、玻璃体或关节滑液，起支撑或润滑作用。核糖和脱氧核糖是遗传物质核酸的组成成分，参与遗传信息的贮存和传递。

二、糖的消化与吸收

人体摄入的糖以多糖为主（如植物淀粉和动物糖原），还包含少量的二糖（如蔗糖、乳糖和麦芽糖）和单糖（如葡萄糖、果糖和半乳糖等）。多糖需经消化酶的作用，水解为单糖才能被吸收。

淀粉是主要的食物糖。淀粉的消化自口腔开始，唾液淀粉酶可将淀粉水解为麦芽糖和 α-临界糊精。胃液中不含水解糖类的酶并且唾液淀粉酶在胃酸的作用下失活。小肠是糖消化和吸收的主要场所。肠腔中含有胰淀粉酶，小肠黏膜细胞刷状缘含有 α-临界糊精酶、异麦芽糖酶、α-葡萄糖苷酶及二糖酶（如乳糖酶、蔗糖酶和麦芽糖酶），可将糖彻底水解为单糖。

单糖主要在小肠上段被吸收。小肠黏膜细胞对葡萄糖的摄入是一个依赖特定载体的主动耗能的转运过程，在吸收葡萄糖的同时伴随 Na^+ 的同向转运。进入体内的葡萄糖，经门静脉入肝，一部分在肝进行代谢，另一部分进入体循环，供全身各组织器官摄取、利用。

三、糖代谢概况

糖代谢主要指葡萄糖在体内的一系列化学变化。这些化学变化形成不同的代谢途径，发挥不同的生理功能。在氧供应充足时，葡萄糖可以彻底氧化分解生成 CO_2 和 H_2O，并释放大量能量，称为糖的有氧氧化；在氧供应不足时，葡萄糖进行不完全的分解生成乳酸，并释放少量能量，称为糖的无氧氧化；在某些特定组织，葡萄糖经磷酸戊糖途径生成 5-磷酸核糖和 $NADPH+H^+$，发挥特定的生理作用。葡萄糖还可以被肝、肌肉等组织合成糖原贮存起来以备不时之需。有些非糖物质如乳酸、丙酮酸、生糖氨基酸等也可经糖异生途径转变成葡萄糖或糖原。糖代谢的概况见图 7-1。

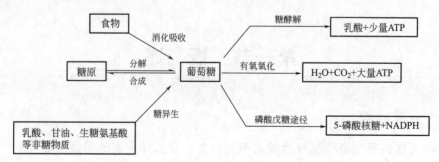

图 7-1　糖代谢的概况

第二节 糖的分解代谢

葡萄糖在体内的分解代谢主要有三条途径：无氧氧化、有氧氧化和磷酸戊糖途径。

一、糖的无氧氧化

葡萄糖或糖原在无氧或缺氧条件下，分解生成乳酸和少量 ATP 的过程称为糖的无氧氧化（anaerobic oxidation），此过程与酵母生醇发酵的过程相似，故又称糖酵解（glycolysis）。

（一）糖酵解的反应过程

糖酵解在细胞质中进行，可以分为两个阶段：第一阶段由 1 分子葡萄糖或糖原的葡萄糖单位分解为 2 分子丙酮酸；第二阶段 2 分子丙酮酸还原生成 2 分子乳酸。其反应过程如下。

1.葡萄糖分解为丙酮酸

（1）葡萄糖（glucose，G）磷酸化生成 6-磷酸葡萄糖（glucose-6-phophate，G-6-P）该反应由己糖激酶（hexokinase，HK）催化，消耗 1 分子 ATP，反应不可逆，此酶为糖酵解途径的第一个关键酶。

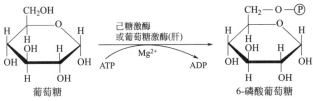

若从糖原的葡萄糖单位开始，则首先由磷酸化酶催化糖原非还原端的葡萄糖单位磷酸化，生成 1-磷酸葡萄糖（glucose-1-phophate，G-1-P），接着在磷酸葡萄糖变位酶催化下生成 G-6-P。

$$糖原 \xrightarrow{\text{磷酸化酶}} G\text{-}1\text{-}P \xrightleftharpoons{\text{磷酸葡萄糖变位酶}} G\text{-}6\text{-}P$$

（2）6-磷酸葡萄糖异构生成 6-磷酸果糖（fructose-6-phosphate，F-6-P） 这是磷酸己糖异构酶催化下完成的醛糖与酮糖的异构反应。

（3）6-磷酸果糖再磷酸化生成 1,6-二磷酸果糖（1,6-fructose-bisphosphate，F-1,6-BP 或 FBP） 反应由 6-磷酸果糖激酶-1（phosphofructokinase-1，PFK-1）催化，ATP 提供能量和磷酸，反应不可逆。6-磷酸果糖激酶-1 是糖酵解过程中第二个关键酶。

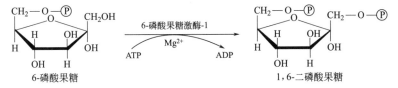

以上是耗能反应阶段。从葡萄糖开始消耗 2 分子 ATP；若从糖原开始只消耗 1 分子 ATP。

（4）磷酸丙糖的生成　在醛缩酶催化下，1,6-二磷酸果糖裂解为 1 分子 3-磷酸甘油醛和 1 分子磷酸二羟丙酮。

$$
\text{1,6-二磷酸果糖} \xrightarrow{\text{醛缩酶}} \text{磷酸二羟丙酮} + \text{3-磷酸甘油醛}
$$

（5）磷酸二羟丙酮和 3-磷酸甘油醛互变　二者是同分异构体，在磷酸丙糖异构酶的催化下可以相互转变。

$$
\text{磷酸二羟丙酮} \underset{\text{磷酸丙糖异构酶}}{\rightleftharpoons} \text{3-磷酸甘油醛}
$$

由于 3-磷酸甘油醛不断被消耗，磷酸二羟丙酮迅速转变成 3-磷酸甘油醛继续进行反应，故相当于 1 分子 1,6-二磷酸果糖可以裂解生成 2 分子 3-磷酸甘油醛。

（6）3-磷酸甘油醛氧化生成 1,3-二磷酸甘油酸　在 3-磷酸甘油醛脱氢酶的催化下，3-磷酸甘油醛转变为高能磷酸化合物 1,3-二磷酸甘油酸。这是糖酵解中唯一的一次脱氢反应，脱下的 2H 由 NAD^+ 接受，生成 $NADH+H^+$。

$$
\text{3-磷酸甘油醛} \xrightarrow[\text{脱氢酶}]{Pi \quad NAD^+ \quad \text{3-磷酸甘油醛} \quad NADH+H^+} \text{1,3-二磷酸甘油酸}
$$

（7）1,3-二磷酸甘油酸转变成 3-磷酸甘油酸　由磷酸甘油酸激酶催化，1,3-二磷酸甘油酸将高能磷酸键转移给 ADP 生成 ATP，同时转变成 3-磷酸甘油酸。这是糖酵解过程中第一次底物水平磷酸化生成 ATP 的反应。

$$
\text{1,3-二磷酸甘油酸} \xrightarrow[Mg^{2+}]{ADP \quad \text{磷酸甘油酸激酶} \quad ATP} \text{3-磷酸甘油酸}
$$

（8）3-磷酸甘油酸转变成 2-磷酸甘油酸　该变位反应由磷酸甘油酸变位酶催化。

$$
\text{3-磷酸甘油酸} \underset{Mg^{2+}}{\overset{\text{磷酸甘油酸变位酶}}{\rightleftharpoons}} \text{2-磷酸甘油酸}
$$

（9）2-磷酸甘油酸转变为磷酸烯醇式丙酮酸　由烯醇化酶催化，2-磷酸甘油酸脱水生成糖酵解中第二个高能磷酸化合物——磷酸烯醇式丙酮酸。

$$
\text{2-磷酸甘油酸} \xrightarrow{\text{烯醇化酶}} \text{磷酸烯醇式丙酮酸} + H_2O
$$

（10）丙酮酸的生成　磷酸烯醇式丙酮酸在丙酮酸激酶催化下，将高能磷酸键转移给ADP 生成 ATP，同时生成烯醇式丙酮酸，并经非酶促反应迅速转变为酮式丙酮酸。这是糖酵解过程中第二次底物水平磷酸化生成 ATP 的反应。反应不可逆。丙酮酸激酶是糖酵解过程的第三个关键酶。

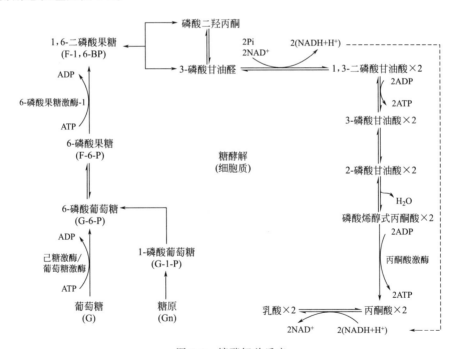

糖酵解第一阶段又称糖酵解途径。前 5 步反应通过两次磷酸化反应活化葡萄糖，共消耗 2 分子 ATP，同时 1 分子葡萄糖裂解生成 2 分子 3-磷酸甘油醛；后 5 步反应则通过 2 分子 3-磷酸甘油醛分别进行 2 次底物水平磷酸化生成 4 分子 ATP。

2. 丙酮酸还原为乳酸

在氧供应不足的情况下，丙酮酸经乳酸脱氢酶（lactate dehydrogenase，LDH）催化，由第 6 步反应生成的 $NADH+H^+$ 还原生成乳酸，反应可逆。LDH 有 5 种同工酶，它们在不同组织的分布存在差异。

糖酵解总反应见图 7-2。

图 7-2　糖酵解总反应

（二）糖酵解的反应特点

① 糖酵解在细胞质进行，全程没有氧的参与。

② 糖酵解有三步反应不可逆，催化这三步反应的酶分别是：己糖激酶/葡萄糖激酶（肝）、6-磷酸果糖激酶-1 和丙酮酸激酶。它们的活性很低，是糖酵解的关键酶。

③ 糖酵解的产物是乳酸。由于分解不完全，释放的能量较少：1 分子葡萄糖可净生成 2 分子 ATP（表 7-1）；1 分子糖原的葡萄糖单位可净生成 3 分子 ATP。

表 7-1　糖酵解生成的 ATP 数

反应	ATP 变化数
葡萄糖→6-磷酸葡萄糖	−1
6-磷酸果糖→1,6-二磷酸果糖	−1
1,3-二磷酸甘油酸×2→3-磷酸甘油酸×2	(+1)×2
磷酸烯醇式丙酮酸×2→丙酮酸×2	(+1)×2
净生成 ATP 数	2

（三）糖酵解的生理意义

1. 糖酵解是机体在缺氧情况下获得能量的一种有效方式

剧烈运动、心肺疾病、呼吸受阻或严重贫血等情况下，机体发生相对或绝对缺氧，糖的有氧氧化受到抑制，糖酵解增强，可以起到应急供能的作用。长期缺氧则可能会由于乳酸堆积而引发代谢性酸中毒。

2. 糖酵解是某些组织细胞在有氧情况下供能的主要方式

肾髓质、视网膜、骨髓、白细胞、睾丸、神经、肿瘤细胞等，即使在有氧条件下也主要通过糖酵解获得能量。另外，由于成熟红细胞不含线粒体，糖酵解是其获得能量的唯一途径。

（四）糖酵解的调节

关键酶是控制代谢途径速度和方向的主要阀门。糖酵解三个关键酶的活性主要受到机体能量状态的影响。

1. 6-磷酸果糖激酶-1 是最重要的限速酶，其活性受到多种别构效应剂的调节

能量充足的标志物 ATP 和柠檬酸是其别构抑制剂，能量匮乏的标志物 ADP 和 AMP 则是其别构激活剂。因此，细胞内 ATP/AMP 比值是决定 6-磷酸果糖激酶-1 活性的重要因素。另外，其活性还受到产物 1,6-二磷酸果糖的别构激活，这种正反馈调节作用在生物体内是极其少见的。6-磷酸果糖激酶-1 最强的别构激活剂是 2,6-二磷酸果糖，是 6-磷酸果糖激酶-2 催化的产物。

2. 丙酮酸激酶是糖酵解的次要调节点

1,6-二磷酸果糖是该酶的别构激活剂，而 ATP、丙氨酸、乙酰 CoA 和长链脂肪酸是其别构抑制剂。

3. 己糖激酶的调节

体内发现有 4 种己糖激酶同工酶，其中 Ⅰ、Ⅱ、Ⅲ 型主要存在于肝外组织，对底物的选择性不高，也可催化其他己糖的磷酸化，但与底物亲和力高，其活性受产物 6-磷酸葡萄糖的

别构抑制；Ⅳ型主要存在于肝细胞，又称葡萄糖激酶（glucokinase，GK），对葡萄糖具有高度专一性，但与底物亲和力低，其活性不受 6-磷酸葡萄糖的别构抑制，但受胰高血糖素等的调控，有利于将葡萄糖合成糖原贮存或转变成非糖物质，以维持血糖稳定。

★ **考点提示**：糖酵解的细胞定位、基本过程、关键酶、生理意义

二、糖的有氧氧化

细胞内的葡萄糖或糖原在有氧条件下彻底氧化分解生成 CO_2 和 H_2O 并释放大量能量的过程，称为糖的有氧氧化（aerobic oxidation）。有氧氧化是体内葡萄糖氧化分解的主要方式，也是生理情况下人体组织细胞获得能量的主要途径。

（一）有氧氧化的反应过程

有氧氧化是一系列连续的酶促反应过程，大致可以分为三个阶段：①糖酵解途径；②丙酮酸氧化脱羧；③三羧酸循环。各阶段细胞定位及主要变化见表 7-2。

表 7-2　糖有氧氧化的三个阶段

阶段名称	细胞定位	主要变化
第一阶段:糖酵解途径	细胞质	$1 \times$ 葡萄糖$(C_6) \rightarrow 2 \times$ 丙酮酸(C_3)
第二阶段:丙酮酸氧化脱羧	线粒体	$2 \times$ 丙酮酸$(C_3) \rightarrow 2 \times$ 乙酰 CoA(C_2)
第三阶段:三羧酸循环	线粒体	$2 \times$ 乙酰 CoA$(C_2) \rightarrow CO_2$ 和 H_2O

1. 糖酵解途径

这一阶段的反应过程与糖酵解的第一阶段完全相同。

2. 丙酮酸氧化脱羧

在有氧条件下，丙酮酸进入线粒体，首先在丙酮酸脱氢酶复合体的催化下进行脱氢脱羧生成乙酰辅酶 A（$CH_3CO\sim SCoA$）。反应不可逆。

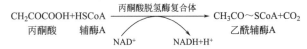

丙酮酸脱氢酶复合体由三种酶（丙酮酸脱氢酶、二氢硫辛酰胺转乙酰基酶和二氢硫辛酰胺脱氢酶）和五种辅助因子（TPP、硫辛酸、辅酶 A、FAD 和 NAD^+）组成（表 7-3）。多种维生素参与辅酶的组成，充足的维生素供给对于维持糖代谢的正常进行具有重要的意义。

表 7-3　丙酮酸脱氢酶复合体的组成

酶	辅酶	所含维生素
丙酮酸脱氢酶	TPP	维生素 B_1
二氢硫辛酰胺转乙酰基酶	硫辛酸、辅酶 A（HSCoA）	硫辛酸、泛酸
二氢硫辛酰胺脱氢酶	FAD、NAD^+	维生素 B_2、维生素 PP

3. 三羧酸循环

三羧酸循环（tricarboxylic acid cycle，TAC）是从乙酰 CoA 与草酰乙酸缩合生成含有三个羧基的柠檬酸开始，经一系列酶促反应最终实现乙酰 CoA 的彻底氧化分解和草酰乙酸再生的过程，又称柠檬酸循环（citric acid cycle）。由于该循环最早由 Krebs 提出，又称

Krebs 循环。三羧酸循环在线粒体中进行，包括 8 步反应。

（1）柠檬酸的生成　在柠檬酸合酶催化下，乙酰 CoA 与草酰乙酸缩合生成柠檬酸。反应不可逆。柠檬酸合酶是三羧酸循环的第一个关键酶。

$$H_3C-\overset{\overset{O}{\|}}{C}\sim SCoA + \overset{\overset{O=C-COO^-}{|}}{\underset{\underset{COO^-}{|}}{CH_2}} + H_2O \xrightarrow{\text{柠檬酸合酶}} \overset{CH_2COO^-}{\underset{CH_2COO^-}{\overset{|}{HO-C-COO^-}}} + HSCoA$$

乙酰 CoA　　　草酰乙酸　　　　　　　　　柠檬酸

（2）异柠檬酸的生成　在顺乌头酸酶作用下，柠檬酸先脱水再加水，异构生成异柠檬酸。

$$\underset{CH_2COO^-}{\overset{COO^-}{\underset{|}{\overset{|}{^{-}OOC-C-OH}}}} \underset{H_2O}{\overset{\text{顺乌头酸酶}}{\rightleftharpoons}} \underset{CH_2COO^-}{\overset{COO^-}{\underset{|}{\overset{|}{^{-}OOC-C}}}} \underset{H_2O}{\overset{\text{顺乌头酸酶}}{\rightleftharpoons}} \underset{CH_2COO^-}{\overset{COO^-}{\underset{|}{\overset{|}{\overset{|}{H-C-OH}}}}}$$

柠檬酸　　　　　　　　　顺乌头酸　　　　　　　　　异柠檬酸

（3）异柠檬酸氧化脱羧　在异柠檬酸脱氢酶催化下，异柠檬酸脱氢脱羧生成 α-酮戊二酸，氢由 NAD$^+$ 接受生成 NADH＋H$^+$。反应不可逆。异柠檬酸脱氢酶是三羧酸循环的第二个关键酶。

$$\underset{CH_2COO^-}{\overset{COO^-}{\underset{|}{\overset{|}{\overset{|}{H-C-OH}}}}} \xrightarrow[Mg^{2+}]{\text{异柠檬酸脱氢酶}} \underset{CH_2COO^-}{\overset{COO^-}{\underset{|}{\overset{|}{C=O}}}}$$

NAD$^+$　　　NADH＋H$^+$　CO$_2$

异柠檬酸　　　　　　　　　　　　α-酮戊二酸

（4）α-酮戊二酸氧化脱羧　在 α-酮戊二酸脱氢酶复合体催化下，α-酮戊二酸脱氢脱羧生成琥珀酰 CoA，氢由 NAD$^+$ 接受生成 NADH＋H$^+$。反应不可逆。α-酮戊二酸脱氢酶复合体是三羧酸循环的第三个关键酶。该复合体与丙酮酸脱氢酶复合体相似，只是将丙酮酸脱氢酶换成 α-酮戊二酸脱氢酶，二氢硫辛酰胺转乙酰基酶换成二氢硫辛酰胺转琥珀酰基酶。

$$\underset{CH_2COO^-}{\overset{COO^-}{\underset{|}{\overset{|}{\underset{|}{\overset{|}{C=O}}{CH_2}}}}} \xrightarrow[\text{HSCoA}]{\overset{\text{α-酮戊二酸}}{\text{脱氢酶复合体}}} \underset{CH_2COO^-}{\overset{O=C\sim SCoA}{\underset{|}{\overset{|}{CH_2}}}}$$

NAD$^+$　　NADH＋H$^+$　CO$_2$

α-酮戊二酸　　　　　　　　　　　琥珀酰CoA

（5）琥珀酰 CoA 转变为琥珀酸　在琥珀酰 CoA 合成酶（又称琥珀酸硫激酶）催化下，琥珀酰 CoA 的高能硫酸酯键断开生成琥珀酸，释放的能量使 GDP 磷酸化生成 GTP，继而将高能磷酸键转移给 ADP 生成 ATP。这是三羧酸循环中唯一的底物水平磷酸化反应。

$$\underset{CH_2COO^-}{\overset{O=C\sim SCoA}{\underset{|}{\overset{|}{CH_2}}}} \underset{\text{GDP+Pi}}{\overset{\overset{\text{琥珀酰CoA合成酶}}{\text{（琥珀酸硫激酶）}}}{\rightleftharpoons}} \underset{\text{HSCoA}}{\overset{\text{GTP}}{}} \underset{CH_2COO^-}{\overset{COO^-}{\underset{|}{\overset{|}{CH_2}}}}$$

琥珀酰CoA　　　　　　　　　　　　琥珀酸

GTP＋ADP ⇌ GDP＋ATP

（6）延胡索酸的生成　在琥珀酸脱氢酶催化下，琥珀酸脱氢生成延胡索酸，氢由 FAD 接受，生成 FADH$_2$。

$$\underset{\text{琥珀酸}}{\begin{matrix}COO^- \\ | \\ CH_2 \\ | \\ CH_2COO^-\end{matrix}} \quad \xrightarrow[\text{琥珀酸脱氢酶}]{FAD \qquad FADH_2} \quad \underset{\text{延胡索酸}}{\begin{matrix}COO^- \\ | \\ CH \\ || \\ HCCOO^-\end{matrix}}$$

（7）苹果酸的生成　　在延胡索酸酶催化下，延胡索酸加水生成苹果酸。

$$\underset{\text{延胡索酸}}{\begin{matrix}COO^- \\ | \\ CH \\ || \\ HCCOO^-\end{matrix}} \quad \xrightarrow[\text{延胡索酸酶}]{H_2O} \quad \underset{\text{苹果酸}}{\begin{matrix}COO^- \\ | \\ HO-CH \\ | \\ CH_2COO^-\end{matrix}}$$

（8）草酰乙酸的再生　　在苹果酸脱氢酶催化下，苹果酸脱氢生成草酰乙酸，氢由 NAD^+ 接受，生成 $NADH+H^+$。在细胞内，草酰乙酸不断被用于柠檬酸的合成而被消耗，因此该反应向着生成草酰乙酸的方向进行，生成的草酰乙酸又可进入下一轮循环。

$$\underset{\text{苹果酸}}{\begin{matrix}COO^- \\ | \\ HO-CH \\ | \\ CH_2COO^-\end{matrix}} \quad \xrightarrow[\text{苹果酸脱氢酶}]{NAD^+ \qquad NADH+H^+} \quad \underset{\text{草酰乙酸}}{\begin{matrix}O=C-COO^- \\ | \\ CH_2 \\ | \\ COO^-\end{matrix}}$$

三羧酸循环的反应过程可归纳见图 7-3。

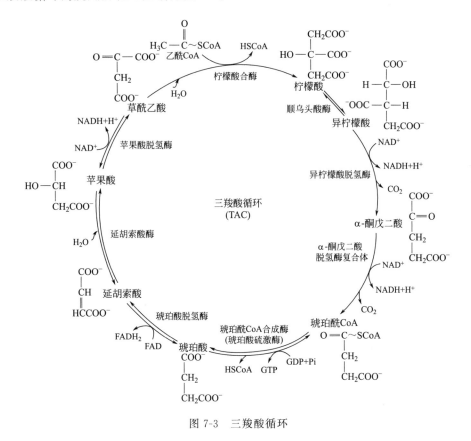

图 7-3　三羧酸循环

三羧酸循环的特点可总结如下。

① 三羧酸循环在线粒体中进行，整个循环是不可逆的。1 分子乙酰 CoA 经过 4 次脱氢，2 次脱羧，彻底氧化分解生成 CO_2 和 H_2O，并释放能量。

② 三羧酸循环有三个关键酶：柠檬酸合酶、异柠檬酸脱氢酶和 α-酮戊二酸脱氢酶复合体。

③ 三羧酸循环可以生成大量 ATP。1 分子乙酰 CoA 经三羧酸循环有 3 次脱氢生成 $NADH+H^+$，1 次脱氢生成 $FADH_2$。在有氧条件下，每分子 $NADH+H^+$ 经呼吸链氧化可产生 2.5 分子 ATP，每分子 $FADH_2$ 经呼吸链氧化可产生 1.5 分子 ATP。加上底物水平磷酸化生成的 1 分子 ATP，1 分子乙酰 CoA 经三羧酸循环可生成 10 分子 ATP（$2.5×3+1.5×1+1=10$）。

④ 三羧酸循环的中间产物必须不断补充。尽管中间产物在三羧酸循环过程中没有数量上的变化，但由于草酰乙酸、α-酮戊二酸、琥珀酰 CoA 等中间产物会因参与其他代谢反应而被消耗，因此中间产物的补充是必需的。最重要的回补反应是丙酮酸羧化生成草酰乙酸的反应。

三羧酸循环具有重要的生理意义，主要体现在以下两个方面。

① 三羧酸循环是三大营养物质分解代谢最后的共同通路。糖、脂肪、氨基酸在体内进行分解代谢，最终都会产生乙酰 CoA，再经三羧酸循环彻底氧化分解，生成 CO_2 和 H_2O 并释放能量。这一阶段不仅是物质氧化分解的最后阶段，也是产能最多的阶段。

② 三羧酸循环是物质代谢联系的枢纽。多种物质可以通过三羧酸循环进行相互转化。糖代谢产生的乙酰 CoA 可以转变成脂肪酸和胆固醇，丙酮酸、草酰乙酸和 α-酮戊二酸等可以转变成丙氨酸、天冬氨酸和谷氨酸；氨基酸分解代谢产生的 α-酮酸也可经三羧酸循环异生为葡萄糖或代谢为乙酰 CoA 后合成脂肪酸和胆固醇。因此，三羧酸循环是糖、脂和氨基酸联系的枢纽。此外，三羧酸循环的某些中间产物还可用于合成其他物质，如琥珀酰 CoA 就是合成血红素的原料。

（二）有氧氧化的调节

糖的有氧氧化是机体获得能量的主要方式，能量的供需状况是机体对有氧氧化进行调节的主要影响因素。有氧氧化的三个阶段，糖酵解途径的调节已如前述，这里主要介绍丙酮酸脱氢酶复合体及三羧酸循环的调节。

1. 丙酮酸脱氢酶复合体的调节

丙酮酸脱氢酶复合体中的丙酮酸脱氢酶受到别构调节和共价修饰调节两种调节方式的作用。乙酰 CoA、NADH、ATP 和长链脂酰 CoA 是其别构抑制剂，而 CoASH、NAD^+ 和 ADP 是其别构激活剂。胰岛素和 Ca^{2+} 可通过增加磷酸酶活性，使丙酮酸脱氢酶转变为去磷酸化的活性形式，加速丙酮酸的氧化分解。

2. 三羧酸循环的调节

三羧酸循环的三个关键酶柠檬酸合酶、异柠檬酸脱氢酶和 α-酮戊二酸脱氢酶复合体受到反应产物如柠檬酸、琥珀酰 CoA、NADH、ATP 及长链脂酰 CoA 的别构抑制，而 ADP 和 Ca^{2+} 则可别构激活这些酶。目前一般认为异柠檬酸脱氢酶和 α-酮戊二酸脱氢酶复合体是三羧酸循环流量调节的关键点。另外，氧化磷酸化的速率对三羧酸循环的运转也起非常重要的作用。

3. 糖的有氧氧化与糖酵解的相互制约

早在 1861 年，法国科学家 Pasteur 发现，向厌氧环境下高速发酵的酵母培养基通入氧气可明显减少糖的消耗及发酵产物的生成，人们将这种有氧氧化抑制生醇发酵的现象称为巴斯德效应。这种效应也存在于人体大多数组织细胞，即在氧供应充足的情况下存在有氧氧化对糖酵解的抑制作用。与此相反，某些组织细胞即使在氧供应充足的情况下仍以糖酵解作为主要的供能方式，如视网膜、肾髓质、粒细胞、肿瘤细胞等，这种糖酵解抑制有氧氧化的作用称为反巴斯德效应或 Crabtree 效应。

（三）有氧氧化的生理意义

糖的有氧氧化是机体获得能量的主要方式。1 分子葡萄糖彻底氧化分解生成 CO_2 和 H_2O，可净生成 30（或 32）分子 ATP（表 7-4）。

表 7-4　葡萄糖有氧氧化过程中 ATP 的生成与消耗

反应过程	辅酶	生成 ATP 的数量
第一阶段（糖酵解途径:细胞质）		
葡萄糖→6-磷酸葡萄糖		−1
6-磷酸果糖→1,6-二磷酸果糖		−1
$2\times$3-磷酸甘油醛→$2\times$1,3-二磷酸甘油酸	NAD^+	2×2.5（或 2×1.5）[1]
$2\times$1,3-二磷酸甘油酸→$2\times$3-磷酸甘油酸		2×1
$2\times$磷酸烯醇式丙酮酸→$2\times$烯醇式丙酮酸		2×1
第二阶段（丙酮酸氧化脱羧:线粒体）		
$2\times$丙酮酸→$2\times$乙酰 CoA	NAD^+	2×2.5
第三阶段（三羧酸循环:线粒体）		
$2\times$异柠檬酸→$2\times\alpha$-酮戊二酸	NAD^+	2×2.5
$2\times\alpha$-酮戊二酸→$2\times$琥珀酰 CoA	NAD^+	2×2.5
$2\times$琥珀酰 CoA→$2\times$琥珀酸		2×1
$2\times$琥珀酸→$2\times$延胡索酸	FAD	2×1.5
$2\times$苹果酸→$2\times$草酰乙酸	NAD^+	2×2.5
总计		30（或 32）

[1] 细胞质产生的 $NADH+H^+$，若经苹果酸-天冬氨酸穿梭作用进入线粒体氧化生成 2.5 个 ATP；若经 α-磷酸甘油穿梭作用进入线粒体氧化生成 1.5 个 ATP

★ **考点提示**：有氧氧化的细胞定位、反应过程、关键酶、生理意义及能量计算

> **知识链接**
>
> **三羧酸循环（Krebs 循环）的发现**
>
> 1932 年英籍德裔生物学家 Krebs 以鸽子的飞行肌作为研究对象，希望弄清食物在体内变成 H_2O 和 CO_2 并为机体提供能量的过程。Krebs 发现 4 碳的二羧酸可以刺激丙酮酸的氧化；在含有丙二酸（琥珀酸脱氢酶的专一竞争性抑制剂）的肌肉糜中添加柠檬酸、异柠檬酸、顺乌头酸可使 α-酮戊二酸浓度增加，但丙酮酸的进一步氧化是被抑制的；在无氧条件下，草酰乙酸和丙酮酸与肌肉糜一起培养时，有柠檬酸产生；在含有丙二酸的肌肉糜中添加草酰乙酸，可检测到每消耗 1mol 草酰乙酸的同时也会消耗 1mol 的丙酮酸，并有 1mol 的琥珀酸堆积……1937 年，Krebs 结合前人的发现和自己的研究成果，提出了柠檬酸循环又称三羧酸循环，并指出三羧酸循环的起始物是乙酰 CoA，它不仅是糖的氧化产物，也可能来自脂肪和氨基酸的分解代谢，三羧酸循环是大分子物质相互转化的中枢。Krebs 由此而获得 1953 年诺贝尔生理学或医学奖。

三、糖的磷酸戊糖途径

磷酸戊糖途径（pentose phosphate pathway）是葡萄糖分解代谢的另一条重要途径，在

此过程中主要生成五碳的磷酸核糖和 NADPH＋H$^+$。

（一）磷酸戊糖途径的反应过程

磷酸戊糖途径在细胞质进行，可分为两个阶段：第一阶段是不可逆的氧化反应阶段；第二阶段是基团转移反应阶段。

1. 氧化反应阶段

6-磷酸葡萄糖在 6-磷酸葡萄糖脱氢酶和 6-磷酸葡萄糖酸脱氢酶的催化下，经 2 次脱氢和 1 次脱羧，生成 2 分子 NADPH＋H$^+$ 和 1 分子 CO$_2$，转变为 5-磷酸核酮糖。5-磷酸核酮糖在异构酶的作用下转变为 5-磷酸核糖。6-磷酸葡萄糖脱氢酶（glucose 6-phosphate dehydrogenase，G-6-PD）是磷酸戊糖途径的关键酶。此酶活性受 NADPH 浓度的影响，NADPH 反馈抑制该酶的活性。因此，磷酸戊糖途径的流量取决于机体对 NADPH 的需求。

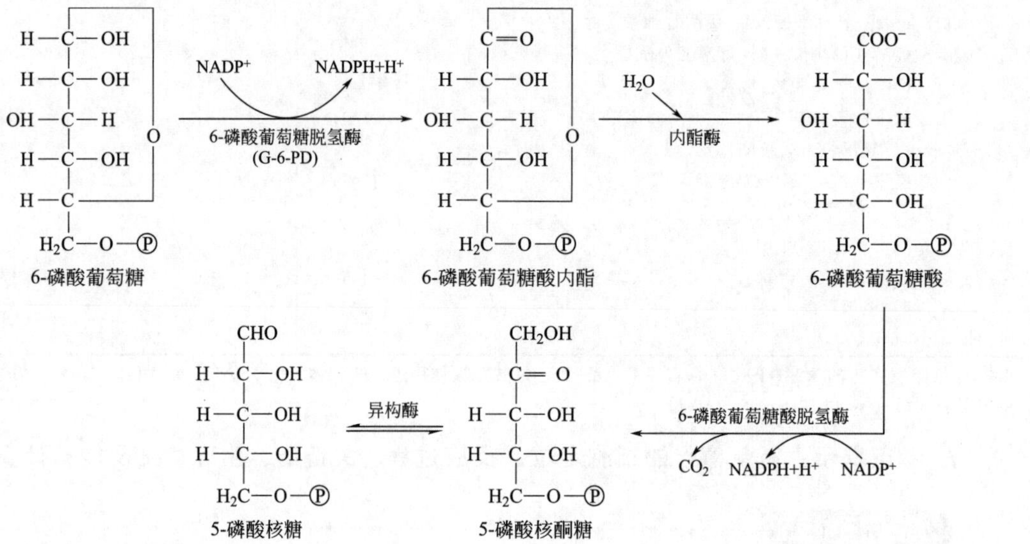

2. 基团转移反应阶段

5-磷酸核酮糖在异构酶、转酮醇酶和转醛醇酶等一系列酶的作用下，进行酮基和醛基的转换生成多种糖。最终生成的 6-磷酸果糖和 3-磷酸甘油醛可以进入糖代谢的任何一条代谢途径。这一阶段的反应均为可逆反应。为了叙述方便，以 3 分子的 6-磷酸葡萄糖开始，如图 7-4 所示。

（二）磷酸戊糖途径的生理意义

磷酸戊糖途径最重要的生理意义是生成 5-磷酸核糖和 NADPH＋H$^+$。

1. 5-磷酸核糖的作用

磷酸戊糖途径是体内生成 5-磷酸核糖的唯一途径。5-磷酸核糖是体内合成核苷酸、核酸及其衍生物的重要原料，故损伤后修复再生的组织、更新活跃的组织，如梗死后的心肌、再生肝及肾上腺皮质等，磷酸戊糖途径都很旺盛。

2. NADPH 的作用

① NADPH 作为供氢体参与脂肪酸、胆固醇和类固醇激素等物质的生物合成。

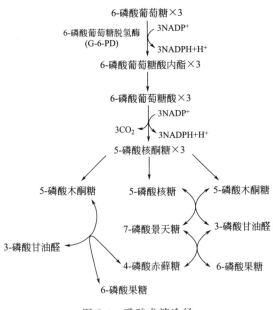

图 7-4 磷酸戊糖途径

② NADPH 是加单氧酶系的辅酶，参与药物、毒物和某些激素的生物转化作用。

③ NADPH 是谷胱甘肽还原酶的辅酶，对于维持细胞内还原型谷胱甘肽（glutathione, GSH）的正常含量具有重要作用。GSH 可以提供氢原子使氧化剂如 H_2O_2 还原，从而保护含巯基的酶或蛋白质免受氧化损害。失去氢原子的氧化型谷胱甘肽（GSSG）可以在谷胱甘肽还原酶的催化下，由 NADPH 供氢，重新还原为 GSH。这种作用对于维持红细胞膜的完整性具有重要意义。遗传性 6-磷酸葡萄糖脱氢酶缺陷的患者由于磷酸戊糖途径代谢障碍，NADPH 缺乏，GSH 含量减少，在摄入新鲜蚕豆、伯氨喹类抗疟药、非那西丁及磺胺类药后，容易发生红细胞破裂引起溶血性贫血，又称蚕豆病。

因此，磷酸戊糖途径在肝、脂肪组织、泌乳期乳腺、肾上腺皮质、性腺、骨髓和红细胞等组织进行得比较活跃。

★ 考点提示：磷酸戊糖途径的限速酶和生理意义

第三节 糖原的合成与分解

糖原（glycogen）是由葡萄糖聚合而成的大分子聚合物，是动物体内糖的贮存形式。其合成和分解都在细胞质进行。每个糖原分子有一个还原端和多个非还原端，其合成和分解都是从非还原端开始的（图 7-5）。

糖原主要在肝和肌肉组织合成。肝糖原 70～100g，占肝重的 5%，可以补充血糖；肌糖原 250～400g，占肌肉重量的 1%～2%，不能直接补充血糖，主要为肌肉收缩提供能量。

一、糖原的合成

体内由葡萄糖合成糖原的过程称为糖原合成（glycogenesis），包括以下 4 步反应。

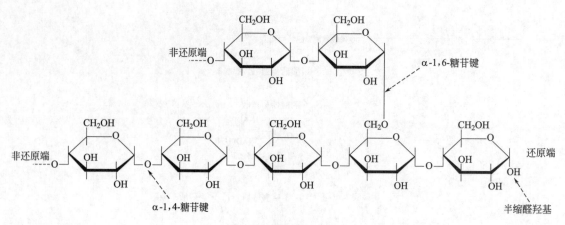

图 7-5　糖原的结构

1. 葡萄糖磷酸化生成 6-磷酸葡萄糖

葡萄糖　$\xrightarrow[\text{Mg}^{2+}]{\substack{\text{己糖激酶}\\\text{或葡萄糖激酶(肝)}}}$　6-磷酸葡萄糖

（ATP → ADP）

2. 6-磷酸葡萄糖变位生成 1-磷酸葡萄糖

6-磷酸葡萄糖　$\xrightleftharpoons{\text{磷酸葡萄糖变位酶}}$　1-磷酸葡萄糖

3. 1-磷酸葡萄糖生成尿苷二磷酸葡萄糖（UDPG）

此反应由 UDPG 焦磷酸化酶催化，反应可逆。由于焦磷酸（PPi）迅速被焦磷酸酶水解，反应主要向生成 UDPG 的方向进行。UDPG 是糖原合成过程中葡萄糖的供体，被称为"活性葡萄糖"。反应消耗的 UTP 由 ATP 使 UDP 磷酸化生成。可见，糖原合成是一个耗能的过程，每增加 1 个葡萄糖单位，就要消耗 2 分子 ATP。

1-磷酸葡萄糖 + UTP　$\xrightleftharpoons{\text{UDPG焦磷酸化酶}}$　UDPG + PPi

4. 糖链的延长及分支的形成

糖原合成时需要细胞内原有的小分子糖原作引物，在糖原合酶的催化下，将 UDPG 中的葡萄糖转移至糖原引物上。糖原合酶是糖原合成的限速酶。

$$\text{糖原"引物"（Gn）} + \text{UDPG} \xrightarrow{\text{糖原合酶}} \text{糖原（Gn+1）} + \text{UDP}$$

在糖原合酶的反复作用下糖链不断延长，但不能形成分支。当糖链增至超过 11 个葡萄糖残基时，分支酶就将约 6 个葡萄糖残基的寡糖链转移至邻近的糖链上，以 α-1,6-糖苷键相连，形成分支（图 7-6）。增加分支的意义，一方面有利于增加糖原的水溶性，有利于贮存；另一方面也增加了非还原端的数目，有利于增加糖原合成和分解的作用点。

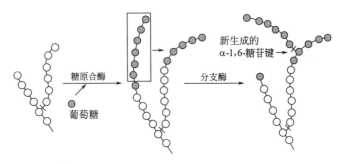

图 7-6 分支酶的作用

二、糖原的分解

糖原分解为葡萄糖的过程称为糖原分解（glycogenolysis），包括 3 步反应。

1. 糖原的葡萄糖单位转变为 1-磷酸葡萄糖

在糖原磷酸化酶（glycogen phosphorylase）催化下，糖原分子从非还原端开始依次断开 α-1,4-糖苷键，分解葡萄糖单位生成 1-磷酸葡萄糖。磷酸化酶是糖原分解的限速酶。

$$糖原（Gn）+ H_3PO_4 \xrightarrow{糖原磷酸化酶} 糖原（Gn-1）+ 1\text{-磷酸葡萄糖}$$

磷酸化酶只能作用于 α-1,4-糖苷键，对 α-1,6-糖苷键并无作用。当其到达距离分支点约 4 个葡萄糖残基时，由脱支酶将 3 个葡萄糖残基转移到邻近的糖链末端，仍以 α-1,4-糖苷键连接，余下的 1 个葡萄糖残基由脱支酶水解，断开 α-1,6-糖苷键生成游离葡萄糖（如图 7-7）。在磷酸化酶和脱支酶的共同作用下，糖原不断生成 1-磷酸葡萄糖和少量游离葡萄糖。

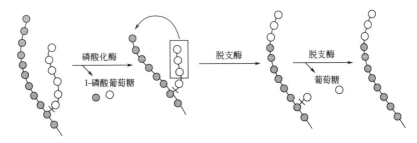

图 7-7 脱支酶的作用

2. 1-磷酸葡萄糖变位生成 6-磷酸葡萄糖

在磷酸葡萄糖变位酶作用下 1-磷酸葡萄糖变成 6-磷酸葡萄糖，是糖原合成过程的逆反应。

3. 6-磷酸葡萄糖水解生成葡萄糖

在肝细胞，6-磷酸葡萄糖可经葡萄糖-6-磷酸酶催化，水解脱磷酸生成葡萄糖，以补充血糖。肌肉组织缺乏此酶，因此肌糖原不能直接补充血糖，其分解生成的6-磷酸葡萄糖被肌细胞进一步分解利用。

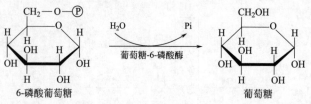

糖原合成与糖原分解是由不同酶催化的两个方向相反而又相互联系的反应过程，可归纳为图7-8。

三、糖原合成与分解的调节

糖原合酶和糖原磷酸化酶分别是糖原合成和分解的限速酶，二者的活性均可受到共价修饰调节和别构调节。

（一）共价修饰调节

共价修饰调节是糖原合酶和磷酸化酶最主要的调节方式。在激素的作用下，二者均可发生磷酸化修饰，但磷酸化对两种酶活性的影响却是截然相反的：糖原合酶活性降低，磷酸化酶活性增高。习惯上用 a 表示活性形式，b 表示无活性形式。共价修饰调节的过程如图7-9所示。糖原合成与分解的生理性调节主要依靠胰岛素和胰高血糖素，肾上腺素可能仅在应激状态下发挥作用。

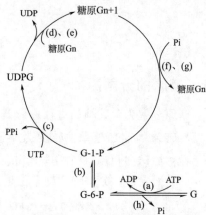

图 7-8　糖原的合成与分解

（a）己糖激酶或葡萄糖激酶（肝）；（b）磷酸葡萄糖变位酶；（c）UDPG 焦磷酸化酶；（d）糖原合酶；（e）分支酶；（f）磷酸化酶；（g）脱支酶；（h）葡萄糖-6-磷酸酶（肝）

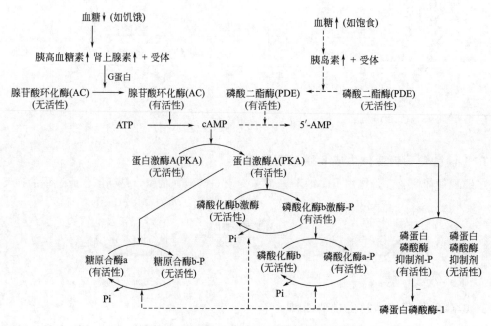

图 7-9　糖原合成和分解的共价修饰调节

（二）别构调节

ATP 和 6-磷酸葡萄糖是糖原合酶的别构激活剂，促进糖原合成。ATP、葡萄糖和 6-磷酸葡萄糖是磷酸化酶的别构抑制剂，抑制糖原分解；AMP 是磷酸化酶的别构激活剂，促进糖原分解。

★ **考点提示：糖原合成和分解的限速酶、UDPG 的作用**

第四节　糖异生

由非糖物质（乳酸、甘油、生糖氨基酸等）转变为葡萄糖或糖原的过程称为糖异生（gluconeogenesis）。在生理情况下，肝是糖异生的主要器官，肾的糖异生能力只有肝的 1/10。长期饥饿时，肾的糖异生能力会大大增强。

一、糖异生途径

糖异生途径基本是糖酵解途径的逆过程，二者多数反应是共有的可逆反应。在糖酵解途径中由己糖激酶、6-磷酸果糖激酶-1 和丙酮酸激酶这 3 个关键酶催化的反应是不可逆的，糖异生途径通过另外 4 个酶来催化其逆反应，克服"能障"，这 4 个酶即糖异生的关键酶（表7-5）。

表 7-5　糖酵解和糖异生对应的关键酶

糖酵解的关键酶及细胞定位		糖异生的关键酶及细胞定位	
己糖激酶	细胞质	葡萄糖-6-磷酸酶	细胞质
6-磷酸果糖激酶-1	细胞质	果糖-1,6-二磷酸酶	细胞质
丙酮酸激酶	细胞质	丙酮酸羧化酶	线粒体
		磷酸烯醇式丙酮酸羧激酶	细胞质和线粒体

1. 丙酮酸转变为磷酸烯醇式丙酮酸

由丙酮酸羧化酶和磷酸烯醇式丙酮酸羧激酶催化丙酮酸逆向转变为磷酸烯醇式丙酮酸的过程称为丙酮酸羧化支路。两步反应共消耗 2 分子 ATP。

2. 1,6-二磷酸果糖转变为 6-磷酸果糖

该反应由果糖-1,6-二磷酸酶催化完成。

3. 6-磷酸葡萄糖水解生成葡萄糖

该反应由葡萄糖-6-磷酸酶催化下，该酶存在于肝、肾组织中。

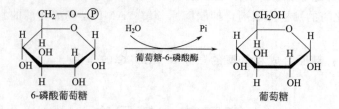

6-磷酸葡萄糖   葡萄糖

糖异生途径可归纳见图 7-10。

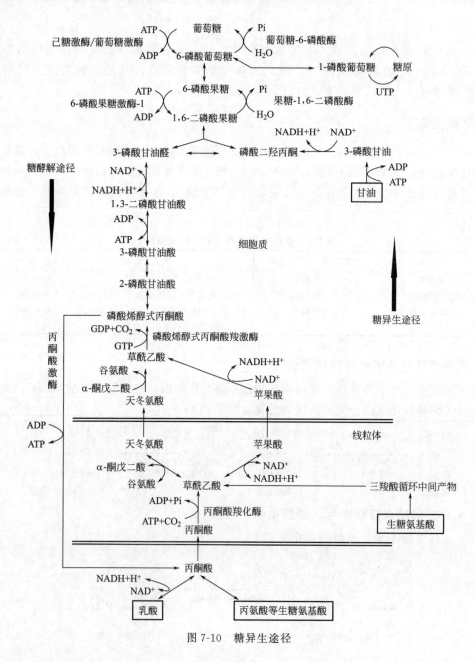

图 7-10　糖异生途径

二、糖异生的调节

糖异生途径的 4 个关键酶：丙酮酸羧化酶、磷酸烯醇式丙酮酸羧激酶、果糖-1,6-二磷酸酶和葡萄糖-6-磷酸酶，受多种别构剂和激素的调节。调节因素对糖异生与糖酵解途径关键酶的作用刚好相反，协调机体糖代谢的正常运行。

1. 别构调节

（1）果糖-1,6-二磷酸酶　ATP 和柠檬酸是果糖-1,6-二磷酸酶的别构激活剂，促进糖异生；ADP、AMP 和 2,6-二磷酸果糖是其别构抑制剂，抑制糖异生。目前认为 2,6-二磷酸果糖的水平是肝内调节糖分解或合成的主要信号。

（2）丙酮酸羧化酶　饥饿情况下，脂肪动员增强，线粒体中生成大量乙酰 CoA 及 ATP。乙酰 CoA 别构激活丙酮酸羧化酶，ATP 别构激活果糖-1,6-二磷酸酶。结果促进糖异生，有利于在饥饿状况下维持血糖浓度，保证重要组织器官对糖的需求。

2. 激素调节

（1）糖皮质激素　糖皮质激素可诱导肝内糖异生的 4 个关键酶的合成，又能促进肝外组织蛋白分解，为糖异生提供原料。因此，糖皮质激素是调节糖异生的重要激素。

（2）肾上腺素和胰高血糖素　这两种激素均可激活肝细胞磷酸烯醇式丙酮酸羧激酶，促进糖异生；它们也能促进脂肪分解提供甘油作为糖异生的原料，脂肪酸氧化产生的乙酰 CoA 也可以促进糖异生。胰高血糖素还能诱导磷酸烯醇式丙酮酸羧激酶基因的表达，促进糖异生。

（3）胰岛素　胰岛素不仅抑制磷酸烯醇式丙酮酸羧激酶基因的表达，还能抑制该酶的活性，是唯一对糖异生起抑制作用的激素。

三、糖异生的生理意义

1. 有利于维持饥饿情况下血糖的相对恒定

空腹或饥饿状态下，肝糖原分解产生的葡萄糖仅能维持 $8 \sim 12h$，此后机体主要依靠糖异生途径来维持血糖的相对恒定，这是糖异生最主要的生理功能。饥饿时，糖异生的主要原料是生糖氨基酸和甘油，经糖异生途径转变为葡萄糖，以保证脑和红细胞等的正常功能。

2. 有利于乳酸的再利用

肌肉在缺氧或剧烈运动时，肌糖原经糖酵解途径生成大量乳酸，乳酸随血液循环到达肝，在肝内异生为葡萄糖，补充血糖或合成肝糖原贮存。葡萄糖释放入血后又可被肌肉摄取利用，如此形成乳酸循环（lactic acid cycle），又称 Cori 循环（Cori cycle）（图 7-11）。乳酸循环可以间接利用肌糖原补充血糖，并可再被肌肉摄取利用。可见糖异生对于促进乳酸再利用、防止酸中毒及推动糖原更新具有重要意义。

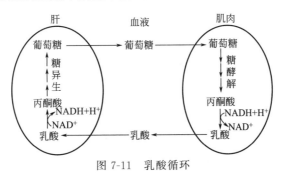

图 7-11　乳酸循环

3. 调节酸碱平衡

糖异生作用不仅可以通过乳酸循环避免乳酸堆积所致的代谢性酸中毒，在长期饥饿情况下，肾的糖异生作用增强，还可通过促进谷氨酰胺等氨基酸的脱氨基作用，增强肾的排酸能力。因此，糖异生对于维持体液 pH，防止发生酸中毒具有重要意义。

★ 考点提示：糖异生的概念、关键酶及生理意义

第五节 血 糖

血液中的葡萄糖称为血糖（blood sugar）。血糖受到食物、运动、情绪等因素的影响会有较大波动，一般采用空腹血糖衡量人体糖的代谢概况。正常人空腹血糖浓度为 3.9～6.1mmol/L。血糖浓度的相对恒定对于维持机体各组织器官，特别是脑和红细胞的正常生理功能具有重要意义。

一、血糖的来源和去路

血糖的来源主要有：①食物中糖的消化、吸收，这是血糖的主要来源；②肝糖原分解，这是空腹血糖的直接来源；③非糖物质的糖异生作用，这是长期饥饿情况下血糖的主要来源；④其他单糖如半乳糖、果糖等也可以转变为葡萄糖，补充血糖。

血糖的去路主要有：①氧化供能，这是血糖的主要去路；②在肝、肌肉等组织合成糖原贮存；③转变为脂肪及某些氨基酸；④转变为其他糖及其衍生物，如核糖、脱氧核糖、葡萄糖醛酸等；⑤血糖浓度过高，超过了肾糖阈（8.9～10.0mmol/L），可由尿排出，出现糖尿。

血糖的来源和去路总结见图 7-12。

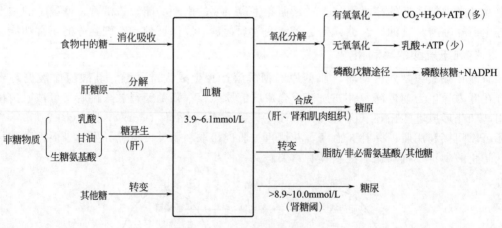

图 7-12　血糖的来源和去路

二、血糖的调节

血糖水平的相对恒定依赖于血糖来源和去路的动态平衡，这种平衡的维持离不开神经、激素和器官的共同参与，是体内多种因素协同作用的结果。

（一）神经调节

神经系统对血糖的调节属于整体水平的调节，通过神经-体液-细胞途径，实现调节作用。如情绪激动时，交感神经兴奋，刺激肾上腺髓质肾上腺素的分泌增加，促进糖原分解和糖异生作用，使血糖升高；静息状态时，迷走神经兴奋，胰岛素分泌增加，抑制糖原分解和糖异生作用，使血糖降低。

（二）激素调节

调节血糖的激素可以分为两类：一类是降低血糖的激素，有胰岛素和胰岛素样生长因子；另一类是升高血糖的激素，有胰高血糖素、糖皮质激素、肾上腺素和生长激素等。这两类激素的作用既相互对立又相互制约，共同维持血糖在正常水平。各种激素对血糖调节的机制见表7-6。

表 7-6　激素对血糖浓度的调节

激素	调节机制
降血糖激素	
胰岛素	1.促进细胞膜对葡萄糖的通透性 2.促进糖的氧化分解 3.促进糖原合成,抑制糖原分解 4.抑制糖异生 5.促进糖转变为脂肪,减少脂肪动员
胰岛素样生长因子	结构与胰岛素相似,有类似胰岛素的代谢调节和促生长作用
升血糖激素	
胰高血糖素	1.促进糖原分解,抑制糖原合成 2.促进糖异生
肾上腺素	1.促进肝糖原分解、肌糖原酵解 2.促进糖异生
糖皮质激素	1.抑制肝外组织摄取、利用葡萄糖 2.促进蛋白质和脂肪分解,促进糖异生
生长激素	1.早期有胰岛素样作用(短期) 2.晚期有抗胰岛素作用(主要)

（三）器官水平调节

肝是调节血糖最重要的器官。通过肝糖原的合成和分解维持生理情况下血糖浓度的恒定，通过糖异生作用维持禁食状态下血糖浓度的相对恒定。肌肉可以通过对葡萄糖的摄取和利用调节血糖。尽管肌糖原不能直接补充血糖，但肌肉剧烈运动产生的乳酸可以作为肝糖异生的原料，通过乳酸循环间接补充血糖。肾也可以通过增加或减少葡萄糖的排出量对血糖产生影响。

★ **考点提示：血糖的来源和去路、血糖的调节**

耐糖现象

正常人一次食入大量葡萄糖后，血糖水平不会出现大的波动或持续升高，这种现象称为耐糖现象。机体处理摄入葡萄糖的能力称为葡萄糖耐量，可以反映机体调节葡萄糖代谢的能力，临床常用口服葡萄糖耐量试验（oral glucose tolerance test, OGTT）测定。具体方法是：先测定受试者清晨空腹血糖，然后一次进食75g葡萄糖（或每千克体重1.5～1.75g葡萄糖），于进食后0.5h、1h、2h和3h分别测定血糖。以时间为横坐标，血糖浓度为纵坐标，绘制糖耐量曲线（图7-13）。

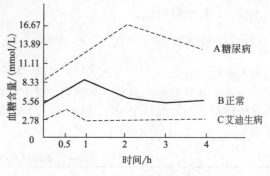

图7-13 糖耐量曲线

正常人的糖耐量曲线特征是：空腹血糖浓度正常；口服葡萄糖后0.5～1h达高峰，但峰值不超过肾糖阈（8.9mmol/L）；此后血糖浓度迅速降低，2h内降至<7.8mmol/L；3h内恢复至<6.1mmol/L。

糖尿病患者由于胰岛素分泌绝对或相对不足，糖耐量曲线表现为：空腹血糖高于正常水平（≥7.0mmol/L）；口服葡萄糖后血糖迅速升高，可超过肾糖阈；并且2h后血糖仍≥11.1mmol/L。2h后血糖水平的变化是最重要的判断指标。

艾迪生病患者由于肾上腺皮质功能低下，糖皮质激素产生不足，糖耐量曲线表现为：空腹血糖水平低于正常值；口服葡萄糖后血糖升高不明显；短时间内即恢复至原有低水平。

三、糖代谢异常

由于血糖受到神经、激素、器官等多种因素的调控，神经系统疾病、内分泌失调、肝肾功能障碍或某些酶的遗传性缺陷等任何环节的异常都可能引起糖代谢紊乱，造成血糖过高或过低。

（一）高血糖

空腹血糖水平高于7.1mmol/L，即为高血糖（hyperglycemia）。当血糖浓度超过肾糖阈，即超过了肾小管的重吸收能力，葡萄糖可随尿排出而出现糖尿。

高血糖和糖尿可由多种原因引起，正常人偶尔也会出现糖尿，如进食或静脉输入大量葡萄糖后，可引起饮食性糖尿；情绪激动时，由于交感神经兴奋，肾上腺素分泌增加，可出现情感性糖尿。这些情况都属于生理性高血糖及糖尿。由于肾疾病导致肾小管重吸收葡萄糖能力下降，即肾糖阈降低，即使血糖浓度不高，也可能出现糖尿，称为肾性糖尿，如慢性肾炎、肾病综合征等。妊娠妇女有时也会出现暂时性肾糖阈降低引起的糖尿，但其血糖值和糖耐量曲线是正常的。出现高血糖和糖尿最常见的原因还是由于胰岛素分泌绝对或相对不足引起的糖尿病。

糖尿病

糖尿病 (diabetes mellitus) 是由于胰岛素绝对或相对缺乏引起的以持续性高血糖和糖尿为主要症状的内分泌障碍性疾病。患者空腹血糖和糖耐量曲线都高于正常水平。临床上将糖尿病分为两型：胰岛素依赖型 (1 型) 和非胰岛素依赖型 (2 型)。1 型糖尿病胰岛素产生绝对不足，一般青少年期起病；2 型糖尿病在发病初期并没有明显的胰岛素缺乏，主要表现为胰岛素抵抗，多发生在 40 岁以上的成年人。我国糖尿病以 2 型糖尿病为主。糖尿病的诊断需要符合以下三项中的两项：①空腹血糖≥7.0mmol/L；②糖尿病症状加随机血糖≥11.1mmol/L；③OGTT 2h 血糖≥11.1mmol/L。

(二) 低血糖

空腹血糖浓度低于 2.8mmol/L 称为低血糖 (hypoglycemia)。由于脑所需的能量主要来自葡萄糖的氧化分解，当血糖浓度过低时，首先出现脑功能障碍，表现为头晕、心悸、出冷汗、倦怠无力、饥饿感等症状。若血糖浓度持续下降至低于 2.5mmol/L 时，可出现昏迷，称为低血糖休克。此时，应及时给患者补充葡萄糖，否则可能危及生命。

出现低血糖的常见原因有：①饥饿或长期不能进食；②胰腺功能障碍 (如 β 细胞肿瘤产生过多胰岛素或 α 细胞功能低下胰高血糖素生成不足)；③严重肝病 (如肝癌)；④内分泌异常 (如垂体功能低下、肾上腺皮质功能减退症等)；⑤其他因素，如胰岛素使用过量等。

思考题

一、名词解释
1. 糖酵解
2. 糖的有氧氧化
3. 糖异生
4. 血糖

二、填空题
1. 糖酵解的 3 个关键酶分别是_____、_____和_____。
2. 三羧酸循环的 3 个关键酶分别是_____、_____和_____。
3. 糖异生途径的 4 个关键酶分别是_____、_____、_____和_____。
4. 糖原合成和分解的限速酶分别是_____和_____。

三、简答题
1. 从代谢部位、条件、关键酶、产物、产生 ATP 数及生理意义等方面列表比较糖酵解和糖的有氧氧化。
2. 简述磷酸戊糖途径的生理意义。
3. 简述血糖的来源和去路。
4. 简述激素对血糖的调节作用。

(王宏娟)

第八章

脂类代谢

○○○
○○○
○○○

【学习目标】

◆ **掌握**：脂肪动员、脂肪酸 β-氧化、酮体代谢的生理意义；胆固醇转化途径；血浆脂蛋白的分类、组成特点及生理功能。

◆ **熟悉**：脂类的分类和功能；脂肪酸、甘油磷脂、胆固醇的合成原料；血浆脂蛋白代谢的特点。

◆ **了解**：三酰甘油、甘油磷脂、胆固醇代谢的过程；临床常见的血浆脂蛋白代谢异常。

案例导入

案例回放：

　　某患者，2 型糖尿病 7 年，一直以来体重值偏高，达到肥胖的标准。近期复查，空腹血糖 5.03mmol/L，餐后血糖 14.33mmol/L，空腹胰岛素 149.3U/ml，空腹 C 肽 1.5ng/ml。诊断为高胰岛素血症。医生建议除了服用二甲双胍进行治疗，加用改善胰岛素抵抗的药物吡格列酮，还建议患者要适度控制饮食和增加运动，以控制体重。

思考问题：

　　1.检测空腹血糖、餐后血糖、空腹胰岛素及空腹 C 肽有何临床意义？

　　2.肥胖为什么会引起胰岛素抵抗？

　　3.胰岛素对脂肪的代谢有何作用？

第一节　概　述

　　脂类包括脂肪和类脂两大类。脂类作为重要的营养物质在体内有的作为结构物质、有的作为储能供能物质、有的执行特殊的功能。

一、脂类的分类、分布与功能

（一）脂肪

　　脂肪是由 1 分子甘油和 3 分子脂肪酸脱水缩合形成的酯，故又称三脂酰甘油或称三酰甘油（triglyceride，TG），是机体主要的脂类。结构式如下：

$$
\begin{array}{l}
\overset{\displaystyle O}{}\\
R_2-C-O-\underset{\displaystyle H_2C-O-C-R_3}{\overset{\displaystyle H_2C-O-C-R_1}{CH}}
\end{array}
$$

三酰甘油分子内的三个脂酰基可以不相同，也可以相同。体内脂肪绝大部分分布在皮下、大网膜、肠系膜和内脏周围等脂肪组织中，具有重要的生理功能。

1. 储能和供能

脂肪是机体重要的储能和供能物质。脂肪组织中的脂肪在一定的情况下会动员出来氧化分解释放能量供机体活动需要。1g 脂肪在体内完全氧化可释放约 38kJ 能量，而等质量的糖或蛋白质只能产生约 17kJ 能量。机体每日所需能量的 17%～25% 是由脂肪提供的。实验证明，人在空腹时，机体所需能量的 50% 以上由脂肪氧化供给，而禁食 1～3 日机体所需能量的 85% 来自脂肪。由此可见，脂肪是空腹和饥饿时体内能量的主要来源。脂肪含量可受营养状况、运动消耗等因素的影响而发生很大变化，故称为可变脂，脂肪组织也称为脂库。

2. 保持体温和保护内脏

一般成人脂肪的含量占体重的 10%～20%，女性稍高。机体内脂肪组织既有保温的作用又有缓冲机械冲击力的作用。皮下脂肪能减缓热量散失，有利于维持体温；内脏周围分布的脂肪层柔软而富有弹性，可缓冲外界的机械撞击，减少摩擦，具有保护内脏器官的作用。

（二）类脂

类脂包括磷脂（phospholipid，PL）、胆固醇（cholesterol，Ch）及胆固醇酯（cholesterol ester，CE）等。

1. 磷脂

磷脂是一类含有磷酸的脂类，根据其化学组成不同可分甘油磷脂和鞘磷脂两大类。

（1）甘油磷脂　是体内含量最多的磷脂，由甘油、脂肪酸、磷酸及含氮化合物等组成，其基本结构如图 8-1 所示。

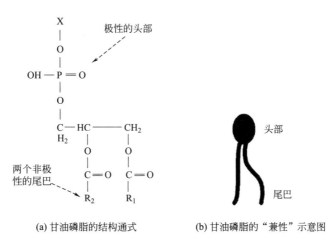

(a) 甘油磷脂的结构通式　　　(b) 甘油磷脂的"兼性"示意图

图 8-1　甘油磷脂的结构图解

根据与磷酸相连的取代基团 X 的不同，可将甘油磷脂分为下列几类（表 8-1）。

表 8-1 体内几种重要的甘油磷脂

甘油磷脂的名称	X 取代基
磷脂酸	$-H$
磷脂酰胆碱(卵磷脂)	$-CH_2CH_2N^+(CH_3)_3$
磷脂酰乙醇胺(脑磷脂)	$-CH_2CH_2NH_2$
磷脂酰丝氨酸	$-CH_2CHNH_2COOH$
磷脂酰肌醇	肌醇

甘油磷脂具有极性基团构成的头部和非极性基团构成的尾部，既具有亲水的特性又具有亲脂的特性，为兼性分子。

（2）鞘磷脂　由鞘氨醇、脂肪酸和磷酸胆碱构成。体内鞘氨醇和脂肪酸共价结合成神经酰胺。神经酰胺与磷酸胆碱共价结合构成鞘磷脂。鞘磷脂的神经酰胺部分也含有两个长的非极性的疏水性的脂肪烃基，构成两个非极性的"尾部"（图 8-2）。

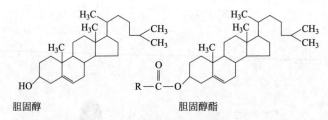

图 8-2　鞘氨醇、神经酰胺、鞘磷脂的结构图解

2. 胆固醇及胆固醇酯

胆固醇及胆固醇酯含有环戊烷多氢菲的结构。胆固醇与脂肪酸酯化形成胆固醇酯（图 8-3）。

图 8-3　胆固醇及胆固醇酯的结构

3. 类脂的分布与功能

类脂分布于各组织中，以神经组织中含量最多，约占体重的 5%，一般不受营养和运动状况等因素的影响而发生大的变化，所以也称为固定脂或基本脂。

类脂的主要生理功能是作为生物膜的结构成分。类脂约占细胞膜重量的 50%，在维持生物膜正常生理功能方面起着重要作用。此外，类脂还参与形成脂蛋白，协助脂类在血液中运输；类脂中的胆固醇可转变为胆汁酸、维生素 D_3、类固醇激素等具有重要生理功能的物质。

二、脂类的消化和吸收

脂类的消化及吸收主要在小肠中进行。在小肠上段，胆汁中的胆汁酸盐使食物中脂类乳化分散成细小微团，乳化作用提高了消化酶对脂质的接触面积，促进了消化。脂质在脂肪酶、胆固醇酯酶、磷脂酶等消化酶作用下消化生成甘油、脂肪酸、胆固醇及溶血磷脂等，其中甘油和中、短链脂肪酸被吸收入小肠黏膜细胞后，通过门静脉进入血液。长链（12～26个碳原子）脂肪酸及其他脂类消化产物在小肠黏膜细胞中再合成三酰甘油、磷脂、胆固醇酯等，继而形成乳糜微粒（CM），通过淋巴最终进入血液，进一步代谢。

食物脂肪在肠道内的消化吸收可促进脂溶性维生素的吸收，胆道梗阻的患者不仅有脂类消化吸收障碍，还常伴有脂溶性维生素的吸收障碍。

★ 考点提示：脂类物质在体内的分布及主要功能

第二节　三酰甘油的代谢

三酰甘油的储能、供能作用体现在脂库中的三酰甘油会动员出来氧化分解释放能量，为大部分组织利用，肝、脂肪等组织器官还可以进行三酰甘油的合成，储存或利用。

一、三酰甘油的分解代谢

（一）脂肪动员

脂肪组织中的三酰甘油，在一系列脂肪酶作用下，逐步水解为甘油和脂肪酸并释放入血以供给全身各组织氧化利用，此过程称为脂肪动员。过程如下：

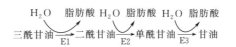

E1：三酰甘油脂肪酶
E2：二酰甘油脂肪酶
E3：单酰甘油脂肪酶

催化第一步反应的三酰甘油脂肪酶是脂肪动员的限速酶，其活性受多种激素的调节，称为激素敏感性脂肪酶（hormone sensitive lipase，HSL）。肾上腺素、去甲肾上腺素、胰高血糖素、肾上腺皮质激素等能使该酶活性增强，促进脂肪水解，这些激素称为脂解激素；胰岛素、前列腺素 E_2 等与上述激素作用相反，可抑制脂肪动员，称为抗脂解激素。这两类激素的协同作用使体内脂肪动员得到有效的调节。

脂肪动员所产生的游离脂肪酸释放入血后，与清蛋白结合形成脂肪酸-清蛋白复合物，随血液循环运输到全身各组织利用。

★ 考点提示：胰岛素的抗脂解作用

（二）甘油的代谢

脂肪动员所产生的甘油，主要通过血液运送到肝、肾和小肠黏膜细胞利用。在甘油激酶作用下，甘油转变成 α-磷酸甘油，再脱氢生成磷酸二羟丙酮，磷酸二羟丙酮可循糖酵解途径氧化分解释放能量，也可在肝中异生为糖。

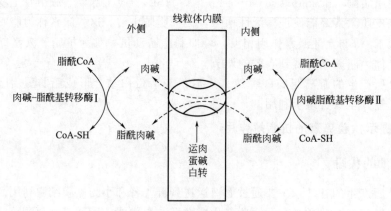

脂肪和肌肉组织中缺乏甘油激酶而不能利用甘油。肝中甘油激酶活性最高，所以甘油主要由肝摄取利用。

（三）脂肪酸的氧化

脂肪酸是人和哺乳动物体内氧化供能的主要物质，在氧供应充足的条件下，脂肪酸在体内可分解为 CO_2 和 H_2O 并释放大量能量。大多数组织都能利用脂肪酸氧化供能，以肝和肌肉最为活跃。脂肪酸从活化到进入线粒体内彻底氧化的过程可概括为以下 4 个阶段。

1. 脂肪酸的活化

脂肪酸氧化分解前必须活化。脂肪酸在内质网及线粒体外膜上的脂酰 CoA 合成酶作用下活化生成脂酰 CoA。

$$R—CH_2—CH_2—COOH + ATP + CoA \xrightarrow{\text{脂酰 CoA 合成酶}} R—CH_2—CH_2—CO{\sim}CoA + AMP + PPi$$

脂酰 CoA 分子中不仅含有高能硫酯键，而且水溶性增加，从而提高了代谢活性。反应过程中生成的焦磷酸（PPi）立即被细胞内的焦磷酸酶水解，使此反应不可逆。1 分子脂肪酸活化生成脂酰 CoA，实际上消耗了 2 个高能磷酸键。

2. 脂酰 CoA 的转运

催化脂肪酸氧化分解的酶系存在于线粒体基质内，脂酰 CoA 不能直接透过线粒体内膜，需经肉碱载体的转运才能将脂酰 CoA 的脂酰基团带入线粒体内。此过程还需要线粒体内膜两侧的肉碱脂酰转移酶Ⅰ和肉碱脂酰转移酶Ⅱ参与完成。胞质中的脂酰 CoA 首先在位于线粒体内膜外侧的肉碱脂酰转移酶Ⅰ催化下，将脂酰基转移给肉碱生成脂酰肉碱，脂酰肉碱即可在线粒体内膜的肉碱转运蛋白（亦称肉碱-脂酰肉碱转位酶）作用下，通过内膜转入线粒体基质内，脂酰肉碱在位于线粒体内膜内侧面的肉碱脂酰转移酶Ⅱ的催化下，转移脂酰基给 CoA，生成脂酰 CoA 并释放出肉碱。脂酰 CoA 则在线粒体基质内进行 β-氧化，肉碱再被肉碱转运蛋白转运到内膜外侧（图 8-4）。

图 8-4　脂酰 CoA 进入线粒体示意图

此过程是脂肪酸氧化分解的限速步骤，肉碱脂酰转移酶I是限速酶。当饥饿、糖尿病时，体内糖利用发生障碍，需要脂肪酸供能，这时肉碱脂酰转移酶I活性增加，脂肪酸氧化增强。

课堂互动

左旋肉碱与"减肥"

左旋肉碱是市面上的一种减肥产品。其化学名称是 L-3-羟-4-三甲氨基丁酸，结构简式为：$(CH_3)N^+CH_2CH(OH)CH_2COO^-$。

但肉碱的减肥功效存在争议，有观点认为人体不会缺乏肉碱，因此其减肥的意义不大。你怎么认为？

3. 脂酰基的 β-氧化

进入线粒体的脂酰 CoA，在酶的催化下，从脂酰基 β-碳原子开始依次进行脱氢、加水、再脱氢和硫解 4 步连续反应，完成 1 次 β-氧化。由于氧化过程发生在脂酰基的 β 碳原子上，故称为 β-氧化。详细过程如下。

(1) 脱氢　脂酰 CoA 由脂酰 CoA 脱氢酶催化，在 α-碳原子、β-碳原子上脱氢，生成 α，β-烯脂酰 CoA。脱卜的 2H 由 FAD 接受生成 $FADH_2$。

(2) 加水　在 α，β-烯脂酰 CoA 水化酶催化下，加水生成 β-羟脂酰 CoA。

(3) 再脱氢　β-羟脂酰 CoA 在 β-羟脂酰 CoA 脱氢酶的催化下，再脱下 2H，生成 β-酮脂酰 CoA。脱下的 2H 由 NAD^+ 接受，生成 $NADH+H^+$。

(4) 硫解　β-酮脂酰 CoA 经 β-酮脂酰 CoA 硫解酶催化，加 HSCoA，裂解生成 1 分子乙酰 CoA 和比原来少 2 个碳原子的脂酰 CoA。

通过一次 β-氧化，可产生 1 分子乙酰 CoA、1 分子 $FADH_2$、1 分子 $NADH+H^+$ 和少了 2 个碳原子的脂酰 CoA，脂酰 CoA 可再进行脱氢、加水、再脱氢、硫解反应。如此反复进行，直至使脂酰 CoA 完全分解为乙酰 CoA，即完成脂肪酸的 β-氧化。

β-氧化生成的 $FADH_2$ 和 $NADH+H^+$ 进入呼吸链氧化，同时氧化磷酸化生成 ATP。

4. 乙酰 CoA 的彻底氧化

脂肪酸经 β-氧化生成的乙酰 CoA，在线粒体内经三羧酸循环彻底氧化，生成 H_2O 和 CO_2，并释放能量。脂肪酸的氧化过程见图 8-5。

脂肪酸氧化产生的能量大部分以热能形式消耗掉，约 40％以化学能形式储存在 ATP 中。现以软脂酸为例计算 ATP 的生成量。软脂酸是含有 16 个碳原子的饱和脂肪酸，需经 7 次 β-氧化，产生 7 分子 $FADH_2$、7 分子 $NADH+H^+$ 及 8 分子乙酰 CoA。每分子 $FADH_2$ 和 $NADH+H^+$ 经呼吸链氧化分别生成 1.5 分子 ATP 和 2.5 分子 ATP，每分子乙酰 CoA 通过三羧酸循环氧化平均可产生 10 分子 ATP。因此，在 β-氧化阶段平均可生成 (1.5＋2.5)×7＝28 ATP，在三羧酸循环阶段生成 10×8＝80 ATP。由于脂肪酸活化时消耗了 2 分子 ATP，故 1 分子软脂酸完全氧化分解平均净生成 28＋80－2＝106 ATP。由此可见，脂肪酸的氧化是体内能量的重要来源。

(四) 酮体的代谢

在心肌、骨骼肌等肝外组织中脂肪酸能够彻底氧化成 CO_2 和 H_2O 同时释放能量。脂肪酸在肝内除彻底氧化外，还有一部分在线粒体内转变为乙酰乙酸、β-羟丁酸、丙酮三种物

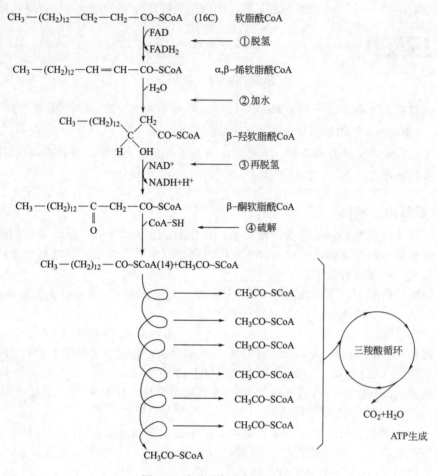

图 8-5 脂肪酸氧化过程图解

质，统称酮体。其中 β-羟丁酸约占酮体总量的 70%，乙酰乙酸约占 30%，丙酮含量极微。肝内生成的酮体进入肝外氧化供能。

1. 酮体的生成

酮体是以脂肪酸在肝细胞线粒体内 β-氧化产生的乙酰 CoA 为原料合成的，基本过程如下。

① 2 分子乙酰 CoA 在乙酰乙酰 CoA 硫解酶催化下缩合成乙酰乙酰 CoA。

② 乙酰乙酰 CoA 在羟甲基戊二酸单酰 CoA（HMG-CoA）合酶的催化下，再与 1 分子乙酰 CoA 缩合生成羟甲基戊二酸单酰 CoA。

③ HMG-CoA 在 HMG-CoA 裂解酶催化下裂解，生成 1 分子乙酰乙酸和 1 分子乙酰 CoA。大部分乙酰乙酸在线粒体内膜 β-羟丁酸脱氢酶催化下加氢还原成 β-羟丁酸。少量乙酰乙酸也可自动脱羧生成丙酮。

酮体的生成过程见图 8-6。

酮体是脂肪酸在肝中氧化分解产生的特有的中间产物。肝线粒体内含有各种合成酮体的酶，尤其是 HMG-CoA 合酶。但是肝氧化酮体的酶活性很低，所以肝不能氧化酮体，其产生的酮体可透过细胞膜进入血液循环，运输到肝外组织进一步氧化利用。

乙酰乙酰CoA硫解酶
HMG-CoA合酶
脂肪酸
β-氧化
2 CH3CSCoA
CH3C CH2CSCoA
乙酰乙酰CoA
HO—C—CH2—C—CH2—CSCoA
CH3
CH3CSCoA
羟甲基戊二酸单酰CoA
(HMG-CoA)
HMG-CoA裂解酶
NAD+
NADH+H+
CH3—CH—CH2—C—OH
β-羟丁酸
β-羟丁酸脱氢酶
CH3—C—CH2—C—OH
乙酰乙酸
CH3—C—CH3+CO2
丙酮

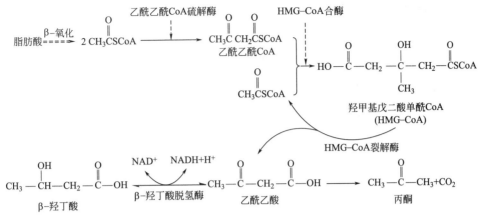

图 8-6　酮体的生成过程图解

2. 酮体的利用

肝外许多组织具有活性很强的氧化利用酮体的酶，如心、肾、脑及骨骼肌线粒体中有琥珀酰 CoA 转硫酶，在琥珀酰 CoA 存在下，可使乙酰乙酸活化成乙酰乙酰 CoA，乙酰乙酰 CoA 硫解为 2 分子乙酰 CoA 后，进入三羧酸循环被彻底氧化，这是酮体利用的主要途径。

另外，心、肾、脑线粒体中还存在乙酰乙酸硫激酶，可使乙酰乙酸活化生成乙酰乙酰 CoA，其余反应同上。

β-羟丁酸脱氢后转变成乙酰乙酸，再经上述途径氧化。正常情况下，丙酮量少、易挥发，经肺呼出。部分丙酮也可转变为丙酮酸或乳酸，进而异生成糖。

酮体的利用过程见图 8-7。

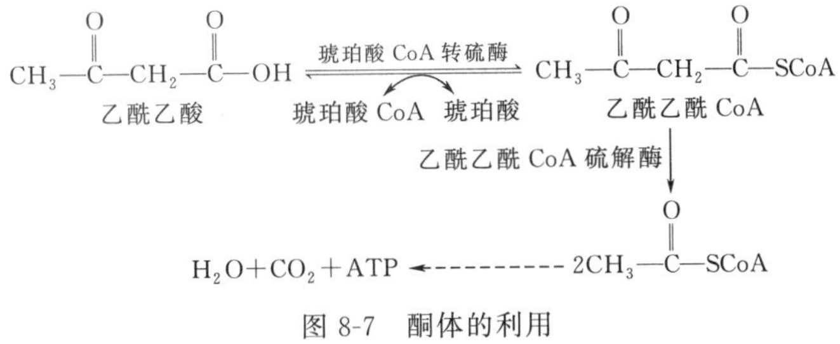

CH3—C—CH2—C—OH
乙酰乙酸
琥珀酸 CoA 转硫酶
琥珀酸 CoA
琥珀酸
CH3—C—CH2—C—SCoA
乙酰乙酰 CoA
乙酰乙酰 CoA 硫解酶
H2O+CO2+ATP
2CH3—C—SCoA

图 8-7　酮体的利用

总之，肝能生成酮体，但不能利用酮体；肝外组织不能生成酮体，却能利用酮体。

3. 酮体代谢的生理意义

酮体是脂肪酸在肝中氧化分解产生的正常中间产物，是肝输出能源的一种形式。酮体分子小，易溶于水，能通过血-脑屏障及肌肉的毛细血管壁，故生成后能迅速被肝外组织摄取利用，是肌肉，尤其是脑组织的重要能源。脑组织不能氧化脂肪酸却能利用酮体，因此当长期饥饿及糖供应不足时，酮体可代替葡萄糖成为脑组织的重要能源。

正常人血中仅含有少量酮体，为 0.03～0.5mmol/L。但在长期饥饿或严重糖尿病时，脂肪动员加强，脂肪酸在肝内分解增多，导致酮体生成过多，血液酮体的含量可高出正常情况的数十倍，丙酮通过呼吸排出体外。当酮体生成超过肝外组织利用的能力时，引起血中酮体异常增多，称为酮血症。酮体主要由小分子有机酸组成，酮血症表现为酮症酸中毒。过多的酮体会随尿排出，引起酮尿。

二、三酰甘油的合成代谢

三酰甘油主要在肝、脂肪组织和小肠合成，合成部位在细胞质。合成的直接原料是 α-磷酸甘油和脂酰 CoA，这些原料主要来自于糖的代谢转变。

（一）α-磷酸甘油的来源

α-磷酸甘油主要由糖代谢的中间产物磷酸二羟丙酮还原生成，也可来自甘油的磷酸化。肝、肾等组织含有甘油激酶，可直接催化甘油磷酸化生成 α-磷酸甘油，但脂肪细胞甘油激酶活性很低，不能直接利用甘油生成三酰甘油。

$$
\begin{array}{ccc}
\mathrm{H_2C-OH} & & \mathrm{H_2C-OH} \\
\mathrm{HC-OH} & \xrightarrow[\mathrm{Mg^{2+}}]{\text{甘油激酶}}^{\mathrm{ATP\ ADP}} & \mathrm{HC-OH} \\
\mathrm{H_2C-OH} & & \mathrm{H_2CO-PO_3^{2-}}
\end{array}
\xleftarrow[\text{磷酸甘油脱氢酶}]{\mathrm{NAD^+\ NADH+H^+}}
\begin{array}{c}
\mathrm{H_2C-OH} \\
\mathrm{C=O} \quad \dashleftarrow \text{葡萄糖} \\
\mathrm{H_2CO-PO_3^{2-}}
\end{array}
$$

α-磷酸甘油　　　　　　　　　　　磷酸二羟丙酮

（二）脂酰 CoA 的来源

脂酰 CoA 是脂肪酸的活化形式。脂肪酸可来自小肠的消化吸收及机体利用乙酰 CoA 等原料合成的脂肪酸。肝、肾、脑、乳腺及脂肪组织等均能合成脂肪酸，肝合成能力最强，是人体合成脂肪酸的主要部位。合成过程在胞质中进行。

1. 合成原料及主要来源

合成脂肪酸的主要原料为乙酰 CoA，主要来自葡萄糖的氧化分解。乙酰 CoA 在线粒体内生成，而脂肪酸合成酶系存在于胞质，故乙酰 CoA 必须由线粒体转运至胞质才能参与脂肪酸合成。

脂肪酸合成除乙酰 CoA 外，还需 $\mathrm{NADPH+H^+}$、ATP、CO_2 及生物素等，其中 $\mathrm{NADPH+H^+}$ 作为供氢体，主要来自于磷酸戊糖途径。

2. 合成过程

以软脂酸合成为例，其合成的总反应式如下：

$$
\underset{\text{丙二酸单酰 CoA}}{\mathrm{CH_3\overset{O}{\overset{\|}{C}}-SCoA} + 7\mathrm{HO-\overset{O}{\overset{\|}{C}}CH_2\overset{O}{\overset{\|}{C}}-SCoA}} \xrightarrow[6\mathrm{H_2O}+7CO_2+8\mathrm{CoASH}+14\mathrm{NADP^+}]{\overset{14(\mathrm{NADPH+H^+})}{\text{脂肪酸合成酶系}}} \underset{\text{软脂酸}}{\mathrm{CH_3(CH_2)_{14}\overset{O}{\overset{\|}{C}}-OH}}
$$

反应式中的丙二酸单酰 CoA 由乙酰 CoA 在乙酰 CoA 羧化酶催化下反应生成。乙酰 CoA 羧化酶是脂肪酸合成的限速酶，其辅基为生物素，Mg^{2+} 为激活剂。

$$
\underset{\mathrm{H_2O}+CO_2+\mathrm{ATP}}{\mathrm{CH_3\overset{O}{\overset{\|}{C}}-SCoA}} \xrightarrow[\mathrm{AMP+PPi}]{\text{乙酰 CoA 羧化酶（生物素，}Mg^{2+}\text{）}} \underset{\text{丙二酸单酰 CoA}}{\mathrm{HO-\overset{O}{\overset{\|}{C}}CH_2\overset{O}{\overset{\|}{C}}-SCoA}}
$$

脂肪酸合成酶系是由 7 种酶蛋白和酰基载体蛋白（ACP）聚合而成的多酶复合体。在脂肪酸合成酶系催化下，7 分子丙二酸单酰 CoA 与 1 分子乙酰 CoA，经过"缩合-加氢-脱水-再加氢"的循环反应过程，每次循环使碳链延长 2 个碳原子，连续 7 次循环后，最后生成软脂酰 ACP，经硫酯酶水解释放出一分子 16 碳饱和脂肪酸软脂酸。

软脂酸在机体中可通过化学反应使碳链延长或缩短，也可在去饱和酶作用下脱氢形成不饱和脂肪酸。人体只能合成软油酸、油酸等单不饱和脂肪酸，不能合成亚油酸（18 碳二烯酸）、亚麻酸（18 碳三烯酸）和花生四烯酸（20 碳四烯酸）等多不饱和脂肪酸。这些人体内不能合成，必须由食物供给的多不饱和脂肪酸，称为营养必需脂肪酸。

（三）三酰甘油的合成

三酰甘油的合成有两条途径：二酰甘油途径和单酰甘油途径。

以二酰甘油途径为例，1 分子 α-磷酸甘油与 2 分子脂酰 CoA 在 α-磷酸甘油脂酰基转移酶的催化下生成磷脂酸，磷脂酸在磷酸酶作用下水解成二酰甘油及磷酸，二酰甘油再与 1 分子脂酰 CoA 在二酰甘油脂酰基转移酶作用下生成三酰甘油（图 8-8）。

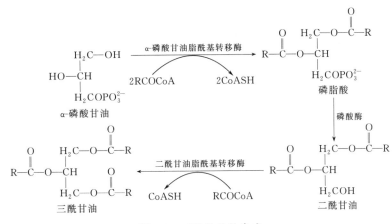

图 8-8　三酰甘油的合成

脂肪组织合成的三酰甘油主要是储存起来，肝和小肠合成的三酰甘油被运送到脂肪组织中储存或其他组织内氧化利用。

第三节　磷脂的代谢

磷脂不但作为生物膜的基本结构成分，还促进脂类物质在体内的运输和代谢。磷脂包括甘油磷脂和鞘磷脂两大类，甘油磷脂是体内含量最多的磷脂。

一、甘油磷脂的合成代谢

1. 合成部位

全身各组织细胞的内质网中都含有合成甘油磷脂的酶，因此各组织细胞均可合成甘油磷脂，但肝、肾及小肠等是合成甘油磷脂的主要场所。

2. 合成原料

甘油磷脂的合成原料主要包括甘油、脂肪酸、磷酸盐、胆碱、乙醇胺、丝氨酸及肌醇等物质。甘油和脂肪酸主要由糖代谢转变而来，胆碱和乙醇胺可由食物提供，也可由丝氨酸在体内转变而来。乙醇胺由 S-腺苷甲硫氨酸提供 3 个甲基转变成胆碱。

3．合成过程

甘油磷脂的合成过程比较复杂，一方面不同的磷脂需经不同途径合成；另一方面不同的途径可合成同一磷脂，而且有些磷脂在体内还可以互相转变。

（1）胆碱和乙醇胺的活化　胆碱和乙醇胺在参与合成代谢之前，首先要进行活化生成胞苷二磷酸胆碱（CDP-胆碱）和胞苷二磷酸乙醇胺（CDP-乙醇胺），其活化过程如图 8-9 所示。

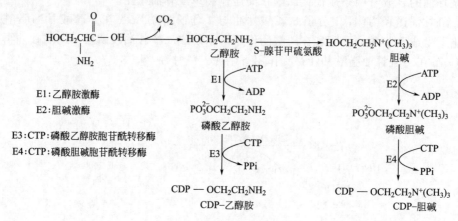

图 8-9　胆碱和乙醇胺的活化

（2）磷脂酰胆碱与磷脂酰乙醇胺主要通过二酰甘油途径合成　在转移酶催化下，CDP-胆碱和 CDP-乙醇胺分别与二酰甘油作用生成磷脂酰胆碱（卵磷脂）和磷脂酰乙醇胺（脑磷脂）。另外，磷脂酰乙醇胺甲基化也可生成磷脂酰胆碱（图 8-10）。

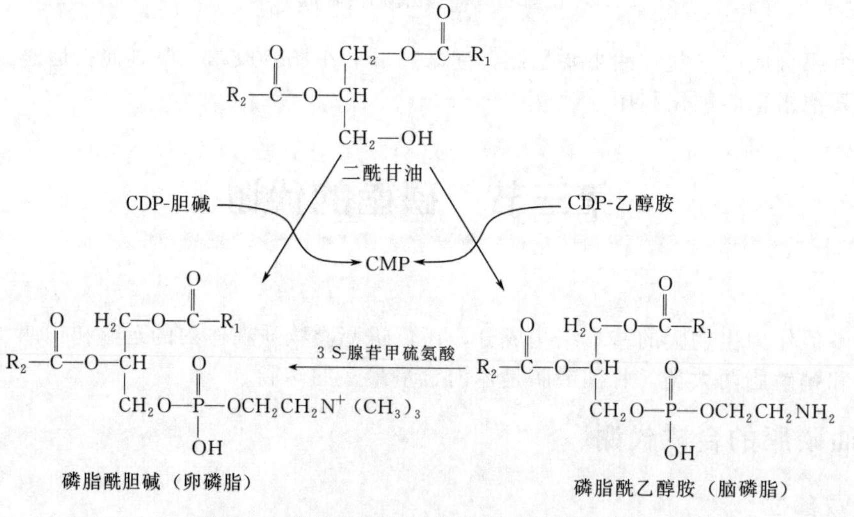

图 8-10　磷脂酰胆碱与磷脂酰乙醇胺的生成

二、甘油磷脂的分解代谢

在磷脂酶（磷脂酶 A_1、磷脂酶 A_2、磷脂酶 B、磷脂酶 C 和磷脂酶 D）的作用下，甘油磷脂逐步水解生成甘油、脂肪酸、磷酸及各种含氮化合物（如胆碱、乙醇胺和丝氨酸等）。各磷脂酶的水解位点不同（图 8-11）。磷脂酶 A_1、磷脂酶 A_2 水解甘油磷脂分别生成溶血磷脂 2 和溶血磷脂 1，磷脂酶 B 作用于溶血磷脂的不同位点。

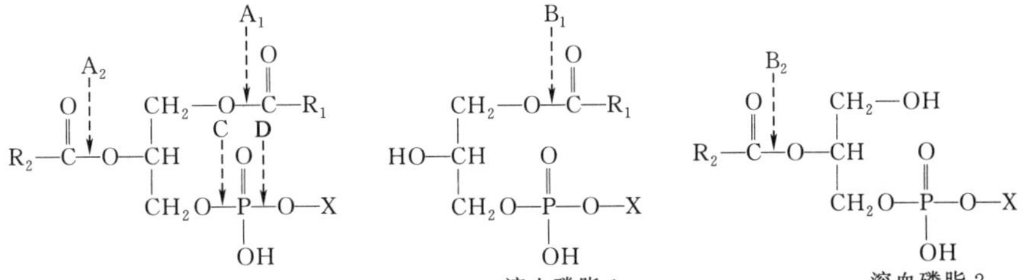

图 8-11 磷脂酶的水解位点

甘油磷脂　　溶血磷脂 1　　溶血磷脂 2

溶血磷脂是一种较强的表面活性物质，能使红细胞或其他细胞膜破坏引起溶血或细胞死亡。正常情况下，磷脂酶 A 以酶原形式存在，少量激活后产生的溶血磷脂又被磷脂酶 B 水解，不会产生溶血作用。只有大量的磷脂酶 A 被激活才会导致溶血现象。毒蛇的唾液含有磷脂酶 A。

三、脂肪肝

正常人肝中脂类含量约占肝重的 5%，其中磷脂约占 3%，三酰甘油约占 2%。"脂肪肝"是由脂肪在肝细胞中"堆积"所致。肝细胞中堆积大量的脂肪，占据肝细胞大量空间，必然影响肝细胞的功能，甚至使许多肝细胞破坏，结缔组织增生，造成"肝硬化"。

形成脂肪肝常见的原因：①肝细胞内三酰甘油的来源过多，如长期高糖、高脂饮食；②肝细胞内脑磷脂和卵磷脂的合成原料不足，如胆碱、乙醇胺供给或合成不足；③肝功能障碍，影响极低密度脂蛋白的合成与释放。因此，临床上常用磷脂合成的原料和相关的辅助因子（如叶酸、甲硫氨酸、钴胺素等）防治脂肪肝。

第四节　胆固醇的代谢

胆固醇为具有羟基的固体醇类化合物，最初由动物胆石中分离出来发现，故称胆固醇。正常成年人体内胆固醇总量约为 140g，广泛分布于各组织。大约 1/4 分布于脑及神经组织，肝、肾、肠等组织中含量也较高，每 100g 组织含 200~500mg，肌肉组织中每 100g 组织含 100~200mg，肾上腺皮质、卵巢等组织胆固醇含量最高，可达 1%~5%。

胆固醇是生物膜的重要组成成分。此外，胆固醇在体内可转变成胆汁酸、维生素 D_3、肾上腺皮质激素及性激素等重要生理活性物质。血胆固醇含量增高会增加动脉血管发生粥样硬化的风险。临床上降血脂治疗的重要目标就是降低血胆固醇含量，防止动脉粥样硬化引起的各类心血管病变。

一、胆固醇的来源

人体内胆固醇的来源有两个方面，即食物摄入的外源性胆固醇和人体合成的内源性胆固醇。

（一）外源性胆固醇

人体每日可以从食物摄取 0.3~0.8g 胆固醇，主要来自肉类、动物内脏、蛋黄等动物性食品。食物中以游离胆固醇为主，少量为胆固醇酯，胆固醇酯必须由胆固醇酯酶催化转变为游离胆固醇才能被吸收。

游离胆固醇和磷脂、单酰甘油及脂肪酸和胆汁酸盐共同组成混合微团，并运至肠黏膜细胞表面而被吸收。在肠黏膜细胞内，胆固醇与脂肪酸结合成胆固醇酯，并与脂肪、磷脂及载脂蛋白等共同组成乳糜微粒，经淋巴系统进入血液。

(二) 内源性胆固醇

1. 合成部位

全身各组织除脑和成熟红细胞外，均能合成胆固醇，以肝能力最强，小肠次之，所有酶系均存在于胞质和内质网中。

2. 合成原料

乙酰 CoA 是合成胆固醇的原料，合成过程还需 ATP 供能、NADPH＋H$^+$供氢。

3. 合成过程

胆固醇合成的大致过程为：首先 2 分子乙酰 CoA 缩合成乙酰乙酰 CoA，然后再与 1 分子乙酰 CoA 缩合成羟甲基戊二酸单酰 CoA（HMG-CoA），此过程与酮体合成过程相同。在胞质中生成的 HMG-CoA，在内质网中的 HMG-CoA 还原酶催化下，由 NADPH＋H$^+$供氢，还原生成甲羟戊酸（MVA）。HMG-CoA 还原酶是胆固醇合成的限速酶，受胆固醇的反馈抑制。MVA 经多步反应最终生成胆固醇（图 8-12）。

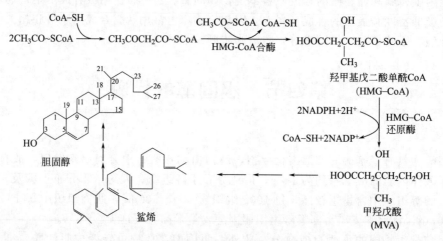

图 8-12　胆固醇合成图解

动物实验表明，食入高糖、高饱和脂肪酸会促进胆固醇的合成，而饥饿会抑制胆固醇的合成。胰岛素对胆固醇的合成有促进作用，胰高血糖素有抑制作用。

二、胆固醇的酯化

细胞内和血浆中的游离胆固醇可以被酯化成胆固醇酯。

在组织细胞内，游离胆固醇可在脂酰辅酶 A 胆固醇脂酰转移酶（acyl-CoA cholesterol acyl transferase，ACAT）的催化下，接受脂酰 CoA 的脂酰基形成胆固醇酯。

血浆中，在磷脂酰胆碱胆固醇脂酰转移酶（lecithin cholesterol acyl transferase，LCAT）的催化下，磷脂酰胆碱第 2 位碳原子的脂酰基转移至胆固醇 3 位羟基上，生成胆固醇酯及溶血磷脂酰胆碱。LCAT 由肝细胞合成，分泌入血发挥催化作用。

$$胆固醇＋脂酰\,CoA \xrightarrow{ACAT} 胆固醇酯＋CoA$$

$$胆固醇＋磷脂酰胆碱 \xrightarrow{LCAT} 胆固醇酯＋溶血磷脂酰胆碱$$

三、胆固醇的代谢去路

胆固醇在体内不能被彻底氧化为 CO_2 和 H_2O，而是转变生成一些生物活性物质或通过胆汁途径排泄。

（一）转变为重要的生理活性物质

1. 转变为胆汁酸

胆固醇在肝中转化为胆汁酸是胆固醇在体内代谢的主要去路。正常成人每日合成 $1\sim1.5g$ 胆固醇，其中大约有 2/5 的胆固醇在肝转变为胆汁酸，随胆汁排泄入肠道，促进脂类的消化吸收。

2. 转变为类固醇激素

胆固醇在肾上腺皮质可分别合成盐皮质激素、糖皮质激素和性激素；在睾丸可转变成睾丸素等雄性激素；在卵巢可转变成黄体酮及雌激素。

3. 转变成维生素 D_3

胆固醇在肝、小肠黏膜和皮肤等处，可脱氢生成 7-脱氢胆固醇。贮存于皮下的 7-脱氢胆固醇，经紫外线照射进一步转化成维生素 D_3。

（二）胆固醇的排泄

胆固醇在肝转变为胆汁酸随胆汁进入肠道，也是其重要排泄途径；另外，一部分胆固醇也可直接经胆汁或通过肠黏膜排入肠道，进入肠道的胆固醇一部分被吸收，另一部分则被肠菌还原转变成粪固醇，随粪便排出。

第五节　血脂与血浆脂蛋白

一、血脂

血脂是血浆中脂类的统称，包括三酰甘油、磷脂、胆固醇、胆固醇酯和游离脂肪酸等。

（一）血脂的来源和去路

血脂的来源有两方面：一是外源性脂类，即食物脂类经消化吸收的，约 30% 的血脂是外源性的；二是内源性脂类，约 70% 的血脂由肝、脂肪组织以及其他组织合成后释放入血。

血脂的去路包括：①在组织细胞氧化供能；②构成生物膜；③转变成其他物质；④进入脂肪组织储存。

（二）血脂含量的变动

正常情况下，血脂的来源与去路保持动态平衡，血脂含量相对稳定。但受年龄、性别、膳食、运动及代谢等多种因素的影响，波动范围比较大。血脂含量的测定，可以反映体内脂类代谢的情况，有一定的临床意义。为了避免食物中脂类的干扰，临床上做血脂测定时要在空腹 12～14h 后采血。正常成人空腹血脂含量见表 8-2。

表 8-2　正常成人空腹血脂含量

组成	含量/(mmol/L)	空腹时主要来源
三酰甘油(TG)	0.11～1.69	肝
总胆固醇(TC)	2.59～6.47	肝
胆固醇酯(CE)	1.81～5.17	—
游离胆固醇(Ch)	1.03～1.81	—
磷脂(PL)	48.44～80.73	肝
游离脂肪酸(FFA)	0.195～0.805	脂肪组织

二、血浆脂蛋白的分类与功能

血脂不能直接溶解于血液里，而是与特定的蛋白质通过非共价键结合成复合物，这种复合物称为血浆脂蛋白（lipoprotein，LP）。血浆脂蛋白能够在血液运行，是血脂的运输形式。脂蛋白中特定的蛋白称为载脂蛋白（apo）。

血浆中存在不同的脂蛋白，具有相似的球形结构。疏水性较强的三酰甘油、胆固醇酯处于脂蛋白的内核，而极性较强的载脂蛋白、磷脂、胆固醇则覆盖在脂蛋白的表面（图 8-13）。

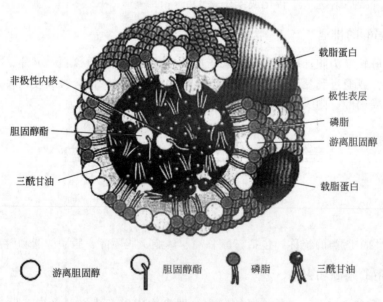

图 8-13　血浆脂蛋白结构模式图

（一）血浆脂蛋白的分类

不同的脂蛋白所含脂类和蛋白质的量不同，在密度、颗粒大小、表面电荷量、电泳迁移率以及免疫学特性等方面均有差异性，因此可用电泳法或超速离心法对血浆脂蛋白进行分类。

1. 电泳法

电泳法是分离血浆脂蛋白最常用的一种方法。不同的血浆脂蛋白颗粒大小及表面所带的电荷量不同，在电场中具有不同的电泳迁移率。琼脂糖电泳分离血浆脂蛋白形成四个区带（图8-14），四条区带对应着四种基本的血浆脂蛋白，由正极到负极依次为 α-脂蛋白（α-LP）、前 β-脂蛋白（preβ-LP）、β-脂蛋白（β-LP）及乳糜微粒（CM），可见 α-LP 移动最快，CM 停在点样处。

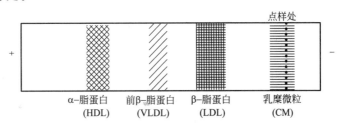

图 8-14　血浆脂蛋白琼脂糖电泳图谱

2. 超速离心法

利用不同脂蛋白的密度差异，可用超速离心法将血浆脂蛋白按密度从小到大分为四类：乳糜微粒（CM）、极低密度脂蛋白（VLDL）、低密度脂蛋白（LDL）和高密度脂蛋白（HDL），与电泳法分离出的四种脂蛋白相对应（图8-14、表8-3）。

人血浆中还会检测到四种基本的脂蛋白以外的脂蛋白，如中间密度脂蛋白（IDL）、脂蛋白（a）[lipoprotein（a），Lp（a）] 等。IDL 密度在 VLDL 与 LDL 之间。Lp（a）含特殊的载脂蛋白（a），结构上与 LDL 相似。

各种血浆脂蛋白的组成成分种类相同，只是各组分的比例和含量不同，因而性质和功能各不相同（表8-3）。

表 8-3　血浆脂蛋白组成、性质和功能的差异

分类	密度法	CM	VLDL	LDL	HDL
	电泳法	CM	preβ-LP	β-LP	α-LP
组成/%	蛋白质	0.5～2	5～10	20～25	50
	脂类	98～99	90～95	75～80	50
	三酰甘油	80～95	50～70	10	5
	磷脂	5～7	15	20	25
	总胆固醇	1～4	15	45～50	20
	游离胆固醇	1～2	5～7	8	5
	胆固醇酯	3	10～12	40～42	15～17
组成特点		富含三酰甘油	富含三酰甘油	富含胆固醇	富含胆固醇、磷脂和蛋白质
性质	密度	<0.95	0.95～1.006	1.006～1.063	1.063～1.210
	直径/nm	80～500	25～80	20～25	5～17
主要功能		转运外源性三酰甘油	转运内源性三酰甘油	转运胆固醇到肝外组织	转运肝外胆固醇回肝

从血浆中分离到的载脂蛋白有多种，可分为 apoA、apoB、apoC、apoD、apoE 等几大

类，各类载脂蛋白又可以进一步分为小类，如其中 apoA 又分为 AⅠ、AⅡ、AⅣ和 AⅤ；apoB 又分为 apoB100 和 apoB48。载脂蛋白在不同脂蛋白中分布及含量不同，如 HDL 主要含 apoAⅠ和 apoAⅡ；LDL 含 apoB100，而 CM 含 apoB48。

脂蛋白中的载脂蛋白具有稳定脂蛋白的结构、促进脂类转运的作用。此外，有些载脂蛋白还具有调节脂蛋白代谢关键酶活性、参与脂蛋白受体识别等作用，在脂蛋白代谢方面发挥着重要的作用。

（二）血浆脂蛋白的代谢与功能

1. 乳糜微粒

CM 由小肠黏膜上皮细胞合成，新生的 CM 经淋巴管进入血液。在血液中新生 CM 与 HDL 交换组成成分和载脂蛋白，CM 从 HDL 得到 apoC 和 apoE，同时将其部分 apoAⅠ、apoAⅡ、apoAⅣ以及颗粒表面的胆固醇和磷脂转移给 HDL，变成成熟的 CM。CM 获得的 apoC 激活了血管内皮细胞分泌的脂蛋白脂肪酶（LPL），LPL 催化 CM 内核中的三酰甘油逐步水解，水解的脂肪酸和甘油被肌肉、脂肪组织和肝摄取利用。因此，CM 的生理功能是将外源性三酰甘油转运至骨骼肌、心肌和脂肪等组织。

CM 降解后，部分转变成 HDL，部分残体被肝细胞摄取清除。正常人 CM 在血浆中代谢迅速，半寿期为 5～15min，因此正常人空腹 12～14h 后血浆中不含 CM。进食大量脂肪后，血浆因 CM 大量增多而呈混浊状，但在 LPL 的催化下，CM 被逐渐分解消失，故数小时后血浆便变澄清，这种现象称为脂肪的廓清。

2. 极低密度脂蛋白

VLDL 主要由肝细胞合成，小肠黏膜上皮细胞也能合成少量的 VLDL。肝细胞将自身合成的三酰甘油，加上磷脂、胆固醇及载脂蛋白结合成 VLDL，经血液运送到肝外组织。故 VLDL 的主要功能是运输内源性的三酰甘油到肝外组织。

新生 VLDL 在血浆中与 CM 代谢相似，变得"成熟"后由 LPL 催化降解。初步降解的 VLDL 转变成 IDL，IDL 部分被肝细胞摄取降解清除，部分进一步降解形成 LDL。VLDL 的半寿期为 6～12h。正常成人空腹血浆中含量较低。

3. 低密度脂蛋白

LDL 是在血浆中由 VLDL 转变而来，是正常成人空腹血浆中的主要脂蛋白，约占血浆脂蛋白总量的 2/3。其颗粒中富含胆固醇，且其中 2/3 为胆固醇酯。LDL 的降解清除主要通过 LDL 受体途径，存在于肾上腺、卵巢、睾丸以及肝等组织细胞上的 LDL 受体被 LDL 的 apoB100 识别，介导 LDL "内吞"进入细胞。进入细胞的 LDL 被溶酶体中水解酶消化降解。故 LDL 的主要功能是将肝合成的胆固醇转运至肝外。LDL 在血浆中的半寿期为 2～4 天。

如 LDL 过高，不仅可造成血管内皮细胞损伤，而且还刺激血管平滑肌细胞内胆固醇酯堆积而转变成泡沫细胞，从而促进动脉粥样硬化的形成，故血浆中 LDL 浓度与动脉粥样硬化的发生率呈正相关。

4. 高密度脂蛋白

HDL 主要由肝合成，小肠黏膜上皮细胞也能合成少部分。CM 和 VLDL 部分降解后也有少部分转变成 HDL。新生的 HDL 为盘状，在血液中，新生 HDL 在 LCAT 催化下将游离胆固醇酯化形成胆固醇酯，进而转移进入其核心，逐步转变成球形的成熟 HDL。成熟的 HDL 可被肝细胞膜 HDL 受体识别，进入肝细胞内被降解清除。故 HDL 主要生理功能是将肝外组织的胆固醇转运到肝内进行代谢，这种过程又称胆固醇的逆向转运。正常人空腹血浆中 HDL 含量约占脂蛋白总量的 1/3，半寿期为 3~5 天。

机体通过 HDL 将肝外组织的胆固醇转运至肝内代谢并清除，有效降低血浆胆固醇水平，从而防止胆固醇积聚在动脉管壁和其他组织中，故血浆中 HDL 浓度与动脉粥样硬化的发生率呈负相关。

三、血浆脂蛋白代谢异常

脂蛋白代谢相关的酶、受体以及载脂蛋白缺陷均会导致血浆脂蛋白代谢异常。血浆脂蛋白代谢异常使血浆中的脂质水平超出正常范围，临床常见为血浆三酰甘油或胆固醇升高。血脂水平增高称为高脂血症。脂蛋白是血脂的存在和运输形式，因此高脂血症也可称为高脂蛋白血症。脂蛋白代谢异常也有表现为低脂蛋白血症。

根据《中国成人血脂异常防治指南（2016）》，高脂血症一般指成人空腹 12~14h 血浆三酰甘油超过 2.3mmol/L，胆固醇超过 6.2mmol/L。世界卫生组织（WHO）建议将高脂蛋白血症分为六型，即 I、II$_a$、II$_b$、III、IV 和 V 六型，其血浆脂蛋白和血脂改变见表 8-4。

表 8-4　高脂蛋白血症的分型

分型	脂蛋白变化	血脂变化	
I	CM 增高	TG ↑↑↑	TC ↑
II$_a$	LDL 增高	TC ↑↑	
II$_b$	LDL 和 VLDL 都增高	TG ↑↑	TC ↑↑
III	IDL 增高	TG ↑↑	TC ↑↑
IV	VLDL 增高	TG ↑↑	
V	VLDL 和 CM 都增高	TG ↑↑↑	TC ↑

有研究表明，LPL 基因缺陷会导致 I 型高脂蛋白血症，原因是 LPL 缺陷引起 CM 的降解受阻。LDL 受体和 apoB100 基因缺陷则导致 II$_a$ 及 II$_b$ 型高脂蛋白血症。

高脂血症导致大血管病变，如动脉粥样硬化。据统计，血浆胆固醇含量超过 6.7mmol/L 者，比低于 5.7mmol/L 者的冠状动脉粥样硬化发病率高 7 倍。高三酰甘油也可促进动脉粥样硬化的形成。

据统计，动脉粥样硬化发生与 LDL 增高呈正相关，与 HDL 增高呈负相关。这与 LDL 和 HDL 在血浆中的代谢特点和功能有关，HDL 是将肝外组织的胆固醇转运至肝内代谢并清除，而 LDL 的增高预示着血胆固醇的增高。

> **知识链接**
>
> **糖尿病大血管病变**
>
> 2 型糖尿病患者血浆脂蛋白和脂代谢均发生异常，如脂肪动员抑制、胆固醇合成增加、LDL 清除途径受阻，导致高脂血症，进而导致动脉粥样硬化等大血管病变。动脉粥样硬化一般是从受累动脉的内膜开始，先有脂质和复合糖类积聚、出血及血栓形成，纤维组织增生及钙质沉着，并有动脉中层的逐渐蜕变和钙化，使动脉管壁增厚变硬、失去弹性和管腔变小。由于在动脉内膜积聚的脂质外观呈黄色粥样，因此称为动脉粥样硬化。预防糖尿病发生大血管病变需要积极的调脂治疗。

思考题

一、名词解释

1. 脂肪动员
2. 抗脂解激素
3. 血脂
4. 血浆脂蛋白

二、填空题

1. 脂肪是由1分子_____和3分子_____脱水缩合形成的酯。
2. 脂肪酸从活化到进入线粒体内彻底氧化的过程包括四个阶段：_____、_____、_____、_____。
3. 酮体包括_____、_____、_____三种物质。
4. 超速离心法将血浆脂蛋白按密度从小到大分为四类：_____、_____、_____、_____。

三、简答题

1. 简述脂类物质的生理功能。
2. 简述胆固醇的来源和代谢去路。
3. 简述四种血浆脂蛋白的主要功能。
4. 试分析严重糖尿病患者出现酮症酸中毒的机制。
5. 根据所学知识，简述防治脂肪肝的措施。

（徐坤山）

第九章

氨基酸代谢

○○
○○
○○

【学习目标】
◆ **掌握**：氮平衡的类型；必需氨基酸的概念；氨基酸的脱氨基方式；血氨的来源、转运及去路；尿素合成的原料、部位及基本过程；一碳单位的概念、载体及功能。

◆ **熟悉**：蛋白质的生理功能；蛋白质的营养价值和腐败作用；α-酮酸的代谢；氨基酸的脱羧基作用；肝性脑病的生化机制。

◆ **了解**：氨基酸的代谢概况；含硫氨基酸的代谢特点；芳香族氨基酸代谢生成的重要活性物质及代谢异常引起的苯丙酮酸尿症、白化病等遗传性疾病。

案例导入

案例回放：

患者男，58 岁，呕血、便血 4 天，神志恍惚 3 天。4 天前患者因进食较硬食物，呕吐咖啡色物约 350ml，排出黑色大便 3 次/日，速到医院就诊。治疗过程中患者出现多言多语、躁动不安、吐词不清、神志恍惚等表现。该患者肝硬化病史 8 年，曾因腹水多次住院治疗。查体：巩膜黄染，胸前有蜘蛛痣，扑翼样震颤（＋），踝痉挛（＋）。检查：血氨 $160\mu mol/L$，ALT 220U/L。诊断为肝性脑病、消化道出血。

思考问题：

1. 检查指标血氨、ALT 有何临床意义？

2. 消化道出血是肝性脑病发病的诱因吗？肝硬化患者在饮食、用药等方面应注意哪些事项？

3. 试分析肝性脑病发病的生化机制。

蛋白质是机体的重要组成成分，是生命活动的物质基础，其重要作用是其他物质所无法取代的。氨基酸是蛋白质的基本组成单位。在体内氨基酸不仅作为蛋白质的合成原料，还能转化为多种重要的生物活性物质。在体内，蛋白质首先水解为氨基酸再进一步代谢，因此氨基酸代谢是蛋白质分解代谢的核心内容。氨基酸代谢包括分解代谢和合成代谢两方面，本章重点讨论分解代谢。

第一节　蛋白质的营养作用

一、蛋白质的生理功能

（一）构成组织细胞的组成成分

蛋白质是构成组织细胞的重要组分，其最主要的功能是维持细胞的生长、更新和修复，这是蛋白质特有的功能，是糖和脂类所不能替代的，因此机体必须从膳食中摄取足够量的蛋白质才能满足机体的需要，对于生长发育期的儿童及康复期的患者尤为重要。

（二）构成具有重要生物学功能的物质

蛋白质参与构成机体很多具有重要生物学功能的物质，如酶、抗体、受体、血红蛋白、蛋白质类激素等，参与机体的催化、免疫、运输、肌肉收缩、代谢调节等重要生命活动。氨基酸代谢还可以产生神经递质、嘌呤、嘧啶等重要含氮化合物。因此，蛋白质是生命活动的重要物质基础。

（三）氧化供能

蛋白质也是能源物质，每克蛋白质在体内氧化分解可释放 17kJ 能量。一般成人每日约 18％的能量来自蛋白质的氧化分解。

★ 考点提示：蛋白质的生理功能

二、蛋白质的需要量及营养价值

（一）氮平衡

机体每日摄入食物的含氮量（摄入氮）与随尿液和粪便排出去的含氮物质的含氮量（排出氮）的比例关系，称为氮平衡（nitrogen balance）。摄入的氮主要来自于食物中的蛋白质，主要用于体内蛋白质的合成，排出的氮主要来自于体内蛋白质的分解。因此，通过测定氮平衡，可反映体内蛋白质的合成与分解状况。根据摄入氮和排出氮的比例关系不同，将氮平衡分为三种类型。

（1）氮总平衡　摄入氮＝排出氮，反映体内蛋白质的合成与分解相当，主要见于健康的成年人。

（2）氮正平衡　摄入氮＞排出氮，反映体内蛋白质的合成大于分解，见于生长发育期的儿童、孕妇或康复期的患者等。

（3）氮负平衡　摄入氮＜排出氮，反映体内蛋白质的合成小于分解，见于长期饥饿、营养不良及消耗性疾病患者等。

★ 考点提示：氮平衡及三种类型

（二）蛋白质的需要量

根据氮平衡实验计算，正常成人如进食不含蛋白质的食物，每日蛋白质最低分解量约为 20g。因食物蛋白质与人体蛋白质组成差异，不可能全部被利用，因此成人每日至少需要补充 35～45g 蛋白质。为了长期保持氮总平衡，我国营养协会推荐成人每日蛋白质需要量为80g 左右。

（三）蛋白质的营养价值

在营养方面，不仅要注意膳食蛋白质的量，还必须注意蛋白质的质。由于各种蛋白质所含有的氨基酸的种类、数量及比例不同，它们的营养价值也不同。食物蛋白质的营养价值即有效利用率，与其含有的必需氨基酸密切相关。

组成人体蛋白质的氨基酸有 20 种，其中有 8 种人体不能合成，必须由食物提供的氨基酸，称为营养必需氨基酸（essential amino acid），包括缬氨酸、苯丙氨酸、甲硫氨酸、赖氨酸、苏氨酸、色氨酸、亮氨酸、异亮氨酸。其余 12 种体内可以合成，不一定由食物提供的氨基酸，称为营养非必需氨基酸（non-essential amino acid）。由于酪氨酸和半胱氨酸在体内可由苯丙氨酸和甲硫氨酸转变而来，故称为营养半必需氨基酸。这两种氨基酸对于新生儿属于营养必需氨基酸。组氨酸和精氨酸虽在人体能合成，但合成量不足，长期缺乏或需要量增加也会造成氮负平衡，因此有人将这两种氨基酸也归为营养必需氨基酸。

食物蛋白质含必需氨基酸种类多，数量充足，并且其比例与人体所需要的接近，其营养价值就越高，反之营养价值越低。一般来说，动物蛋白的营养价值比植物蛋白的营养价值高。

将多种营养价值较低的蛋白质食物混合食用，必需氨基酸可以互相补充，从而提高蛋白质的营养价值，称为食物蛋白质的互补作用。例如，谷类食物中含赖氨酸较少而色氨酸较多，豆类食物中含赖氨酸较多而色氨酸较少，两者混合食用，取长补短，即可提高混合食物蛋白质的营养价值。在某些疾病情况下，为保证氨基酸的需要，可进行混合氨基酸输液。

★ **考点提示**：营养必需氨基酸的概念及种类、蛋白质互补作用的概念

> **知识链接**
>
> ### 常用氨基酸输液
>
> 目前临床上使用的氨基酸输液品种繁多，可分为营养型输液和治疗型输液。由于不同品种所含氨基酸的种类、数量各不相同，临床用途也不一样。因此，在使用时如不注意选择，可能导致无效，甚至病情加重。治疗型主要用于肝病、肾病及创伤等，营养型氨基酸主要用于改善术后患者的营养状况，或用于蛋白质摄入不足、吸收障碍及低蛋白血症患者。
>
> 近年来临床观察研究发现，肝衰竭及肝性脑病患者血浆中的支链氨基酸与芳香族氨基酸的比值明显下降（芳香族氨基酸主要在肝内代谢，支链氨基酸主要在肝外代谢），且下降幅度与肝性脑病程度相平行，因此通过增加支链氨基酸和减少芳香族氨基酸的含量可以纠正其比值，能显著改善大脑功能，提高肝性脑病患者的存活率。国内目前常用的此类氨基酸输液有：复方氨基酸注射液（3AA、支链氨基酸 3H 注射液）、14 氨基酸注射液-800、复方氨基酸注射液（6AA）。

三、蛋白质的消化、吸收与腐败

（一）蛋白质的消化

食物蛋白质的消化吸收是人体氨基酸的主要来源。食物蛋白质需经消化道内一系列酶的

消化，分解为氨基酸或小肽才能吸收。同时，消化过程还可以消除食物蛋白质的特异性和抗原性，避免异体蛋白质对机体产生超敏反应和毒性反应。蛋白质的消化从胃开始，主要在小肠中进行。

1. 胃内的消化

胃黏膜主细胞所分泌的胃蛋白酶原在胃内经过胃酸和胃蛋白酶本身的作用被激活。胃蛋白酶最适 pH 为 1.5～2.5，消化产物为多肽和少量氨基酸。此外，胃蛋白酶还具有凝乳作用，使乳汁中的蛋白质转化成凝块，延长其在胃中停留的时间，有利于乳汁中蛋白质的充分消化。

2. 小肠内的消化

小肠是蛋白质消化的主要场所。在小肠内，蛋白质的消化产物及未被消化的蛋白质受胰液及肠黏膜细胞分泌的多种蛋白酶，如胰蛋白酶、糜蛋白酶、弹性蛋白酶等的共同作用，进一步水解为氨基酸或一些寡肽。胰液中的蛋白酶由胰腺细胞初分泌时，均为无活性的酶原，进入十二指肠后才被激活。小肠黏膜细胞中存在氨基肽酶和二肽酶，寡肽和二肽可被进一步水解，最终生成氨基酸被吸收。

（二）氨基酸的吸收

氨基酸的吸收主要在小肠进行。小肠黏膜细胞的细胞膜上存在转运氨基酸的载体蛋白，能与氨基酸和 Na^+ 结合成三联体，使氨基酸和 Na^+ 转入细胞内，之后 Na^+ 借钠泵排出细胞外，同时消耗 ATP。小肠黏膜细胞上有多种氨基酸的转运载体参与不同种类氨基酸的吸收。此外，肠黏膜细胞上还存在吸收二肽或三肽的转运体系，这种转运也是一耗能的主动转运过程。

（三）蛋白质的腐败作用

肠道细菌对部分未被消化的蛋白质及部分未被吸收的消化产物进行分解的过程称为腐败作用（putrefaction）。其作用的主要方式是脱羧、脱氨基、水解、氧化、还原等。蛋白质的腐败产物有少量可被机体利用的有机酸和维生素，但大多数腐败产物对机体有害，如胺类、酚、氨、吲哚及硫化氢等，其中胺和氨的危害最大。

1. 胺类的生成

氨基酸脱羧基生成胺类化合物，如组氨酸脱羧生成组胺，赖氨酸脱羧生成尸胺，色氨酸脱羧生成色胺，酪氨酸脱羧生成酪胺，苯丙氨酸脱羧生成苯乙胺等。组胺、尸胺有较强的降血压作用，酪胺和色胺则有升压作用。若酪胺和苯乙胺不经肝的代谢直接进入脑组织，可分别羟化生成羟酪胺和苯乙醇胺，两者与儿茶酚胺类神经递质结构相似，称为假神经递质。假神经递质大量生成可干扰正常神经递质功能，使大脑发生抑制，这可能是肝性脑病的发生机制之一。

2. 氨的生成

肠道内氨的主要来源有两个：一是未被吸收的氨基酸在肠道细菌作用下脱氨基生成；二是血液中尿素扩散到肠腔，在肠道细菌产生的尿素酶的作用下水解生成。这些氨均可被吸收入血，经血液循环运送到肝合成尿素。严重肝病患者因其处理血氨的能力下降，可引起高血氨。降低肠道 pH，可减少氨的吸收。

正常情况下，上述有毒有害的物质大部分会随粪便排出，只有小部分被吸收，经肝的代谢转变而解毒。但长期便秘或肠梗阻时肠道吸收的腐败产物增加，肝功能下降时对腐败产物转化能力降低，都会导致腐败产物的"堆积"，引起头晕、头痛、血压波动等中毒症状。

★ 考点提示：蛋白质腐败作用的概念及产物

第二节　氨基酸的一般代谢

消化吸收的氨基酸、体内合成的营养非必需氨基酸及组织蛋白质降解生成的氨基酸在细胞内和体液中混为一体，构成氨基酸代谢库。这些氨基酸主要功能是合成组织蛋白质、多肽及转变成其他含氮化合物。氨基酸的分解代谢方式主要包括脱氨基作用和脱羧基作用，以脱氨基作用为主。由于各种氨基酸具有共同的结构特点，因此它们具有一些共同的代谢途径，而不同的氨基酸由于结构差异，代谢方式也有各自的特点。体内氨基酸的代谢概况见图9-1。

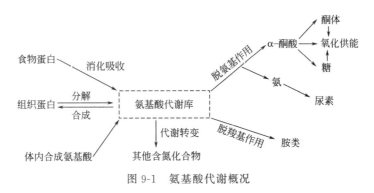

图 9-1　氨基酸代谢概况

一、氨基酸的脱氨基作用

氨基酸的脱氨基作用是指氨基酸在酶的催化下脱去氨基生成 α-酮酸的过程。氨基酸的脱氨基作用是氨基酸分解代谢的第一步，体内多数组织中均可进行。脱氨基方式包括氧化脱氨基作用、转氨基作用、联合脱氨基作用和嘌呤核苷酸循环等方式，其中联合脱氨基作用是最主要的脱氨基方式。

（一）氧化脱氨基作用

氧化脱氨基作用是指氨基酸脱去氨基的同时伴有脱氢氧化反应的过程。催化氧化脱氨基的酶中以 L-谷氨酸脱氢酶最为重要。L-谷氨酸脱氢酶广泛分布在肝、肾、脑等组织中，而骨骼肌和心肌中活性很低。它催化谷氨酸脱氨基生成 α-酮戊二酸及氨，反应过程如下：

$$\underset{\text{L-谷氨酸}}{\begin{array}{c}COOH\\|\\(CH_2)_2\\|\\CHNH_2\\|\\COOH\end{array}} \xrightarrow[\text{L-谷氨酸脱氢酶}]{NAD^+ \quad NADH+H^+} \begin{array}{c}COOH\\|\\C=NH\\|\\(CH_2)_2\\|\\COOH\end{array} \underset{-H_2O}{\overset{+H_2O}{\rightleftharpoons}} \underset{\text{α-酮戊二酸}}{\begin{array}{c}COOH\\|\\(CH_2)_2\\|\\C=O\\|\\COOH\end{array}} +NH_3$$

L-谷氨酸脱氢酶催化的反应是可逆的。虽然 L-谷氨酸脱氢酶的专一性很强，只能催化 L-谷氨酸氧化脱氨基，但它可以和氨基转移酶联合作用，参与多种氨基酸的脱氨基作用。因此，它在氨基酸的分解和合成中起着重要的作用。

（二）转氨基作用

转氨基作用是指在氨基转移酶的催化下，一种 α-氨基酸的氨基转移给另一种 α-酮酸，生成相应的氨基酸，而原来的氨基酸接受酮基转变成相应 α-酮酸的过程。其反应通式为：

$$\underset{\text{COOH}}{R_1—CHNH_2} + \underset{\text{COOH}}{R_2—C—O} \xrightleftharpoons{\text{转氨酶}} \underset{\text{COOH}}{R_1—C—O} + \underset{\text{COOH}}{R_2—CHNH_2}$$

体内大多数氨基酸均可在相应的氨基转移酶作用下与 α-酮酸（多为 α-酮戊二酸）发生转氨基反应。氨基转移酶所催化的反应是可逆的，反应并没有脱下氨基，只是发生氨基的转移。转氨酶又称为氨基转移酶，其辅酶是维生素 B_6 的活化形式磷酸吡哆醛和磷酸吡哆胺，在转氨基过程中两者相互转化，起到传递氨基的作用（图 9-2）。

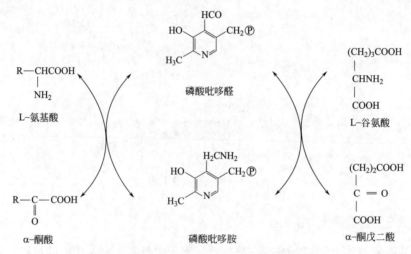

图 9-2　磷酸吡哆醛和磷酸吡哆胺传递氨基的作用

体内有多种氨基转移酶，分别催化特异的转氨基反应，其中以丙氨酸转氨酶（alanine transaminase，ALT）和天冬氨酸转氨酶（aspartate transaminase，AST）最为重要。它们在体内广泛存在，但各组织中含量不等，ALT 在肝细胞含量最高，AST 在心肌细胞含量最高（表 9-1），其催化的反应如下：

谷氨酸　　丙酮酸　　α-酮戊二酸　　丙氨酸

谷氨酸　　草酰乙酸　　α-酮戊二酸　　天冬氨酸

表 9-1　正常成人各组织中 ALT 和 AST 活性（单位/克湿组织）

组织	AST	ALT	组织	AST	ALT
心	156000	7100	胰腺	28000	2000
肝	142000	44000	脾	14000	1200
骨骼肌	99000	4800	肺	10000	700
肾	91000	19000	血清	20	16

由表 9-1 可见，正常时上述氨基转移酶主要存在于细胞内，而血清中的活性很低，当某种原因使细胞膜通透性增加或细胞破裂时可使大量的氨基转移酶释放入血，导致血中氨基转移酶活性增高。如急性肝炎患者血清 ALT 活性显著升高；心肌梗死患者血清 AST 活性明显升高。因此，临床上测定血清 ALT 和 AST 活性可作为相关疾病诊断和预后的判断指标之一。

（三）联合脱氨基作用

大多数氨基酸可以在氨基转移酶的催化下将氨基转移给 α-酮戊二酸，生成谷氨酸和 α-酮酸，谷氨酸再在 L-谷氨酸脱氢酶的作用下，通过氧化脱氨基作用脱去氨基生成游离氨和 α-酮戊二酸。这种在氨基转移酶和 L-谷氨酸脱氢酶协同作用下，使氨基酸脱去氨基生成氨和 α-酮酸的过程称为联合脱氨基作用，即将转氨基作用和氧化脱氨基作用相耦联，使氨基酸的 α-氨基脱去并产生游离氨的过程。

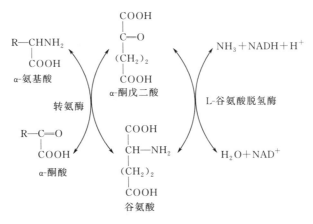

由于 α-酮戊二酸参加的转氨基作用在体内普遍进行，L-谷氨酸脱氢酶在体内广泛分布，所以联合脱氨基作用是脱氨基的主要方式，在肝、肾等组织尤为活跃。

（四）嘌呤核苷酸循环

在心肌和骨骼肌等组织中，L-谷氨酸脱氢酶活性很低，因而氨基酸难以通过上述联合脱氨基作用脱氨基，而是通过嘌呤核苷酸循环脱去氨基（图 9-3）。氨基酸首先通过转氨基作用将氨基转移给草酰乙酸生成天冬氨酸，天冬氨酸再和次黄嘌呤核苷酸（IMP）反应生成腺苷酸代琥珀酸，然后裂解出延胡索酸，同时生成腺嘌呤核苷酸（AMP），AMP 又在腺苷酸脱氨酶催化下脱去氨基，最终完成氨基酸的脱氨基作用。IMP 可以再参与下一轮循环。由此可见，嘌呤核苷酸循环也可以看成另一种形式的联合脱氨基作用。

★ 考点提示：氨基酸脱氨基作用的方式

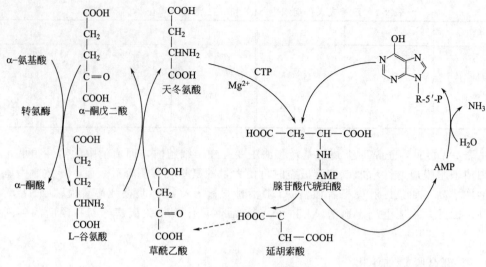

图 9-3 嘌呤核苷酸循环

二、α-酮酸的代谢

氨基酸经脱氨基后生成的 α-酮酸在体内的代谢途径主要有三个方面。

（一）氧化供能

在体内 α-酮酸可通过三羧酸循环彻底氧化生成 CO_2 和 H_2O，同时释放出能量，供机体生命活动需要。

（二）经氨基化生成营养非必需氨基酸

α-酮酸经过脱氨基作用的逆反应生成相应的营养非必需氨基酸。α-酮酸也可来自糖代谢或三羧酸循环的中间产物。

（三）转变为糖和脂类化合物

大多数氨基酸脱去氨基后生成的 α-酮酸，可通过糖异生途径转变为葡萄糖；部分氨基酸分解时产生乙酰乙酰辅酶 A 或乙酰辅酶 A，二者可进一步转变成酮体或脂肪酸。体内 20 种氨基酸中，只能转变为糖的氨基酸称为生糖氨基酸，共有 13 种；只能转变为酮体的氨基酸称为生酮氨基酸，有 2 种；既能转变为糖又能转变为酮体的氨基酸称为生糖兼生酮氨基酸，有 5 种（表 9-2）。由此可见，有 18 种氨基酸可以作为糖异生的原料，用于葡萄糖的合成。因此，饥饿状态时氨基酸是合成葡萄糖的重要原料。

表 9-2 氨基酸生糖及生酮性质的分类

类别	氨基酸
生糖氨基酸	甘氨酸、丝氨酸、缬氨酸、精氨酸、半胱氨酸、脯氨酸、羟脯氨酸、丙氨酸、谷氨酸、谷氨酰胺、天冬氨酸、天冬酰胺、甲硫氨酸
生酮氨基酸	亮氨酸、赖氨酸
生糖兼生酮氨基酸	异亮氨酸、苯丙氨酸、酪氨酸、苏氨酸、色氨酸

★ 考点提示：α-酮酸在体内的代谢去路

三、氨的代谢

氨是机体正常代谢的产物，也是一种神经毒素，能透过细胞膜和血-脑屏障，脑组织对其特别敏感。正常人血氨浓度很低，一般不超过 $60\mu mol/L$，是因为体内产生的氨会迅速代谢排出体外，不会发生堆积而引起中毒。氨的来源与去路如图 9-4 所示。

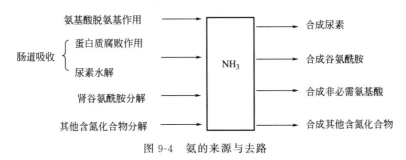

图 9-4　氨的来源与去路

（一）体内氨的来源

1. 氨基酸脱氨基作用及胺类分解产生

氨基酸脱氨基作用产生的氨是体内氨的主要来源。另外，体内的胺类分解也会产生氨，如肾上腺素、多巴胺等分解。

2. 肠道细菌腐败作用产生

肠道产生氨的途径有两条：一是食物蛋白质的腐败作用产生的氨；二是血中尿素扩散入肠腔，在肠道细菌产生的尿素酶作用下水解产生氨。肠道每天产生氨约 4g。氨有 NH_3 和 NH_4^+ 两种存在形式，NH_3 比 NH_4^+ 更易透过肠黏膜细胞被吸收入血。当肠道 pH 偏酸性时，NH_3 与 H^+ 结合生成 NH_4^+，不易被吸收而随粪便排出；而肠道 pH 偏碱性时有利于 NH_3 的生成，使氨的吸收增强。故临床上对于高血氨的患者通常采用弱酸性透析液做结肠透析，而禁止用碱性肥皂水灌肠，其目的是为了减少肠道氨的吸收。

3. 肾小管上皮细胞分泌

在肾远曲小管上皮细胞中的谷氨酰胺酶催化下，谷氨酰胺可水解产生氨，然后分泌到肾小管中与原尿中的 H^+ 结合成 NH_4^+，以铵盐的形式排出体外。因此酸性尿有利于肾小管细胞中氨扩散入尿，相反碱性尿不利于氨的排出，氨可被重吸收入血使血氨升高。因此，临床上肝硬化水肿腹水的患者，不宜选择碱性利尿药，以防止血氨升高。

4. 其他来源

其他含氮化合物如嘌呤、嘧啶等分解时也可以产生少量的氨。

（二）体内氨的转运

氨是有毒物质，为避免氨对机体的毒性作用，各组织产生的氨需以无毒的形式经血液运送到肝合成尿素或运送到肾以铵盐形式排出。氨在血液中的运输形式主要有谷氨酰胺和丙氨酸两种。

1. 谷氨酰胺转运氨

谷氨酰胺是脑、肌肉等组织向肝或肾运输氨的主要形式。氨与谷氨酸在谷氨酰胺合成酶的催化下，消耗 ATP，生成谷氨酰胺，并通过血液循环运送到肝或肾，经谷氨酰胺酶水解成谷氨酸和氨，氨在肝用于尿素的合成，在肾脏以铵盐的形式随尿排出。因此，谷氨酰胺既是氨的解毒形式，又是氨的储存和运输形式。

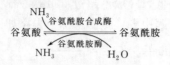

2. 丙氨酸转运氨

肌肉中的氨主要以丙氨酸的形式运输到肝。肌肉中的氨基酸经转氨基作用将氨基转移给丙酮酸生成丙氨酸，然后丙氨酸进入血液，随血液循环运送至肝，在肝中通过联合脱氨基作用释放出氨用于尿素合成。丙氨酸脱氨后生成的丙酮酸在肝经糖异生途径生成葡萄糖进入血液，随血液循环被运回肌肉，在肌肉中葡萄糖又可氧化分解生成丙酮酸，供再次接受氨基生成丙氨酸。此途径称为丙氨酸-葡萄糖循环（图 9-5）。

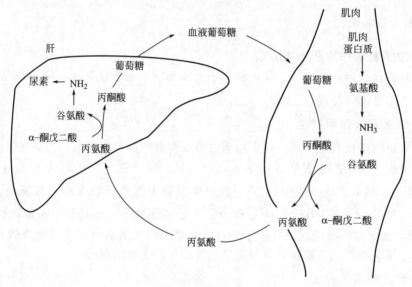

图 9-5 丙氨酸-葡萄糖循环

（三）体内氨的去路

1. 合成尿素

正常情况下，体内氨的主要去路是在肝合成尿素，由肾排出。实验证明，将犬的肝切除，则血和尿中尿素含量减少，而血氨升高，结果导致氨中毒。临床上重症肝炎患者血及尿中几乎不含有尿素而氨含量增多。尿素主要在肝合成，肾及脑等其他组织虽然也能合成尿素，但合成量甚微。

肝合成尿素的途径称为鸟氨酸循环，其基本过程如下。

（1）氨基甲酰磷酸的合成 NH_3 和 CO_2 在线粒体氨基甲酰磷酸合成酶 I（carbamoyl phosphate synthetase I，CPS-I）催化下，合成氨基甲酰磷酸。其辅助因子有 Mg^{2+} 和 N-乙酰谷氨酸。此反应不可逆，消耗 2 分子 ATP。N-乙酰谷氨酸由乙酰 CoA 和谷氨酸合成，它是 CPS-I 的变构激活剂。

（2）瓜氨酸的合成　在鸟氨酸氨基甲酰转移酶的催化下，氨基甲酰磷酸将氨基甲酰基转移到鸟氨酸上生成瓜氨酸，此反应不可逆，也在肝线粒体中进行。

（3）精氨酸的合成　瓜氨酸由线粒体进入胞质，与天冬氨酸在精氨酸代琥珀酸合成酶的催化下，由 ATP 提供能量合成精氨酸代琥珀酸，精氨酸代琥珀酸在精氨酸代琥珀酸裂解酶催化下，分解为精氨酸和延胡索酸。在上述反应中，天冬氨酸起着提供氨基的作用。天冬氨酸可以由草酰乙酸与谷氨酸经过转氨基作用生成，而谷氨酸的氨基又可以来自体内多种氨基酸。因此，多种氨基酸的氨基也可以通过天冬氨酸的形式参与尿素的合成。在尿素合成酶系中，精氨酸代琥珀酸合成酶活性最低，是尿素合成的关键酶。

（4）精氨酸水解生成尿素　精氨酸在胞质中精氨酸酶的催化下，水解生成尿素和鸟氨酸，鸟氨酸再进入线粒体并参与瓜氨酸的合成，如此反复不断合成尿素。

鸟氨酸循环基本过程总结见图 9-6。

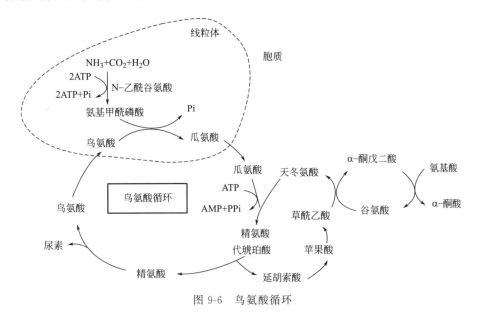

图 9-6　鸟氨酸循环

从图 9-6 可见，尿素合成是在肝细胞线粒体和胞质两部分进行；合成尿素的 2 分子 NH_3，一分子来自游离的 NH_3，另一分子则由天冬氨酸提供，而天冬氨酸又可由多种氨基酸通过转氨基作用生成；尿素的生成是一个耗能的过程，每合成 1 分子尿素需要消耗 3 分子 ATP 的 4 个高能磷酸键，相当于 4 分子 ATP；尿素合成速度主要受膳食蛋白质及精氨酸代琥珀酸合成酶的调节。尿素是中性、无毒、水溶性很强的物质，可经血液运输到肾，随尿液排出体外。

2. 合成谷氨酰胺

在脑、肌肉等组织，有毒的氨与谷氨酸结合成谷氨酰胺，所以谷氨酰胺的生成不仅参与蛋白质的生物合成，而且也是体内储氨、运氨及解除氨毒的重要方式。

3. 其他代谢途径

氨可使 α-酮戊二酸氨基化生成谷氨酸，再与其他 α-酮酸转氨基作用，合成营养非必需氨基酸。氨还提供氮源参与嘌呤、嘧啶碱基等含氮化合物的合成。氨还可以铵盐的形式随尿排出。

★ 考点提示：氨的来源、去路及转运方式；尿素的合成部位、原料及关键酶

（四）高血氨和氨中毒

正常生理情况下，血氨的来源和去路处于动态平衡，血氨的浓度处于较低水平，肝是合成尿素解除氨毒的主要器官，鸟氨酸循环是维持血氨低浓度的关键。当肝功能严重受损时，尿素合成障碍，血氨浓度升高，称为高氨血症（hyperammonemia）。一般认为，高血氨时，氨扩散进入脑组织，与脑内 α-酮戊二酸结合生成谷氨酸，谷氨酸再与氨结合生成谷氨酰胺。高血氨时脑中氨浓度持续增加，可消耗大量 α-酮戊二酸，导致三羧酸循环速度减慢，ATP生成减少，致使脑内能量供给不足，引起脑功能障碍，严重时发生昏迷，称为肝昏迷或肝性脑病。

> **临床应用**
>
> #### 肝性脑病的治疗原则
>
> 限制蛋白质的摄入量、降低血氨浓度以及防止氨进入脑组织是治疗的关键。临床上常采用口服酸性利尿药、弱酸性盐水灌肠、静脉滴注或口服谷氨酸盐和精氨酸等降血氨措施。精氨酸代琥珀酸合成酶是尿素合成的限速酶。增加体内精氨酸的量可间接影响该酶的活性，使合成尿素增加，血氨浓度降低。因此，临床上可利用精氨酸治疗高血氨。精氨酸还是 N-乙酰谷氨酸合成酶的激活剂，通过促进 N-乙酰谷氨酸的合成，别构激活氨基甲酰磷酸合成酶Ⅰ，促进尿素的合成。脑组织对氨的毒性极为敏感，谷氨酰胺在脑中固定和转运氨的过程中起着重要作用。临床上对肝性脑病患者可服用谷氨酸盐，以降低血氨的浓度。

第三节　个别氨基酸的代谢

除一般代谢外，有些氨基酸还有其特殊的代谢途径，生成某些具有重要生理意义的含氮化合物。

一、氨基酸的脱羧基作用

在体内，个别氨基酸可以通过脱羧基作用生成具有重要生理功能的胺类化合物。催化氨基酸脱羧基反应的酶是脱羧酶，其辅酶是维生素 B_6 的活性形式：磷酸吡哆醛。

$$\underset{\text{氨基酸}}{R\overset{\overset{\displaystyle NH_2}{|}}{-}CH-COOH} \xrightarrow{\text{脱羧酶}} \underset{\text{胺}}{R-CH_2-NH_2}+CO_2$$

（一）γ-氨基丁酸

谷氨酸在谷氨酸脱羧酶催化下，生成 γ-氨基丁酸（γ-aminobutyric acid，GABA），谷氨酸脱羧酶主要存在于脑、肾，因而 γ-氨基丁酸在脑中的含量较高。GABA 是一种抑制性神经递质，对中枢神经具有抑制作用。临床上使用维生素 B_6 治疗妊娠呕吐及小儿惊厥，是因为磷酸吡哆醛是谷氨酸脱羧酶的辅酶，可增加 γ-氨基丁酸的生成，从而使兴奋的中枢得到抑制，以缓解症状。

（二）组胺

组氨酸通过组氨酸脱羧酶催化，生成组胺。组胺在体内分布广泛，主要由肥大细胞产生，具有强烈地扩张小动脉、降低血压、增加毛细血管通透性以及促进胃液分泌的作用。

（三）5-羟色胺

在脑组织中色氨酸经色氨酸羟化酶的作用，生成 5-羟色胺酸，5-羟色胺酸再脱羧生成 5-羟色胺（5-hydroxytryptamine，5-HT）。5-HT 是一种抑制性神经递质，与睡眠、疼痛和体温调节有密切关系。在外周组织，5-羟色胺具有收缩血管的作用。

（四）牛磺酸

牛磺酸由半胱氨酸代谢转变而来。半胱氨酸首先氧化成磺酸丙氨酸，再脱去羧基生成牛磺酸。反应在肝细胞内进行，牛磺酸是结合胆汁酸的组成成分。现已发现脑组织中含有较多的牛磺酸，表明它可能具有更为重要的生理功能。

（五）多胺

某些氨基酸的脱羧基作用可以产生多胺类物质，多胺是一类含有多个氨基的化合物，如精胺、精脒。精氨酸水解生成鸟氨酸，鸟氨酸脱羧基生成腐胺，然后再转变成精脒和精胺。多胺带有较多正电荷，能与电负性强的 DNA 和 RNA 结合，是调节细胞生长的重要物质。凡生长旺盛的组织，如胚胎、再生肝、癌瘤组织等，鸟氨酸脱羧酶（多胺合成关键酶）活性及多胺的含量都较高。目前，临床上利用测定肿瘤患者血、尿中多胺含量作为观察病情的指标之一。

★ 考点提示：氨基酸的脱羧基作用及其脱羧后生成的重要胺类化合物

二、一碳单位的代谢

（一）一碳单位的概念

某些氨基酸（如丝氨酸、甘氨酸、组氨酸、色氨酸、苏氨酸）在分解代谢中产生的含有一个碳原子的有机基团，称为一碳单位（one carbon unit），包括甲基（—CH_3）、甲烯基（—CH_2—）、甲炔基（—CH=）、甲酰基（—CHO）及亚氨甲基（—CH=NH）等。CO_2、CO 不属于一碳单位。

（二）一碳单位的载体

一碳单位性质活泼，不能单独存在，通常与四氢叶酸（tetrahydrofolic acid，FH_4）结合而转运或参与物质代谢。因此，FH_4 是一碳单位的载体。哺乳类动物体内 FH_4 由叶酸经二氢叶酸还原酶催化生成（图 9-7）。

一碳单位通常结合在 FH_4 的 N^5 和 N^{10} 位上。如 N^5-甲基四氢叶酸（N^5-CH_3-FH_4）、N^5，N^{10} 甲烯四氢叶酸（N^5，N^{10}-CH_2-FH_4）、N^{10} 甲酰四氢叶酸（N^{10}-CHO-FH_4）等。

（三）一碳单位的生理功能

一碳单位作为核苷酸的合成原料，在核酸的生物合成中起着重要的作用。叶酸、维生素 B_{12} 缺乏造成一碳单位运输障碍，直接影响造血细胞的 DNA 合成，引起巨幼细胞贫血等。

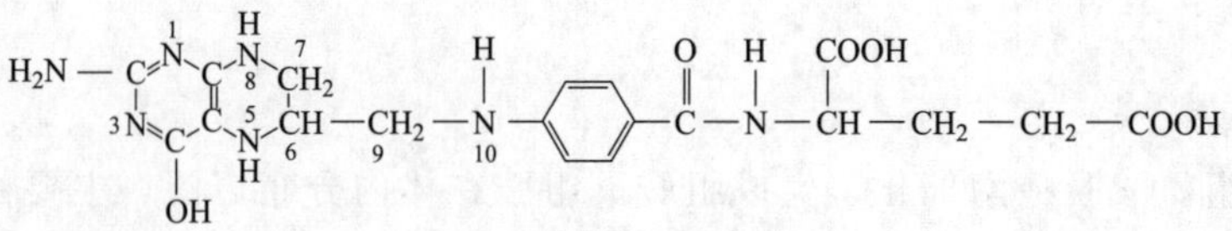

5,6,7,8-四氢叶酸(FH₄)

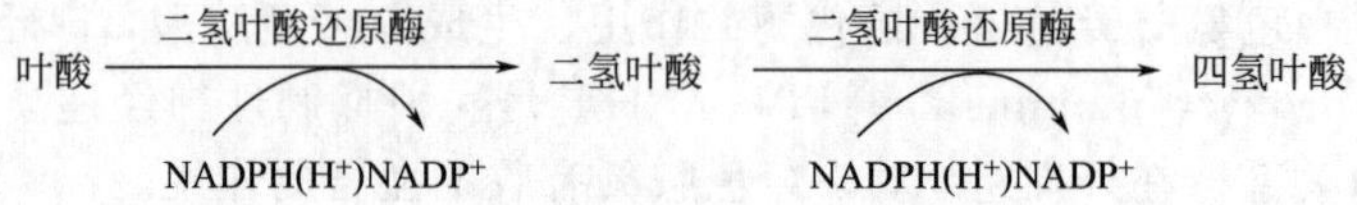

$$叶酸 \xrightarrow[\text{NADPH(H}^+)\text{NADP}^+]{\text{二氢叶酸还原酶}} 二氢叶酸 \xrightarrow[\text{NADPH(H}^+)\text{NADP}^+]{\text{二氢叶酸还原酶}} 四氢叶酸$$

图 9-7　四氢叶酸的生成及结构式

磺胺类药物及某些抗肿瘤药（甲氨蝶呤等）也正是通过干扰细菌及恶性肿瘤细胞四氢叶酸的合成，进一步影响一碳单位代谢及核酸合成而发挥药理作用。

★ **考点提示：一碳单位的概念、载体及其主要生理功能**

三、含硫氨基酸的代谢

体内的含硫氨基酸有三种：甲硫氨酸、半胱氨酸和胱氨酸。这三种氨基酸的代谢是相互联系的，甲硫氨酸可转变为半胱氨酸和胱氨酸，半胱氨酸和胱氨酸也可以互变，但两者不能变为甲硫氨酸。

（一）甲硫氨酸的代谢

甲硫氨酸分子中含有 S-甲基，通过各种转甲基作用可以生成多种含有甲基的重要生理活性物质，但是甲硫氨酸在转甲基前，首先必须与 ATP 作用，生成 S-腺苷甲硫氨酸（s-adenosyl methionine，SAM）。此反应由甲硫氨酸腺苷转移酶催化。SAM 称为活性甲硫氨酸，是体内最主要的甲基供体。

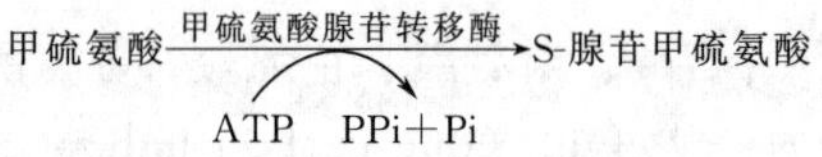

$$甲硫氨酸 \xrightarrow[\text{ATP}\quad\text{PPi}+\text{Pi}]{\text{甲硫氨酸腺苷转移酶}} S\text{-腺苷甲硫氨酸}$$

SAM 在甲基转移酶的作用下，可将甲基转移至另一种物质，生成甲基化合物，而 SAM 即变为 S-腺苷同型半胱氨酸，S-腺苷同型半胱氨酸进一步脱去腺苷，生成同型半胱氨酸，同型半胱氨酸可以接受 N^5-甲基四氢叶酸提供的甲基，重新生成甲硫氨酸，这一反应循环称为甲硫氨酸循环（图 9-8）。

甲硫氨酸循环的生理意义是由 N^5-CH_3-FH_4 供给甲基合成甲硫氨酸，再通过循环的 SAM 提供甲基以进行体内广泛存在的甲基化反应。

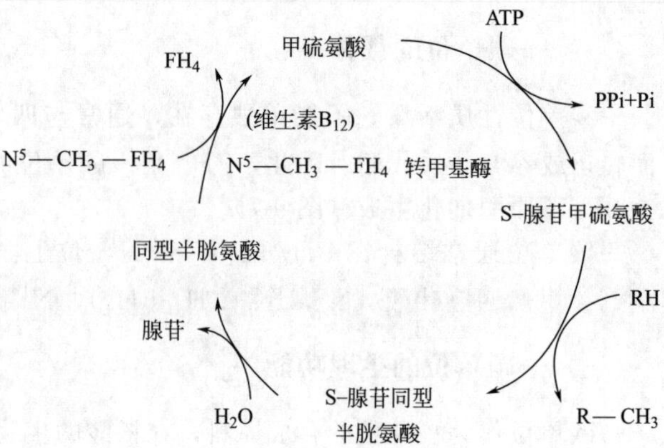

图 9-8　甲硫氨酸循环

$N^5\text{-}CH_3\text{-}FH_4$ 是体内甲基的间接供体。据统计体内约有 50 多种物质合成需要 SAM 提供甲基，生成甲基化合物。如肾上腺素、肌酸、胆碱、肉毒碱等。

$N^5\text{-}CH_3\text{-}FH_4$ 转甲基酶的辅酶是维生素 B_{12}，当维生素 B_{12} 缺乏时，$N^5\text{-}CH_3\text{-}FH_4$ 上的甲基不能转移给同型半胱氨酸，即影响甲硫氨酸的合成，降低了 FH_4 的利用。此外，维生素 B_{12} 缺乏还会引起血中同型半胱氨酸升高，目前认为高同型半胱氨酸血症，可能是动脉粥样硬化发病的独立危险因子。

★ 考点提示：体内活性甲基的直接供体

（二）半胱氨酸和胱氨酸的代谢

1. 半胱氨酸和胱氨酸的互相转变

半胱氨酸含有巯基（—SH），胱氨酸含有二硫键（—S—S—），两者可以相互转变。

$$2\ \begin{array}{c} CH_2SH \\ | \\ CHNH_2 \\ | \\ COOH \end{array} \quad \underset{+2H}{\overset{-2H}{\rightleftharpoons}} \quad \begin{array}{c} CH_2\!-\!S\!-\!S\!-\!CH_2 \\ | \qquad\qquad | \\ CHNH_2 \qquad CHNH_2 \\ | \qquad\qquad | \\ COOH \qquad COOH \end{array}$$

半胱氨酸 　　　　　胱氨酸

蛋白质中两个半胱氨酸残基之间形成的二硫键对维持蛋白质的空间结构具有重要作用。体内许多重要的酶，如琥珀酸脱氢酶、乳酸脱氢酶等活性与半胱氨酸的巯基有关，故称为巯基酶。有些毒物如重金属盐、芥子气等，能与酶分子中的巯基结合而抑制酶的活性。

2. 生成谷胱甘肽（GSH）

GSH 是由谷氨酸、半胱氨酸和甘氨酸合成的三肽，其功能基团是半胱氨酸的巯基。GSH 的重要功能是保护某些蛋白质或酶分子中巯基不被氧化，从而维持其生物活性。红细胞内 GSH 含量较多，它对于保护红细胞膜的完整性及促使高铁血红蛋白转变为血红蛋白均有重要作用。

3. 硫酸根的代谢

含硫氨基酸经氧化分解均可以产生硫酸根，半胱氨酸是体内硫酸根的主要来源。半胱氨酸脱去巯基和氨基，生成丙酮酸、NH_3 和 H_2S，H_2S 再经氧化生成 H_2SO_4。体内的硫酸根一部分以无机盐形式随尿排出，另一部分经 ATP 活化生成活性硫酸根，即 $3'$-磷酸腺苷-$5'$-磷酸硫酸（$3'$-phosphor-adenosine-$5'$-phosphosulfate，PAPS）。PAPS 性质活泼，可提供硫酸根使某些物质形成硫酸酯，在肝生物转化中有重要意义。如类固醇激素可形成硫酸酯而被灭活，一些外源性酚形成硫酸酯而排出体外等。

四、芳香族氨基酸的代谢

芳香族氨基酸包括苯丙氨酸、酪氨酸和色氨酸。

（一）苯丙氨酸的代谢

正常情况下，苯丙氨酸在苯丙氨酸羟化酶催化下生成酪氨酸，酪氨酸经进一步代谢。当先天性苯丙氨酸羟化酶缺乏时，苯丙氨酸不能转变为酪氨酸，而经转氨基反应生成苯丙酮酸，导致尿中出现大量苯丙酮酸，称为苯丙酮酸尿症（phenyl ketonuria，PKU）。苯丙酮酸的堆积对中枢神经系统有毒性作用，常导致患者智力发育障碍。对此病的防治，应早期发现并控制膳食中的苯丙氨酸含量。

（二）酪氨酸的代谢

1. 合成甲状腺激素

在甲状腺内酪氨酸逐步碘化，生成三碘甲状腺原氨酸（T_3）和四碘甲状腺原氨酸（T_4），两者合称甲状腺激素，在机体代谢中起着重要的调节作用。临床上测定 T_3、T_4 是诊断甲状腺疾病的主要指标。

2. 合成儿茶酚胺

儿茶酚胺是酪氨酸经羟化、脱羧后形成的一系列邻苯二酚胺类化合物的总称。它包括多巴胺、去甲肾上腺素和肾上腺素。这些物质属于神经递质或激素，它是维持神经系统正常功能和正常代谢不可缺少的物质。帕金森病患者脑内多巴胺生成减少。

3. 合成黑色素

在黑色素细胞，酪氨酸在酪氨酸酶催化下，经羟化生成多巴，多巴经氧化、脱羧、环化、聚合生成黑色素。先天性酪氨酸酶缺乏时，可导致黑色素合成障碍，皮肤、毛发等皆为白色，称为白化病。

4. 酪氨酸的分解

酪氨酸在酪氨酸转氨酶催化下，生成羟基苯丙酮酸，羟基苯丙酮酸经尿黑酸等中间产物进一步转变为延胡索酸和乙酰乙酸，两者分别参与糖和脂肪酸代谢。如果尿黑酸氧化酶缺乏，则尿黑酸不能氧化而由尿排出，尿液与空气接触后呈黑色，称为尿黑酸症。该病早期临床表现不明显，中年患者，由于尿黑酸在结缔组织堆积，引起关节炎。

苯丙氨酸和酪氨酸代谢途径见图 9-9。

> **知识链接**
>
> #### 苯丙酮酸尿症
>
> 苯丙酮酸尿症（PKU）是较为常见的常染色体隐性遗传病，典型的 PKU 是由于患儿肝细胞缺乏苯丙氨酸-4-羟化酶，苯丙氨酸不能转化为酪氨酸，而在血液、脑脊液、各种组织及尿液浓度显著增高，竞争性的阻抑脑细胞中神经递质的合成和多核糖体的聚合，扰乱蛋白质和髓鞘的生成，进而甲状腺激素、肾上腺素和黑色素等合成不足。苯丙氨酸累积使转氨基作用增强，从而产生大量的苯丙酮酸、苯乙酸、苯乳酸和羟基苯乙酸等代谢产物，并自尿中排出。患儿出生时正常，通常在 3～6 月时出现症状，1 岁时症状明显，其临床表现主要是智力发育落后，也可有多动、行为异常等症状，少数出现肌张力增高和腱反射亢进。出生数月后，因黑色素生成不足，出现毛发、皮肤和虹膜色泽变浅。尿液和汗液中因含有大量的苯丙酮酸而出现鼠臭味。本病为少数可治性代谢性遗传病之一，由于患儿在早期不出现症状，故必须借助实验室检测，力求早期确证和治疗，以避免神经系统的不可逆性损伤。

（三）色氨酸的代谢

色氨酸除生成 5-羟色胺外，还可以分解代谢。在肝中色氨酸通过色氨酸加氧酶的作用，生成一碳单位。色氨酸分解可产生丙酮酸和乙酰乙酰 CoA，所以色氨酸是体内的生糖兼生酮氨基酸。此外，色氨酸分解还可产生少量的烟酸，这是体内合成维生素的特例，但其合成

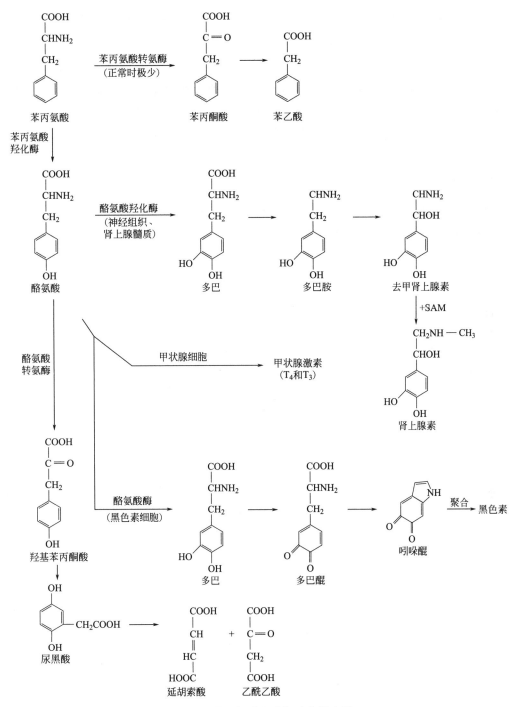

图 9-9　苯丙氨酸和酪氨酸代谢途径

量很少，不能满足机体需要。

　　★ 考点提示：芳香族氨基酸代谢生成的重要活性物质；氨基酸代谢异常与白化病、苯丙酮酸尿症

第四节　糖、脂类、蛋白质代谢的联系

　　糖、脂类和蛋白质是人体内的主要供能物质，尽管在代谢途径上各不相同，但它们可以通过共同的中间代谢产物及三羧酸循环和生物氧化等相互联系，其中乙酰 CoA、三羧酸循环是氨基酸、糖与脂肪代谢的重要枢纽。当其中某种物质代谢障碍时，也可引起其他物质代谢紊乱。如糖尿病糖代谢障碍时，可引起脂类、氨基酸代谢甚至水、盐代谢紊乱。

一、糖与脂类代谢的联系

　　当摄入的糖超过机体的能量消耗时，一部分以糖原的形式储存在肝和肌肉外，其余的氧化生成柠檬酸和 ATP，可变构激活乙酰 CoA 羧化酶，使由糖分解而来的乙酰 CoA 羧化成丙二酸单酰 CoA，进而合成脂肪酸及脂肪储存在脂肪组织中。此外糖代谢的某些中间产物还是磷脂、胆固醇合成的原料。

　　脂肪分解后生成的甘油和脂肪酸。甘油可以转变为糖，而脂肪酸不能转变为糖，这是因为丙酮酸脱氢酶催化的反应是不可逆反应，当脂肪酸分解成乙酰 CoA 后，其无法转变成丙酮酸。脂肪分解代谢的产物之一甘油可以在肝、肾及肠等组织中经甘油激酶活化为磷酸甘油，进而异生成糖，这只是机体处于饥饿状态下的葡萄糖的来源之一。

　　此外，脂肪分解代谢的强度有赖于糖代谢的正常进行，以补充三羧酸循环的中间产物。当饥饿、糖供应不足或糖代谢障碍时，脂肪大量动员，脂肪酸进入肝细胞氧化生成的酮体的量增加，超过肝外组织利用酮体的能力，导致血中酮体含量超过正常，出现酮症酸中毒。

二、糖与氨基酸代谢的联系

　　构成蛋白质的 20 种氨基酸，除了生酮氨基酸（赖氨酸、亮氨酸）外，都可通过脱氨基作用，生成对应的 α-酮酸，沿糖异生途径转变为葡萄糖。如甘氨酸、丙氨酸、半胱氨酸、丝氨酸、苏氨酸可代谢为丙酮酸；组氨酸、精氨酸、脯氨酸可转变成谷氨酸，然后形成 α-酮戊二酸；天冬酰胺和天冬氨酸转变成草酰乙酸，α-酮戊二酸经草酰乙酸转变成磷酸烯醇式丙酮酸，再异生成葡萄糖。

　　糖代谢的中间产物丙酮酸、α-酮戊二酸、草酰乙酸等可转变成丙氨酸、谷氨酸、谷氨酰胺、天冬酰胺及天冬氨酸等非必需氨基酸。其中的氨基最终大部分还是来源于其他氨基酸。

三、脂类与氨基酸代谢的联系

　　无论生糖氨基酸、生酮氨基酸或生糖兼生酮氨基酸分解后均可生成乙酰 CoA，乙酰 CoA 可以合成脂肪酸进而合成脂肪，即氨基酸可以转变成脂肪。乙酰 CoA 也是合成胆固醇的原料。此外，丝氨酸脱羧生成乙醇胺，经甲基化可生成胆碱。丝氨酸、乙醇胺、胆碱是合成磷脂的原料。因此氨基酸可以转变成类脂。但一般来说，转变为脂肪不是生理情况下氨基酸的主要代谢去路。

　　脂类几乎不能转变为氨基酸。仅脂肪分解的中间产物甘油可生成少量营养非必需氨基酸。

　　糖、脂类、蛋白质代谢的联系总结见图 9-10。

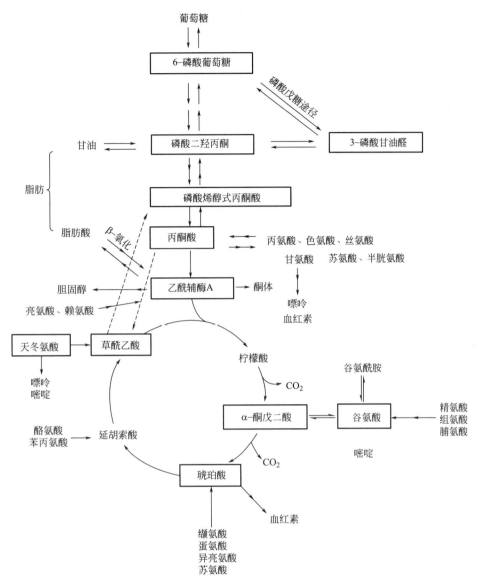

图 9-10　糖、脂类、蛋白质代谢的联系

思考题

一、名词解释

1. 氮平衡
2. 营养必需氨基酸
3. 蛋白质的互补作用
4. 蛋白质的腐败作用

二、填空题

1. 人体氮平衡的种类有_____、_____和_____。
2. 联合脱氨基作用需要_____和_____两种酶参与。

3.肌肉组织的氨基酸通过_____进行脱氨基作用。

4.氨基转移酶的辅酶是_____。

5.一碳单位的载体是_____。

三、简答题

1.简述氨基酸的脱氨基方式。

2.简述血氨的来源和去路。

3.试述肝性脑病的生化机制。

（赵利娜）

第十章

核苷酸代谢

○○
○○
○○

【学习目标】

◆ **掌握**：核苷酸从头合成途径、补救合成途径的概念；嘌呤核苷酸和嘧啶核苷酸从头合成的部位、原料和关键酶。

◆ **熟悉**：嘌呤核苷酸和嘧啶核苷酸的补救合成的原料、关键酶；嘌呤核苷酸分解代谢的产物；脱氧核苷酸的生成。

◆ **了解**：嘌呤核苷酸分解代谢与痛风病的关系；核苷酸的抗代谢物。

案例导入

案例回放：

患者，男性，40岁，两年来因全身关节疼痛伴低热反复就诊，均被诊断为"风湿性关节炎"。经抗风湿和激素治疗后，疼痛现象稍有好转。两个月前，因疼痛加剧，经抗风湿治疗效果不明显来院就诊。查体：体温37.5℃，双足第一跖趾关节肿胀，左侧较为明显，局部皮肤有脱屑和瘙痒现象，双侧耳郭触及绿豆大的节结数个，白细胞计数$9.5×10^9$/L [参考值（4～10）×10^9/L]。

思考问题：

1. 患者的可能诊断是什么？需要进行什么检查进行确认？
2. 尿酸是如何产生和排泄的？
3. 痛风的治疗原则是什么？

核酸是生物遗传的物质基础，核苷酸是核酸的基本组成单位。核苷酸除了作为合成核酸的主要原料外，还具有多种生物学功能：①作为体内能量的贮存和利用形式。ATP是细胞主要的能量形式，另外GTP、UTP等也可提供能量。②作为调节因子参与代谢和生理调节，如cAMP、cGMP是多种激素的第二信使。③参与构成结合酶的辅助因子，如辅酶NAD^+、FAD、辅酶A等都有AMP参与组成。

食物中的核酸多以核蛋白的形式存在。在消化道内，核蛋白经胃酸作用可分解成蛋白质和核酸；蛋白质被消化成氨基酸被吸收利用，核酸则被小肠中的核酸酶、核苷酸酶等水解生成核苷、碱基、戊糖和磷酸。各种核苷酸及其水解产物均可被吸收，其中大部分在小肠黏膜细胞被进一步分解。分解产生的戊糖被吸收参与体内的戊糖代谢，嘌呤和嘧啶碱基则大部分被降解排出体外。因此，食物中核苷酸虽含量丰富，但很少被机体利用。体内核苷酸主要来自机体的自身合成。

第一节　核苷酸的合成代谢

核苷酸的合成代谢可分为从头合成途径和补救合成途径。细胞利用氨基酸、一碳单位、CO_2 和 5-磷酸核糖等简单物质为原料，经过一系列酶促反应合成核苷酸的过程，称为从头合成途径（de novo synthesis）；细胞利用体内现成的嘌呤、嘧啶碱基或核苷作为原料，经过简单的反应过程合成核苷酸的过程，称为补救合成途径（salvage synthesis）。多数组织以从头合成途径为主。

★ 考点提示：核苷酸从头合成途径、补救合成途径的概念

一、嘌呤核苷酸的合成

（一）从头合成途径

1. 合成部位和原料

嘌呤核苷酸从头合成的主要器官是肝，其次是小肠黏膜及胸腺。合成原料主要有甘氨酸、天冬氨酸、谷氨酰胺、一碳单位、CO_2 和 5-磷酸核糖等。合成嘌呤碱基的各元素来源如图 10-1 所示，5-磷酸核糖来自磷酸戊糖途径。

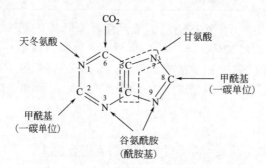

图 10-1　嘌呤碱基合成的元素来源

2. 合成过程

嘌呤核苷酸从头合成途径可分为两个阶段：首先合成次黄嘌呤核苷酸（IMP），IMP 再转变为 AMP 和 GMP。

（1）IMP 的生成　①在磷酸核糖焦磷酸合成酶（又称磷酸核糖焦磷酸激酶）的催化下，活化生成 5-磷酸核糖-1-焦磷酸（5-phosphoribosyl-1-pyrophosphate，PRPP）；②在磷酸核糖酰胺转移酶催化下，谷氨酰胺的酰胺基取代 PRPP 的焦磷酸，转变成 5-磷酸核糖胺（PRA）；③在甘氨酰胺核苷酸合成酶催化下，形成甘氨酰胺核苷酸（GAR）；④甘氨酰胺核苷酸接受甲酰基，转变为甲酰甘氨酰胺核苷酸（FGAR）；⑤甲酰甘氨酰胺核苷酸接受谷氨酰胺提供的酰胺氮，形成甲酰甘氨脒核苷酸（FGAM）；⑥在甲酰甘氨脒核苷酸环化酶催化下，甲酰甘氨脒核苷酸的甲酰甘氨脒闭环形成 5-氨基咪唑核苷酸（AIR）；⑦在羧化酶催化下，5-氨基咪唑核苷酸羧化生成 5-氨基咪唑-4-羧酸核苷酸（CAIR）；⑧5-氨基咪唑-4-羧酸核苷酸在合成酶催化下与天冬氨酸缩合，生成 5-氨基咪唑-4（N-琥珀酸)-甲酰胺核苷酸

（SAICAR）；⑨5-氨基咪唑-4（N-琥珀酸）-甲酰胺核苷酸在裂解酶催化下，释放延胡索酸，生成 5-氨基咪唑-4-甲酰胺核苷酸（AICAR）；⑩5-氨基咪唑-4-甲酰胺核苷酸在转甲酰基酶催化下，生成 5-甲酰胺基咪唑-4-甲酰胺核苷酸（FAICAR）；⑪5-甲酰胺基咪唑-4-甲酰胺核苷酸脱水环化生成 IMP（图 10-2）。

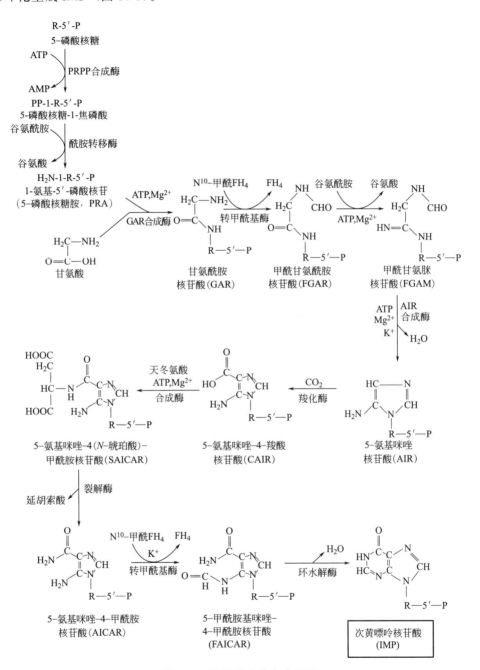

图 10-2　IMP 的从头合成反应

催化前两步反应的磷酸核糖焦磷酸合成酶（PRPP 合成酶）和磷酸核糖酰胺转移酶都是嘌呤核苷酸从头合成的关键酶。

（2）AMP 及 GMP 的合成　IMP 是嘌呤核苷酸合成的前体。在酶的催化下，由 GTP 提供能量，IMP 与天冬氨酸缩合生成腺苷酸代琥珀酸，继而裂解生成 AMP；IMP 还可被氧化生成黄嘌呤核苷酸（XMP），XMP 接受谷氨酰胺提供的氨基生成 GMP，该反应需消耗 ATP（图 10-3）。

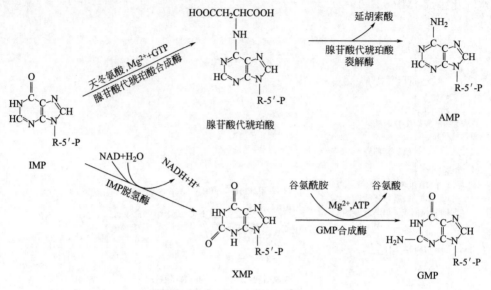

图 10-3　由 IMP 生成 AMP 和 GMP

嘌呤核苷酸从头合成过程的主要特点是：嘌呤环是在磷酸核糖的基础上逐步合成的；首先生成的前体是 IMP，再转变为其他嘌呤核苷酸。此外，合成过程需要消耗大量的 ATP。

3. 嘌呤核苷酸从头合成的调节

嘌呤核苷酸的从头合成主要受产物的反馈调节。

（1）PRPP 合成酶的调节　PRPP 的浓度是从头合成最主要的决定因素。PRPP 合成的速度依赖磷酸戊糖水平和 PRPP 合成酶的活性。PRPP 合成酶是别构酶，受 5-磷酸核糖的别构激活，同时受 IMP、AMP 和 GMP 的别构抑制。

（2）磷酸核糖酰胺转移酶的调节　IMP 是磷酸核糖酰胺转移酶的别构抑制剂，对其有反馈抑制作用，而 AMP 和 GMP 对 IMP 的反馈抑制有协同作用；PRPP 是磷酸核糖酰胺转移酶的别构激活剂，加速 PRA 的生成。

（3）AMP 与 IMP 合成的交叉调节　过量的 AMP 可抑制腺苷酸代琥珀酸合成酶，阻止 IMP 转变成 AMP；而过量的 GMP 会抑制 IMP 脱氢酶的活性，阻止 IMP 转变成 GMP。此外，AMP 的合成需要 GTP 供能，GMP 的合成需要 ATP 供能。这种交叉调节作用使两种核苷酸的合成速度保持平衡。

（二）补救合成途径

嘌呤核苷酸的补救合成途径有两种方式。

1. 利用细胞内现成的嘌呤碱基进行补救合成

有两种酶参与合成过程：腺嘌呤磷酸核糖转移酶（APRT）和次黄嘌呤-鸟嘌呤磷酸核糖转移酶（HGPRT），分别催化 AMP、IMP 和 GMP 的生成。反应所需的磷酸核糖由 PRPP 提供。

$$腺嘌呤 + PRPP \xrightarrow{APRT} AMP + PPi$$

$$次黄嘌呤 + PRPP \xrightarrow{HGPRT} IMP + PPi$$

$$鸟嘌呤 + PRPP \xrightarrow{HGPRT} GMP + PPi$$

2. 体内的腺嘌呤核苷可在腺苷激酶催化下，与 ATP 作用磷酸化生成 AMP

$$腺嘌呤核苷 \xrightarrow[腺苷激酶]{ATP \quad ADP} AMP$$

嘌呤核苷酸补救合成途径的生理意义：一方面，嘌呤核苷酸补救合成的过程简单，节省了氨基酸和能量的消耗；另一方面，体内某些组织器官（如脑和骨髓）缺乏从头合成的酶系，只能依靠补救合成。因此，补救合成途径对这些组织器官具有更重要的意义。例如由于基因缺陷导致 HGPRT 严重不足或完全缺乏的患儿，表现为神经系统发育障碍、有自残行为并伴有高尿酸血症等，称 Lesch-Nyhan 综合征或自毁容貌征。

> ### 知识链接
>
> #### Lesch-Nyhan 综合征
>
> Lesch-Nyhan 综合征又称自毁综合征，是一种特殊的伴 X 染色体隐性遗传病。全部发生于男孩，女孩是无症状的基因携带者。患儿在出生时完全正常；从 3~4 个月时出现发育停滞、反复呕吐、全身肌张力低下的情况；7~8 个月时逐渐出现细微的手足徐动或舞蹈样不自主运动、运动能力退化或丧失、智力发育逐渐停顿、伴发各种不同类型的先天性畸形；2~3 岁出现咬破唇、舌等自伤行为，最后发展到不可克制地咬伤手指、咬人、毁坏衣物等。
>
> 该病是由于患者 HGPRT 基因突变影响了 HGPRT 酶的活性。HGPRT 缺乏，补救合成途径受阻，以致嘌呤核苷酸合成减少，次黄嘌呤、鸟嘌呤增多，影响中枢神经系统的发育，并导致患者体液中尿酸大量累积。
>
> 目前对于神经症状尚无有效的疗法。应用别嘌醇、谷氨酸钠或丙磺舒等药物，但仅可减轻关节疼痛；基因治疗是一个有希望的前景，目前正在研究之中。

★ **考点提示**：嘌呤核苷酸从头合成的部位、原料和关键酶；补救合成的部位、原料和关键酶

二、嘧啶核苷酸的合成

（一）从头合成途径

1. 合成部位和原料

嘧啶核苷酸从头合成主要在肝细胞中进行。合成原料主要包括：天冬氨酸、谷氨酰胺、CO_2 和 5-磷酸核糖。胸腺嘧啶核苷酸的合成还需要一碳单位。嘧啶环合成的各元素来源如图 10-4 所示。

2. 合成过程

嘧啶核苷酸的从头合成可分为两个阶段：首先合成 UMP，UMP 再转变为 CMP 和 dT-MP（图 10-5）。

（1）UMP 的合成　　UMP 的合成包括六步酶促反应：①在氨基甲酰磷酸合成酶Ⅱ

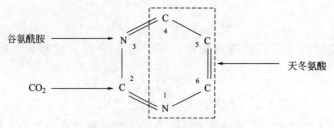

图 10-4　嘧啶环合成的元素来源

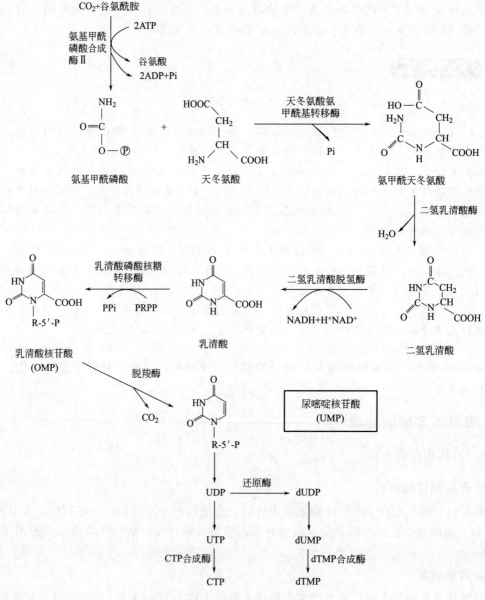

图 10-5　嘧啶核苷酸的合成

（CPS-Ⅱ）催化下，谷氨酰胺与 CO_2、ATP 反应生成氨基甲酰磷酸；②在天冬氨酸氨甲酰基转移酶催化下，氨基甲酰磷酸与天冬氨酸结合生成氨甲酰天冬氨酸；③氨甲酰天冬氨酸在二氢乳清酸酶催化下脱水生成二氢乳清酸（dihydroorotic acid，DHO）；④在二氢乳清酸脱氢酶催化下，DHO 脱氢生成乳清酸；⑤在乳清酸磷酸核糖转移酶催化下，由 PRPP 提供 5-核糖磷酸，乳清酸转变为乳清酸核苷酸（orotidine-5′-monophosphate，OMP）；⑥OMP 经脱羧酶催化脱羧生成 UMP。

（2）CTP 的合成　CTP 的生成必须在三磷酸尿苷（UTP）的水平上进行。UMP 通过激酶的连续催化接受 ATP 的高能磷酸基团生成 UTP，UTP 在 CTP 合成酶作用下接受谷氨酰胺的氨基生成 CTP，反应消耗 3 分子 ATP。

（3）dTMP 的合成　dTMP 由脱氧尿嘧啶核苷酸（dUMP）经甲基化生成。dUMP 来自 dUDP 的水解去磷酸或 dCMP 的脱氨基反应生成，甲基由 N^5，N^{10}-甲烯基四氢叶酸提供，此反应由胸腺嘧啶核苷酸合成酶催化。

$$dUMP \xrightarrow{\text{胸腺嘧啶核苷酸合成酶}} dTMP$$
$$N^5, N^{10}\text{-CH}_2\text{-FH}_4 \qquad FH_2$$

可以看出，嘧啶核苷酸的从头合成过程与嘌呤核苷酸的从头合成不同。其合成特点是：先利用基本原料合成嘧啶环，再与磷酸核糖结合生成嘧啶核苷酸；首先合成的是 UMP，再转变为其他的嘧啶核苷酸。

3. 嘧啶核苷酸从头合成的调节

嘧啶核苷酸的从头合成主要受到反馈机制的调控。氨甲酰磷酸合成酶Ⅱ是主要的限速酶，UTP 和嘌呤核苷酸反馈抑制其活性，而 PRPP 则是其变构激活剂。

另外，PRPP 是嘌呤核苷酸和嘧啶核苷酸合成过程共同的活性中间物，二者对 PRPP 合成酶都有反馈抑制作用，以协调两类核苷酸合成的速度。

（二）补救合成途径

与嘌呤核苷酸补救合成相似，嘧啶核苷酸补救合成是以游离的嘧啶碱基或嘧啶核苷为原料合成嘧啶核苷酸。催化补救合成的酶类有尿嘧啶磷酸核糖转移酶、尿苷磷酸化酶、尿苷激酶等。

$$尿嘧啶 + PRPP \xrightarrow{\text{尿嘧啶磷酸核糖转移酶}} UMP + PPi$$
$$尿嘧啶 + 核糖 + 1\text{-磷酸} \xrightarrow{\text{尿苷磷酸化酶}} 尿嘧啶核苷 + Pi$$
$$尿嘧啶核苷 + ATP \xrightarrow{\text{尿苷激酶}} UMP + ADP$$

★ 考点提示：嘧啶核苷酸的从头补救合成的原料、关键酶；补救合成的原料、关键酶

三、脱氧核苷酸的生成

体内脱氧核苷酸是在二磷酸核苷（DNP，N 代表 A、G、C、U 等碱基）水平，由二磷酸核糖核苷还原酶催化生成。dNDP 再由二磷酸脱氧核苷激酶催化，消耗 ATP，生成 dNTP，dNTP 即可作为合成 DNA 的原料。

$$NDP + NADPH + H^+ \xrightarrow[-H_2O]{\text{二磷酸核糖核苷还原酶}} dNDP + NADP^+$$

★ 考点提示：脱氧核苷酸的生成方式

四、核苷酸的抗代谢物

在临床治疗肿瘤中，常根据酶竞争性抑制的作用原理，针对核酸代谢过程中的不同环

节，应用类似代谢的药物（抗代谢物），阻断或干扰核苷酸的合成代谢，进而抑制癌变细胞中核酸和蛋白质的生物合成，控制肿瘤的发展。这种药物按化学结构被分为两类：一类是嘌呤、嘧啶、核苷类似物，通过转变为异常核苷酸干扰核苷酸的生物合成；另一类是谷氨酰胺、叶酸等的类似物，可直接阻断谷氨酰胺、一碳单位在核苷酸合成中的作用。

嘌呤类似物有巯嘌呤（6-mercaptopurine，6-MP）、6-巯基鸟嘌呤、8-氮杂鸟嘌呤等，其中以 6-MP 在临床应用最多，其结构和次黄嘌呤相似，只是次黄嘌呤分子中 C5 上的羟基被巯基取代。嘧啶类似物主要有氟尿嘧啶（5-fluorouracil，5-Fu），结构与胸腺嘧啶相似。氨基酸类似物有与谷氨酰胺结构相似的氮杂丝氨酸（azaserine）及 6-重氮-5-氧正亮氨酸（dia-zonorleucine）等。叶酸的类似物有氨蝶呤和甲氨蝶呤（methotrexate，MTX）等。另外，某些改变了核糖结构的核苷类似物，如阿糖胞苷、环胞苷也是很重要的抗癌药物。

各种抗代谢物的作用机制见表 10-1。

表 10-1 各种抗代谢物的作用机制

抗代谢物	作用机制
嘌呤类似物：6-MP	阻断嘌呤核苷酸的从头合成
嘧啶类似物：5-Fu	阻断 dTMP 合成
氨基酸类似物：氮杂丝氨酸	与谷氨酰胺结构类似，抑制嘌呤核苷酸及 CTP 的合成
叶酸类似物：MTX	竞争性抑制二氢叶酸还原酶，抑制 FH_4 的生成，影响嘌呤核苷酸及 dTMP 的合成
核苷类似物：阿糖胞苷	抑制 CDP 还原成 dCDP

★ 考点提示：核苷酸抗代谢物的作用机制

第二节　核苷酸的分解代谢

一、嘌呤核苷酸的分解代谢

嘌呤核苷酸的分解代谢主要在肝、小肠及肾进行。细胞中的嘌呤核苷酸在核苷酸酶催化下水解生成嘌呤核苷，然后经磷酸化酶催化，生成嘌呤碱及 1-磷酸核糖。嘌呤碱可以参加补救合成途径，也可以进一步分解。

尿酸是人体内嘌呤碱分解代谢的终产物，经肾随尿排出体外。嘌呤核苷酸分解基本过程见图 10-6。AMP 分解产生次黄嘌呤，次黄嘌呤在黄嘌呤氧化酶的作用下生成黄嘌呤；GMP 分解产生的鸟嘌呤也转变为黄嘌呤；黄嘌呤在黄嘌呤氧化酶的催化下生成尿酸。

正常成人每日排出尿酸 400～600mg。血清中尿酸含量为 0.12～0.36mmol/L，男性略高于女性。尿酸水溶性较差，嘌呤核苷酸代谢相关酶的遗传性缺陷、摄入富含嘌呤的食物、体内核酸大量分解如白血病、恶性肿瘤或肾疾病导致尿酸排泄障碍等，均可引起血中尿酸含量增多，当血清尿酸含量超过 0.47mmol/L 时，尿酸盐可在关节、软组织、软骨及肾等处形成结晶并沉积，引起痛风。临床上常用促进尿酸排泄的药物（如苯溴马隆等）或抑制尿酸生成的药物（如别嘌醇）治疗痛风。一方面，别嘌醇与次黄嘌呤结构类似，可竞争性抑制黄嘌呤氧化酶，减少尿酸生成；另一方面，别嘌醇与 PRPP 反应生成别嘌呤核苷酸，别嘌呤核苷酸与 IMP 结构相似，可反馈抑制嘌呤核苷酸的从头合成。

★ 考点提示：嘌呤核苷酸分解代谢的产物及其与痛风病的关系

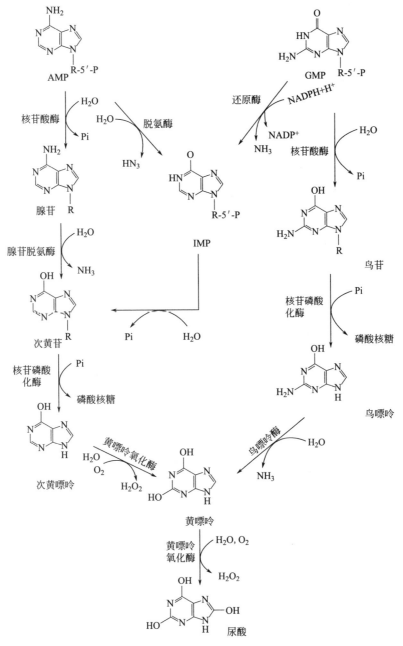

图 10-6　嘌呤核苷酸的分解代谢

二、嘧啶核苷酸的分解代谢

嘧啶核苷酸在核苷酸酶及核苷磷酸化酶的作用下，水解除去磷酸及核糖后产生的嘧啶碱在肝中进一步分解。胞嘧啶脱氨基转变成尿嘧啶，尿嘧啶还原成二氢尿嘧啶，并水解开环，最终生成 NH_3、CO_2 及 β-丙氨酸；胸腺嘧啶降解成 NH_3、CO_2 及 β-氨基异丁酸，分解产物可随尿排出或进一步分解（图 10-7）。食入含 DNA 丰富的食物、经放射线治疗或化学治疗的癌症患者，尿中 β-氨基异丁酸排出量增多。

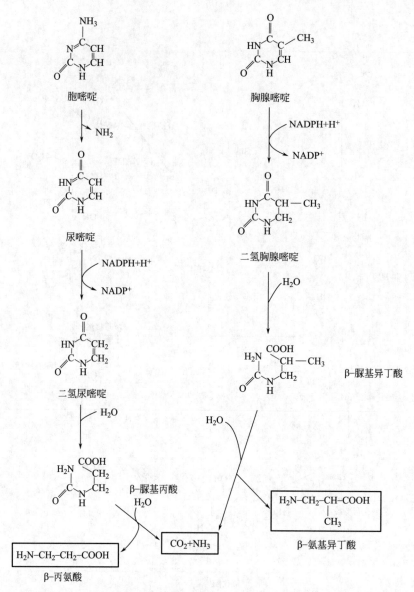

图 10-7　嘧啶核苷酸的分解代谢

思考题

一、名词解释

1. 抗代谢物

2. 从头合成途径

3. 补救合成途径

二、填空题

1. 嘌呤核苷酸从头合成时，首先合成的是_____。

2. 核苷酸的合成代谢可分为_____和_____，多数组织是以_____为主。

3. 嘧啶核苷酸的第_____位碳原子是来自于 CO_2 的。

4. 嘌呤核苷酸从头合成的原料主要有_____、_____、_____、_____、

_____和_____等小分子物质。

5.嘌呤核苷酸分解的终产物是_____，正常情况下经_____排出体外。

三、简答题

1.别嘌醇为什么可以用于治疗痛风？

2.简述嘌呤核苷酸与嘧啶核苷酸生物合成的特点及原料来源。

（袁海建）

第十一章

遗传信息的传递与表达

○ ○
○ ○

【学习目标】

◆ **掌握**：DNA 复制的特点及参与 DNA 复制的物质；反转录的概念；参与 RNA 转录的物质；参与蛋白质生物合成的物质；遗传密码特点。

◆ **熟悉**：DNA 复制过程；RNA 转录过程；原核生物蛋白质生物合成过程；真核生物 mRNA 转录后的加工修饰。

◆ **了解**：DNA 的损伤与修复；rRNA、tRNA 转录后的加工修饰；蛋白质生物合成与医学的关系。

案例导入

案例回放：

　　某男性，15 岁，患者的血液红细胞表现为镰刀状，其携带氧的功能只有正常红细胞的一半，出现面色萎黄、气短乏力、少气懒言、消化不良、食欲下降、脾大、胸腹疼痛。考虑是镰刀形红细胞贫血症。

思考问题：

　　1.绝大多数生物内遗传信息传递遵循什么规律？

　　2.镰刀形红细胞贫血症发病分子机制是什么？

　　大多数生物体的遗传信息以基因的形式存在于 DNA 分子上，基因（gene）就是 DNA 分子中具有生物学功能的特定核苷酸片段。DNA 作为遗传信息的载体，有两个基本特征：一是 DNA 复制（replication），即以亲代 DNA 为模板，合成子代 DNA 的过程，通过复制将亲代的遗传信息准确地传递给子代。二是基因表达（gene expression），即基因转录和翻译的过程，也就是遗传信息经 DNA→RNA→蛋白质的传递过程。以 DNA 为模板合成 RNA 的过程称为转录（transcription），通过转录，将 DNA 携带的遗传信息传递给 RNA；然后以 mRNA 为模板合成蛋白质，此过程称为翻译（translation）。通过翻译，由 mRNA 携带的遗传信息指导合成特异氨基酸序列的蛋白质，来执行各种特定的生物学功能。并非所有基因表达产物都是蛋白质，rRNA、tRNA 编码基因转录产生 RNA 的过程也属于基因表达。1958年，F. Crick 将上述遗传信息的传递规律称为中心法则（central dogma）。中心法则代表了绝大多数生物内遗传信息传递的方向和规律，成为生命科学研究中最重要的原则。

　　20 世纪 70 年代 Temin 和 Baltimore 从 RNA 病毒中发现了反转录酶，该酶能以 RNA 为模板合成 DNA，即反转录（reverse transcription），从而发现遗传信息也可以从 RNA 传递至 DNA。此后又发现某些 RNA 病毒可以在宿主细胞以病毒的单链 RNA 为模板合成 RNA，称为 RNA 复制（RNA replication），从而进一步补充和完善了遗传信息传递的中心法则（图 11-1）。

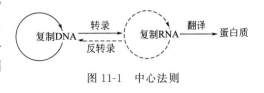

图 11-1　中心法则

★ 考点提示：遗传信息传递的中心法则

第一节　DNA 的生物合成

DNA 生物合成方式包括 DNA 复制、反转录等。其中 DNA 复制是 DNA 生物合成的主要方式。

一、DNA 的复制

（一）DNA 复制的基本特征

1. 半保留复制

DNA 复制最重要的特征是半保留复制（semi-conservative replication）。在 DNA 复制过程中，亲代 DNA 双螺旋解开成为两股单链，各自作为模板（template），按照碱基配对规律合成与模板互补的子链，形成两个子代 DNA 分子。每一个子代 DNA 分子中一股单链从亲代完整地接受过来；另一股单链则完全重新合成，这种复制方式称为半保留复制（图 11-2）。

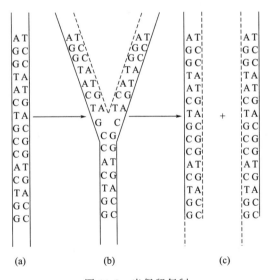

图 11-2　半保留复制

（a）亲代 DNA；（b）亲代 DNA 解链形成复制叉；

（c）两个子代双链 DNA，实线链来自亲代，虚线链新合成

通过 DNA 半保留复制的方式，子代与亲代之间 DNA 碱基序列完全一致，子代保留了亲代全部的遗传信息，体现了遗传过程的稳定性和保守性。遗传的保守性也是相对的，自然

界存在着普遍的变异现象。

★ 考点提示：半保留复制的概念

2. 固定复制起始点

DNA 复制从由特异碱基序列组成的复制起始点（replication origin）开始。从一个 DNA 复制起始点起始的 DNA 复制区域称为复制子（replicon）。原核生物 DNA 是环状分子，通常只有一个复制起始点（图 11-3），属于单复制子复制；真核生物 DNA 是线性分子，含有多个复制起始点（图 11-4），属于多复制子的复制。

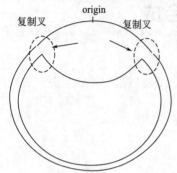

图 11-3 原核生物 DNA 的双向复制

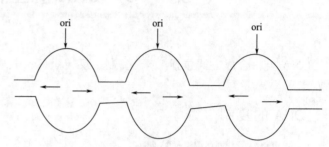

图 11-4 真核生物 DNA 的多复制子复制
ori 代表复制起始点

3. 双向复制

复制起始时，在 DNA 的复制起始点处局部双链解开，解开的两股单链和未解开的双螺旋形成 Y 字形结构，称为复制叉（replication fork）（图 11-5）。复制时，DNA 从起始点向两个方向解链，形成两个延伸方向相反的复制叉，称为双向复制。一般情况下，DNA 复制方向以双向复制为主。原核生物 DNA 在复制起始点形成两个复制叉，各自向前延伸，并互相向着一个终点汇合，最后完成复制。真核生物 DNA 的每个复制起始点产生两个移动方向相反的复制叉，复制完成时，相邻复制叉相遇并汇合连接。

4. 半不连续复制

亲代 DNA 双螺旋的两股单链走向相反，一条链为 $5'→3'$ 方向，其互补链为 $3'→5'$ 方向。复制解链形成复制叉上的两股母链也走向相反，但子链沿着母链模板复制，只能从 $5'→3'$ 方向延伸。在同一复制叉上只有一个解链方向。顺着解链方向合成的子链，在引物提供 $3'$-OH 的基础上连续合成，这股连续复制的子链称为领头链（leading strand）。合成方向与解链方向相反的子链，必须待模板链解开至足够长度后才能从 $5'→3'$ 方向合成引物并复制子链。延长过程中，又要等待解开一定长度的模板，再次生成引物并延长。随着复制叉的移动，合成不连续的片段，这股不连续复制的子链称为随从链（lagging strand）。随从链上不连续的 DNA 片段称为冈崎片段（Okazaki fragment）。DNA 复制时，领头链连续复制而随从链不连续复制，就种方式称为半不连续复制（semi-discontinuous replication）（图 11-5）。

（二）参与复制的物质

DNA 复制是一复杂的脱氧核苷酸聚合生成 DNA 的过程，需要原料、模板、引物、酶及蛋白因子等多种物质参与。

1. 原料

DNA 复制的原料（又称底物）为 dATP、dGTP、dCTP 及 dTTP 四种脱氧核苷三磷酸

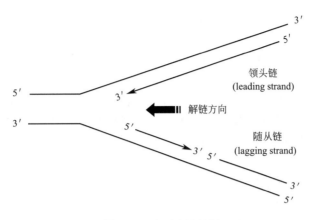

图 11-5　半不连续复制

（dNTP）。

2. 模板

DNA 复制有严格的模板依赖性。DNA 复制时，亲代 DNA 双螺旋解链形成两条 DNA 单链作为模板，按碱基互补配对原则指导子链的合成。

3. 引物

DNA 聚合酶不能催化底物 dNTP 间自身发生聚合反应，只能催化 dNTP 逐一聚合到已有寡核苷酸链的 3′-OH 末端上，进行已有链的延长反应。为 DNA 聚合酶聚合 dNTP 提供 3′-OH 末端的寡核苷酸链称为引物（primer），通常为一段小分子 RNA。

4. 酶及蛋白因子

（1）参与松弛螺旋、解链的酶及蛋白因子

① DNA 拓扑异构酶（DNA topoisomerase，Topo）：简称拓扑酶，DNA 复制时，需松解其超螺旋结构，而且高速解旋过程 DNA 分子也会出现新的螺旋缠绕打结，扭转形成正超螺旋。DNA 拓扑异构酶通过催化 DNA 链的断裂、旋转和再连接，将正超螺旋变为负超螺旋，理顺 DNA 链并配合完成复制。

② DNA 解螺旋酶（DNA helicase）：简称解旋酶，其利用 ATP 水解释放的能量，将 DNA 双螺旋间的氢键解开，使 DNA 局部形成两条单链。

③ 单链 DNA 结合蛋白（single stranded DNA binding protein，SSB）：单链 DNA 结合蛋白能与 DNA 双螺旋解开形成的两条 DNA 单链分别结合，暂时维持 DNA 的单链状态，并保护它们不受核酸酶水解。当 DNA 聚合酶向前推进时，单链 DNA 结合蛋白就脱离 DNA 单链，使之作为模板，DNA 复制得以进行。

（2）参与引物合成的酶　引物酶（primase）是催化小分子 RNA 引物合成的酶，属于 RNA 聚合酶。

（3）参与 DNA 链延长的酶和蛋白因子

① DNA 聚合酶（DNA polymerase，DNA-pol）：DNA 聚合酶以模板 DNA 为指导，催化底物 dNTP 以 dNMP 的形式逐一聚合为新链 DNA，故称依赖 DNA 的 DNA 聚合酶（DNA dependant DNA polymerase，DDDP 或 DNA-pol）。DNA-pol 只能催化 dNTP 以 dNMP 形式通过 3′，5′-磷酸二酯键逐个添加到已有寡核苷酸链的 3′-OH 末端，按 5′→3′ 方向延伸 DNA 子链。因此，DNA 复制需要引物，子链 DNA 合成方向为 5′→3′。另外，DNA-pol 还具有 3′→5′ 或 5′→3′ 核酸外切酶活性，可以在复制过程中识别并切除错配的碱

基，对复制进行校正。

原核生物 DNA 聚合酶有三种：DNA 聚合酶Ⅰ、DNA 聚合酶Ⅱ和 DNA 聚合酶Ⅲ（表 11-1）。DNA-polⅠ是一种多功能酶，具有 $5'\rightarrow3'$ 聚合酶活性、$3'\rightarrow5'$ 以及 $5'\rightarrow3'$ 核酸外切酶活性。$5'\rightarrow3'$ 聚合酶活性：DNA-polⅠ只能催化延长约 20 个核苷酸，说明它不是复制延长过程中主要起作用的酶，主要用于填补一些 DNA 片段间的间隙；$3'\rightarrow5'$ 核酸外切酶活性：能识别和切除新生子链中 $3'$ 末端错配的核苷酸，起校读作用；$5'\rightarrow3'$ 核酸外切酶活性：可用于切除引物、切除突变的 DNA 片段。DNA-polⅡ具有 $5'\rightarrow3'$ 聚合酶活性和 $3'\rightarrow5'$ 核酸外切酶活性，通常在 DNA-polⅠ和 DNA-polⅢ缺失情况下暂时起作用，可能主要参与 DNA 损伤的应急状态修复。DNA-polⅢ的活性最强，具有 $5'\rightarrow3'$ 聚合酶活性和 $3'\rightarrow5'$ 核酸外切酶活性，是在复制延长中真正起催化作用的酶。

表 11-1 原核生物 *E. coli* 中三种 DNA 聚合酶的比较

性质	DNA-polⅠ	DNA-polⅡ	DNA-polⅢ
分子组成	单一多肽链	不清楚	多亚基不对称二聚体
$5'\rightarrow3'$ 聚合酶活性	聚合活性低	有	聚合活性高
$3'\rightarrow5'$ 外切酶活性	有	有	有
$5'\rightarrow3'$ 外切酶活性	有	无	无
功能	切除引物、延长冈崎片段 校读作用；DNA 损伤修复	DNA 损伤修复	延长子链 校读作用

真核生物主要有 5 种 DNA 聚合酶（表 11-2）。DNA 复制主要由 DNA-polα 和 DNA-polδ 共同完成。DNA-polα 能引发复制的起始，具有引物酶活性；DNA-polδ 是复制延长中主要起催化作用的酶，相当于原核生物的 DNA-polⅢ。此外，DNA-polδ 还有解旋酶的活性；DNA-polβ 复制的保真度低，可能是参与应急状态修复的酶；DNA-polγ 是线粒体 DNA 复制的酶；DNA-polε 与 *E. coli* 的 DNA-polⅠ相类似，在复制中主要起填补引物缺口的作用。

表 11-2 真核生物 DNA 聚合酶

性质	DNA-polα	DNA-pol β	DNA-polγ	DNA-polδ	DNA-polε
引物酶活性	有	无	无	无	无
$5'\rightarrow3'$ 聚合酶活性	中	低	高	高	高
$3'\rightarrow5'$ 外切酶活性	无	无	有	有	有
$5'\rightarrow3'$ 外切酶活性	无	无	无	无	无
生物功能	引物酶活性	低保真度复制	线粒体 DNA 复制	延长子链主要 酶解旋酶活性	填补引物空隙 切除修复重组

② DNA 连接酶（DNA ligase）：DNA 连接酶连接 DNA 链 $3'$-OH 末端和另一 DNA 链的 $5'$-P 末端，通过磷酸二酯键把两段相邻的 DNA 链连成完整的链（图 11-6）。DNA 复制过程中 DNA 连接酶"缝合"相邻的冈崎片段间的缺口，使不连续合成的随后链成为一条连续的链。

★ **考点提示：参与复制的物质**

（三）复制过程

DNA 复制是一个连续酶促反应的复杂过程，大致分为复制的起始、延伸及终止三个阶

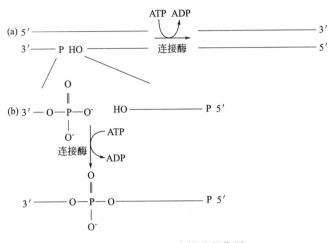

图 11-6　DNA 连接酶的作用

（a）连接酶连接双链 DNA 上其中一单链的缺口；（b）连接酶催化的反应

段。现以 *E.coli* DNA 复制为例介绍原核生物 DNA 复制过程。

1. 复制的起始

复制起始阶段主要是识别 DNA 复制的起始点，DNA 双螺旋解成复制叉，形成引发体及合成引物。

（1）DNA 解链　*E.coli* DNA 复制从固定复制起始点启动。解链过程主要由 DnaA、DnaB、DnaC 等蛋白质共同参与（表 11-3）。首先多个 DnaA 蛋白识别并结合复制起始点，聚集形成 DNA 蛋白质复合体结构。随着 DnaA 蛋白的结合，DNA 构象发生变化，局部双链打开，DnaB 蛋白在 DnaC 蛋白的协同下结合于解链区，并借助水解 ATP 产生的能量沿解链方向移动，使双链解开足够用于复制的长度，复制叉初步形成。SSB 与 DNA 单链结合，稳定和保护 DNA 单链。解链过程需要 DNA 拓扑异构酶的协同作用（图 11-7）。

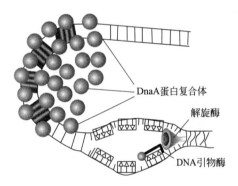

图 11-7　*E.coli* 的复制起始部位及解链

表 11-3　原核生物复制起始的相关蛋白质

蛋白质	通用名	功能
DnaA		辨认起始点
DnaB	解旋酶	解开 DNA 双链
DnaC		运送和协同 DnaB
DnaG	引物酶	催化 RNA 引物生成
SSB	单链 DNA 结合蛋白	稳定已解开的单链
拓扑异构酶		理顺 DNA 链

（2）引发体和引物的形成　在上述解链的基础上，引物酶（DnaG 蛋白）进入，由 DnaB 蛋白、DnaC 蛋白、引物酶和 DNA 复制起始区域形成的复合结构称为引发体（图 11-

8)。引发体中引物酶以 DNA 单链为模板，沿 $5' \rightarrow 3'$ 方向催化生成短链的 RNA 引物。随之 DNA-pol Ⅲ 加入，在引物 $3'$-OH 末端开始进行子链的延长。

2. 复制的延伸

复制延伸的任务是在复制叉上进行领头链的连续复制和随从链的不连续复制。

在 DNA-pol Ⅲ 作用下，根据模板的要求，底物 dNTP 以 dNMP 的方式通过 $3', 5'$-磷酸二酯键结合到引物或延长中子链的 $3'$-OH 端，dNMP 的 $3'$-OH 又成为延长中子链的 $3'$-OH 末端，有利于下一个底物的掺入，子链合成方向是 $5' \rightarrow 3'$。领头链延长方向与解链方向相同，可以连续延长。随从链延长方向与解链方向相反，不可以连续延长，需要不断生成引物并合成冈崎片段。当新的冈崎片段合成到前一个冈崎片段的 $5'$ 端 RNA 引物处时，由 DNA-pol Ⅰ 置换出 DNA-pol Ⅲ。然后由 DNA-pol Ⅰ 的 $5' \rightarrow 3'$ 核酸外切酶活性切除 RNA 引物，并填补引物切除以后留下来的序列空白。与此同时，DNA 连接酶将后一个冈崎片段与前一个冈崎片段连接起来（图 11-8）。

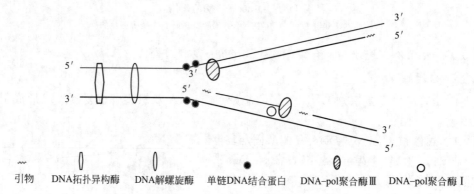

图 11-8　引发体的形成及复制的延伸

3. 复制的终止

复制的终止是在终止区切除引物、填补空缺和连接切口。

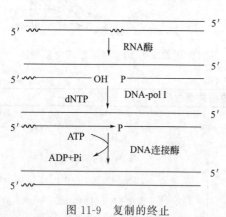

图 11-9　复制的终止

当复制延长到具有特定碱基序列的终止区时，细胞核内的 DNA 聚合酶 Ⅰ 或核糖核酸酶 H（RNase H）切除领头链和随从链的最后一个 RNA 引物，切除后留下的空隙由 DNA-pol Ⅰ 填补，填补至足够长度后，留下缺口由连接酶连接，完成 DNA 的复制过程（图 11-9）。

E.coli 环状 DNA 的复制是单复制子的复制，两个复制叉双向复制，最后在终止区相遇并终止复制。

真核生物 DNA 复制也可分为起始、延长和终止三个阶段，其单个复制子的复制过程大致与原核生物相似，但也存在不少差异。

真核生物有多个 DNA 复制起始点；参与真核生物复制起始的蛋白质较多，除需要 DNA-polα 和 DNA-polδ 参与外，还需拓扑异构酶、细胞周期蛋白依赖性蛋白激酶、复制因子等的参与；真核生物以复制子为单位各自进行复制，所以引物和随从链的冈崎片段都比原核生物的短；真核生物 DNA 是线性结构，复制中不仅有冈崎片段的连接，还有复制子之间的连接；在 DNA 分子末端存在端粒结构，DNA 复制完成后子代两个末端的 5′端引物被切除，留下的缺口由端粒结构和端粒酶共同维持复制的完整性和稳定性；真核生物 DNA 复制与核小体装配同步进行，复制完成后随即组合成染色体。

端粒和端粒酶

DNA 复制完成后，子代两个末端的 5′端引物被切除，留下的缺口无法被 DNA 聚合酶 δ 催化填补。因此，真核 DNA 将面临随着 DNA 复制次数的增加而逐渐缩短的问题。实际上染色体 DNA 不会越来越短，因为真核生物染色体线性 DNA 分子末端存在端粒结构。端粒是由端粒蛋白和端粒 DNA 组成，端粒 DNA 由简单重复的非编码序列组成，其特点是富含 TG 短重复序列的 3′末端突出。端粒的结构特点对染色体的稳定性和延长细胞寿命至关重要，其长度的维持有赖于端粒酶的存在。人类端粒酶由三部分组成：端粒酶 RNA、端粒酶协同蛋白 1 和端粒酶反转录酶。可见该酶兼有提供 RNA 模板和催化反转录的功能。复制终止时，染色体端粒区域的 DNA 确有可能缩短或断裂。端粒酶通过一种称为爬行模型的机制维持染色体的完整。

二、反转录

1970 年，Temin 和 Baltimore 分别从 RNA 肿瘤病毒中发现了一种依赖 RNA 的 DNA 聚合酶（RNA dependent DNA polymerase，RDDP），由于其催化的反应与转录相反，被称为反转录酶（reverse transcriptase）。在反转录酶的催化下，以 RNA 为模板，4 种 dNTP 为原料，合成 DNA 的过程称为反转录，也称逆转录。

RNA 病毒感染宿主细胞后，反转录酶以病毒基因组 RNA 为模板，催化 dNTP 聚合合成 DNA 链，称为互补 DNA（complementary DNA，cDNA），产物是 RNA/DNA 杂化双链。然后，杂化双链中的 RNA 被反转录酶中有 RNaseH 活性的组分水解。RNA 水解后，再以单链 cDNA 为模板，由反转录酶催化合成与其互补的 DNA 链，生成双链互补 DNA（图 11-10）。通过以上方式，RNA 病毒在细胞内复制成双链 DNA 的前病毒（provirus）。前病毒保留了 RNA 肿瘤病毒全部遗传信息，并可在细胞内独立繁殖。

在某些情况下，前病毒基因组通过基因重组，整合到宿主细胞基因组 DNA 内，并随细胞增殖而传递至子代细胞，引起细胞的恶性转化。

反转录酶和反转录现象，是分子生物学研究中的重大发现。反转录现象说明，至少在某些生物，RNA 同样兼有遗传信息传代与表达功能，进而补充和完善了遗传信息传递的中心法则；对反转录病毒的研究，拓宽了 20 世纪初已注意到的病毒致癌理论，也激励人们去寻找更多的反转录病毒，在某种意义上，为后来发现艾滋病病毒提供了方向；反转录酶也被应用到分子生物学研究，是基因工程获取目的基因的重要方法之一。

★ **考点提示：反转录的概念**

三、DNA 的损伤与修复

各种体内外因素所导致的 DNA 分子中碱基序列的改变称为 DNA 损伤（DNA damage），又称 DNA 突变（DNA mutation）。DNA 损伤在生物界普遍存在，从长远的生物学效应来看，DNA 损伤是生物分化与进化的分子基础，具有积极的意义；但对生物个体而言，

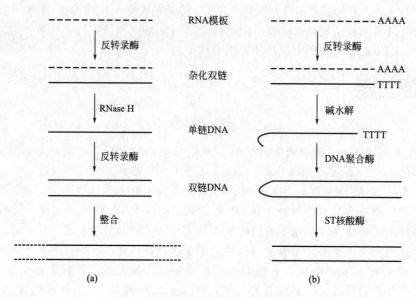

图 11-10　反转录过程

(a) 宿主细胞内反转录病毒复制；(b) 试管内合成 cDNA

如果损伤发生在与生命活动密切相关的基因上，可能导致疾病的发生甚至生物细胞或个体的死亡。在一定条件下，机体能使其 DNA 损伤得到修复，这种修复是生物在长期进化过程中获得的一种保护功能。

（一）DNA 损伤的因素

1. 自发因素

（1）DNA 复制中发生的错误　DNA 复制尽管具有高保真性，但在复制过程中不可避免地会出现碱基错配，错配率为 $1/10^{10}$。

（2）DNA 结构本身的不稳定　DNA 受温度、pH 等变化的影响，可能会引起分子中糖苷键断裂，碱基脱落，某些含氨基的碱基也可自发脱氨基而转变为其他的碱基。

（3）细胞内活性氧的破坏作用　机体物质代谢产生的强氧化剂活性氧等可直接作用于碱基，而改变碱基的类型，甚至链的断裂。

2. 诱发因素

（1）物理因素　包括紫外线、电离辐射（X 射线和 γ 射线）等。

（2）化学因素　包括各种化学诱变剂或致癌物（如 DNA 插入剂等）。主要来自化工原料、化工产品、工业排放物、农药、食品防腐剂和添加剂等。

（3）生物因素　包括某些病毒、噬菌体的感染及真菌代谢产生的毒素（如黄曲毒素等）。

（二）DNA 损伤的类型

DNA 损伤的类型包括错配、缺失或插入、重组或重排等。

1. 错配

DNA 分子上的碱基错配又称为点突变。碱基类似物、碱基的修饰剂、DNA 复制错误、DNA 自身的不稳定性等都会形成错误的碱基配对。

2. 缺失或插入

缺失是一个碱基或一段核苷酸链从 DNA 大分子上消失；插入是原来没有的一个碱基或一段核苷酸链插入到 DNA 大分子中间。缺失或插入都可导致框移突变。框移突变是指三联体密码的阅读方式改变，造成蛋白质氨基酸排列顺序及功能发生改变（图 11-11）。

正常	5′	......$\underline{GCA}$	$\underline{GUA}$	$\underline{CAU}$	$\underline{GUC}$......
		丙	缬	组	缬
缺失C	5′	......$\underline{GAG}$	$\underline{UAC}$	$\underline{AUG}$	$\underline{UC}$......
		谷	酪	蛋	丝

图 11-11　缺失引起框移突变

3. 重组或重排

DNA 分子内较大片段的交换，称为重组或重排。移动的 DNA 可以在新位点上颠倒方向反置，也可以在染色体之间发生交换重组。重组或重排常可引起遗传性疾病、肿瘤等。

（三）DNA 损伤的修复

细胞在 DNA 受到损伤以后，可利用一系列酶系统来进行及时的修复，消除 DNA 分子上的损伤部位，使其恢复正常结构。当然，并不是所有发生在 DNA 分子上的损伤都可以恢复。如果 DNA 受到的损伤不能及时修复，将导致基因结构的改变，影响 DNA 复制和转录，进而引起生物遗传性状的变化。

DNA 修复方式主要有光修复、切除修复、重组修复和 SOS 修复等。

1. 光修复

DNA 分子相邻的嘧啶碱基，在紫外线照射下会共价结合形成嘧啶二聚体。生物体内存在一种光修复酶，该酶能被 $300 \sim 600nm$ 的可见光激活。光修复酶能够特异地识别共价交联的嘧啶二聚体并使之解聚为原来的单体核苷酸形式，完成修复（图 11-12）。

图 11-12　嘧啶二聚体的形成与解聚

2. 切除修复

切除修复细胞内重要和有效的修复方式，包括碱基切除修复和核苷酸切除修复。

碱基切除修复适于修复发生在碱基上对 DNA 双螺旋结构影响不大的损伤。例如，尿嘧啶、次黄嘌呤、烷基化碱基、被氧化的碱基和其他一些被修饰的碱基等。首先由 DNA 糖基化酶识别发生改变的碱基，并将其切除。然后 DNA 内切酶或磷酸二酯酶识别并在其 5′端切断 DNA 分子，最后由 DNA 聚合酶及连接酶填补空隙并连接缺口（图 11-13）。

核苷酸切除修复系统识别损伤对 DNA 双螺旋结构造成的扭曲，然后

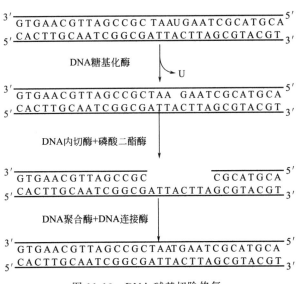

图 11-13　DNA 碱基切除修复

在损伤两侧切开 DNA 链，去除受损片段，再在 DNA 聚合酶催化下，以另一条单链为模板，填补空隙，DNA 连接酶连接缺口，完成损伤修复（图 11-14）。

3. 重组修复

重组修复是当 DNA 分子损伤来不及修复完善时所采用的修复机制。其过程是损伤的 DNA 先进行复制，而后进行同源重组。复制时，需要以正常母链上的一段序列重组交换至有损伤部位的另一个 DNA 分子上，以弥补该损伤部位出现的缺口。因为该损伤部位不能作为模板指导子链的合成，在复制时会出现缺口。而交换后在正常母链上出现的缺口可以复原（图 11-15）。这种修复机制中，受损部位仍然保留，但不断复制后，子代 DNA 中的损伤比例越来越低，损伤逐渐被稀释。

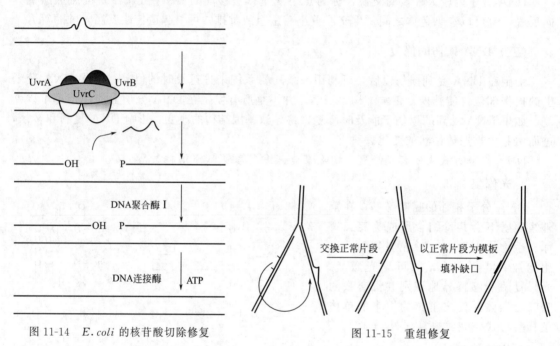

图 11-14　*E.coli* 的核苷酸切除修复　　　　图 11-15　重组修复

4. SOS 修复

SOS 修复是 DNA 损伤严重至难以继续复制，为求得生存而诱发产生的一种修复机制。当 DNA 受到广泛损伤，危及细胞生存时，诱导合成许多参与 DNA 损伤修复的复制酶和蛋白因子。由于是紧急修复，不能将大范围内受损伤的 DNA 完全精确地修复，细胞在一定程度下仍可以存活，但有较高的突变率。

★ 考点提示：DNA 损伤的类型及修复的方式

第二节　RNA 的生物合成

RNA 的生物合成包括转录和 RNA 复制两种方式。转录（transcription）是 DNA 指导的 RNA 生物合成过程，为绝大多数生物 RNA 的合成方式。RNA 复制（RNA replication）是 RNA 指导的 RNA 合成过程，见于 RNA 病毒。

转录是以一段 DNA 单链为模板，4 种核苷三磷酸（NTP）为原料，按碱基互补配对原则，在依赖 DNA 的 RNA 聚合酶的催化下合成 RNA 的过程。通过转录，遗传信息从 DNA 分子传递给 RNA，从染色体的贮存状态转送至胞质，是遗传信息传递的重要环节。

一、参与转录的物质

参与转录的物质包括模板、原料、酶和蛋白因子等。

（一）模板

在不同生长发育阶段、不同环境条件下，基因组中含有的基因只有少数处于转录激活状态，发生转录。能转录出 RNA 的 DNA 区段，称为结构基因。在结构基因的 DNA 双链中，只有一条链作为模板指导转录，另一条链不转录；而且不同基因的模板链并非总是在同一单链上，因此将转录的这种方式称为不对称转录（图 11-16）。DNA 双链中能指导转录生成 RNA 的一条单链，称为模板链（template strand）；相对的另一条单链称为编码链（coding strand）。

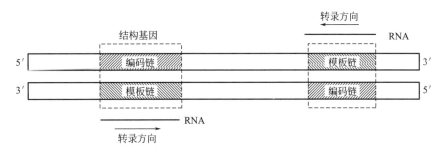

图 11-16　不对称转录

对于整个基因组来说，转录是不连续、分区段进行的。原核细胞中每一转录区段可视为一个转录单位，称为操纵子（operon）。操纵子包括若干个结构基因及其调控序列。调控序列中的启动子是 RNA 聚合酶结合模板 DNA 的部位，也是调控转录的关键部位。

（二）原料

原料包括 ATP、GTP、CTP 和 UTP 四种核糖核苷三磷酸（NTP）。

（三）酶和蛋白因子

1. RNA 聚合酶

RNA 聚合酶以 DNA 为模板，催化底物 NTP 以 NMP 的形式逐一聚合为新链 RNA，故称为依赖 DNA 的 RNA 聚合酶（DNA dependant RNA polymerase，DDRP 或 RNA-pol）。

原核生物中的 RNA 聚合酶在结构、组成和功能上极其相似。$E.coli$ 的 RNA 聚合酶是由四种亚基 α、β、β' 和 σ 组成的五聚体。$\alpha_2\beta\beta'$ 亚基合称核心酶，σ 亚基加上核心酶构成 RNA 聚合酶全酶。σ 亚基的功能是辨认转录起始点。转录的起始需

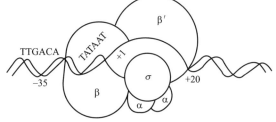

图 11-17　RNA 聚合酶全酶在转录起始区的结合

要全酶，图 11-17 表示 RNA 聚合酶全酶在转录起始区的结合。而转录延长阶段，σ 亚基脱

落则仅需核心酶，核心酶参与转录整个过程。

原核生物 RNA 聚合酶，均受利福平或利福霉素特异性地抑制。它们专一性结合于 RNA 聚合酶的 β 亚基，抑制转录过程。

★ **考点提示：原核生物 RNA 聚合酶的亚基组成及功能**

真核生物具有 3 种不同的 RNA 聚合酶，分别为 RNA 聚合酶Ⅰ、RNA 聚合酶Ⅱ、RNA 聚合酶Ⅲ，催化产生不同的 RNA。RNA pol Ⅰ催化合成 rRNA 的前体 45S rRNA，45S rRNA 再加工成 28S rRNA、5.8S rRNA 及 18S rRNA。RNA pol Ⅲ催化转录编码 tR-NA、5S rRNA 和 snRNA 分子的基因。RNA pol Ⅱ转录生成 mRNA 前体 hnRNA。mRNA 在各种 RNA 中寿命最短、最不稳定，需经常重新合成。在此意义上说，RNA pol Ⅱ是真核生物中最活跃的 RNA 聚合酶。3 种 RNA 聚合酶均受 α-鹅膏蕈碱的特异性抑制，但敏感性不同（表 11-4）。

表 11-4 真核生物的 RNA 聚合酶

种类	RNA pol Ⅰ	RNA pol Ⅱ	RNA pol Ⅲ
转录产物	45S rRNA	hnRNA	5S rRNA，tRNA，snRNA
对鹅膏蕈碱的反应	耐受	极敏感	中度敏感

2. 蛋白因子

RNA 转录还需要一些蛋白因子的参与。如原核生物中一些 RNA 的转录终止需要 ρ 因子的参与；真核生物启动转录时，需要一些称为转录因子的蛋白质，才能启动转录。

★ **考点提示：参与转录的物质**

二、转录过程

原核生物与真核生物的转录过程均包括起始、延长和终止三个阶段。以原核生物为例。

（一）转录起始

转录的起始主要指 RNA 聚合酶结合到 DNA 模板上，DNA 双链局部解开，第一个 NTP 加入，启动转录。

首先由 RNA 聚合酶的 σ 因子辨认转录起始点，并以全酶形式与启动子结合。随之部分双链解开，模板暴露。转录起始不需引物，两个与模板配对的相邻核苷酸，在 RNA 聚合酶催化下生成第一个磷酸二酯键。第一个磷酸二酯键生成后，σ 亚基即从全酶上脱落，脱落后的 σ 因子又可再形成另一全酶，反复使用。

转录起始生成 RNA 的第一位，即 5′-端通常为 GTP 或 ATP，以 GTP 更为常见。当 5′-GTP（5′-pppG-OH）与第二位 NTP 聚合生成磷酸二酯键后，仍保留其 5′端三个磷酸，也就是 1、2 位核苷酸聚合后，生成 5′-pppGpN-OH 3′，它的 3′端羟基可与新的 NTP 形成 3′，5′-磷酸二酯键，使 RNA 链延长下去。

（二）转录延长

σ 亚基脱落后，RNA 聚合酶核心酶构象随着发生改变，与模板的结合比较松弛，有利于酶迅速向下游移动。在移动过程中，一边催化前面的双链不断解旋成单链，一边催化底物 NTP 逐一与延长中 RNA 子链的 3′-OH 生成磷酸二酯键，使 RNA 按 5′→3′方向不断延长。RNA 聚合酶分子可以覆盖 40bp 以上的 DNA 分子段落，转录解链范围小于 20bp，产物

RNA 又和模板形成一小段 RNA/DNA 杂化双链，这样由核心酶-DNA-RNA 形成的转录复合物，形象地称为转录泡（图 11-18）。转录泡上，产物 3′端小段依附结合在模板链，随着 RNA 链不断生长，5′端脱离模板向空泡外伸展。

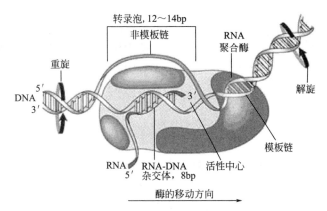

图 11-18　*E.coli* RNA 聚合酶催化的转录过程和转录泡示意图

（三）转录终止

转录的终止就是 RNA 聚合酶在 DNA 模板上停顿下来不再前进，转录产物 RNA 链从转录复合物上脱落下来。转录终止的方式有依赖 ρ 因子与非依赖 ρ 因子两种类型。

1. 依赖 ρ 因子的转录终止

1969 年，J. Roberts 在被 T4 噬菌体感染的 *E.coli* 中发现了能控制转录终止的蛋白质，命名为 ρ 因子。ρ 因子能识别新生 RNA 3′-端序列（富含 C 碱基）并与之结合。结合 RNA 后的 ρ 因子和 RNA 聚合酶都可发生构象变化，从而使 RNA 聚合酶停顿，ρ 因子发挥解旋酶活性使 DNA/RNA 杂化双链分离，产物 RNA 从转录复合物中释放，转录终止（图 11-19）。

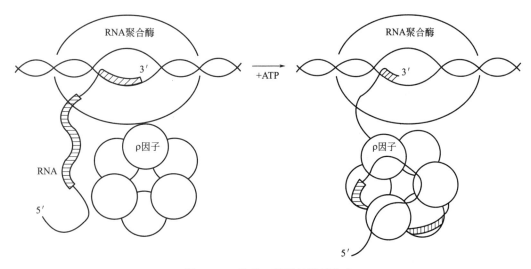

图 11-19　依赖 ρ 因子的转录终止
RNA 链上带条纹处为富含 C 的区域

2.非依赖ρ因子的转录终止

RNA链延长至接近终止区时，其3'末端常有多个连续的碱基U，连续的U区5'端上游的一段碱基序列（富含GC）又可形成茎-环

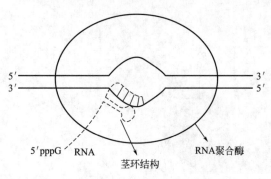

5'pppG RNA   茎环结构   RNA聚合酶

图11-20 非依赖ρ因子的转录终止机制

或称发夹结构。这种结构可阻止RNA聚合酶继续向下游推进，而接着的一串寡聚U又促使RNA链从模板上脱落下来（碱基配对中U/dA最不稳定），转录终止。这一类的转录终止依赖于RNA产物3'端的特殊结构，不需要蛋白因子的协助，这就是非依赖ρ因子的转录终止（图11-20）。

真核生物转录的基本过程与原核生物相似，但更为复杂。真核生物有3种RNA聚合酶分别转录不同类型的RNA，转录的起始需要多种蛋白质即转录因子（transcription factor）、辅激活因子（co-activator）等的参与。真核生物DNA与组蛋白形成核小体结构，在转录延长过程中还需要核小体的解聚及重新装配。真核生物因为有核膜相隔，没有转录和翻译同步的现象。

★ 考点提示：转录的基本过程

三、真核生物转录后的加工

转录生成的初级产物，绝大多数都是不成熟的RNA前体（原核生物mRNA例外），这些前体必须经过加工，使之变成具有生物活性的成熟RNA后，才能进入胞质发挥功能。

（一）mRNA转录后加工

真核生物mRNA前体又称初级mRNA转录物或核不均一RNA（hnRNA）。hnRNA需要进行5'末端和3'末端（首、尾部）的修饰以及对mRNA的剪接（splicing），才能成为成熟的mRNA，被转运到核糖体，指导蛋白质翻译。

1.5'末端加入"帽子"结构

大多数真核生物成熟mRNA的5'末端有7-甲基鸟嘌呤核苷三磷酸（5'-m^{7}GpppNp-）的"帽子"结构。新生mRNA首先水解5'端核苷酸的γ-磷酸，继而与1分子GTP分子结合形成5',5'-双鸟苷三磷酸结构，再由S-腺苷甲硫氨酸提供甲基，使鸟嘌呤碱基发生甲基化，形成帽子结构。5'帽子结构可以使mRNA免遭核酸酶的攻击，也能被蛋白质合成的起始因子识别，促进mRNA和核糖体的结合，启动蛋白质的生物合成。

2.3'端加上多聚腺苷酸尾

一般真核生物成熟mRNA在3'端都有多聚腺苷酸尾巴（poly A尾），含80～250个腺苷酸。前体mRNA在核酸外切酶作用下，在特异位点切去3'末端的一些核苷酸，然后加入poly A，形成多聚腺苷酸尾结构。poly A尾对于维持mRNA的稳定性及mRNA作为翻译模板的活性有重要作用。

3. mRNA前体的剪接

真核生物的基因是不连续的，称为断裂基因。其结构基因由若干个编码区和非编码区互相间隔开但又连续镶嵌而成。在断裂基因及其初级转录产物上出现，并表达为成熟RNA的

编码序列称为外显子；在剪接过程中被除去的非编码序列则称为内含子。hnRNA 的剪接就是去除 hnRNA 上的内含子，把外显子连接为成熟的 mRNA 的过程（图 11-21）。

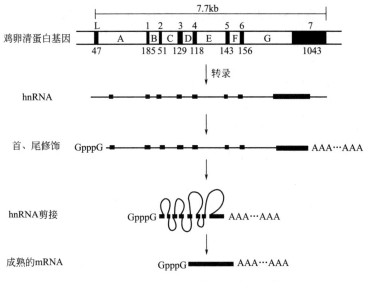

图 11-21　断裂基因及其转录、转录后修饰

★ 考点提示：真核生物 mRNA 的转录后加工修饰

（二）rRNA 的转录后加工

真核生物 RNA pol Ⅰ 催化合成 rRNA 的前体 45S rRNA，45S rRNA 经剪接后，分出属于核糖体小亚基的 18S rRNA，余下的部分再剪接成 5.8S rRNA 及 28S rRNA（图 11-22）。加工成熟后，与核糖体蛋白质一起形成核糖体。

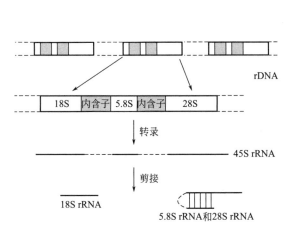

图 11-22　真核生物 rRNA 前体转录后的加工

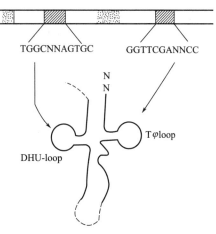

图 11-23　tRNA 转录初级产物
虚线是转录后加工要被剪除的部分

（三）tRNA 的转录后加工

真核生物的大多数细胞有 40～50 种不同的 tRNA 分子。它们的前体分子由 RNA pol Ⅲ 催化生成，然后加工成熟。tRNA 前体的加工包括剪切 3′、5′ 多余的核苷酸，剪接插入序列（相

当于 hnRNA 中的内含子），另外还需要添加 3′端 CCA-OH 以及碱基的修饰等（图 11-23）。

第三节　蛋白质的生物合成

蛋白质的生物合成也称为翻译（translation），是按照 mRNA 分子中由核苷酸组成的密码信息合成蛋白质的过程。其本质是将 mRNA 分子中 4 种核苷酸序列编码的遗传信息转换成蛋白质一级结构中 20 种氨基酸的排列顺序。

一、参与蛋白质生物合成的物质

蛋白质的生物合成是一个由多种分子参与的复杂过程。合成体系包括：20 种编码氨基酸、三种 RNA、酶和蛋白因子以及无机离子、能源物质等。

（一）原料

蛋白质生物合成的原料是 20 种编码氨基酸。自然界存在的氨基酸约有 300 多种，但具有遗传密码的氨基酸只有 20 种，它们是蛋白质合成的直接原料。

（二）三种 RNA

1. mRNA 与遗传密码

mRNA 是蛋白质生物合成的直接模板。

mRNA 分子中从 5′至 3′方向，由 AUG 开始，每三个相邻的核苷酸组成一组，形成三联体，代表一种氨基酸或蛋白质合成的起始或终止信号，称为遗传密码（genetic code）或密码子（codon）（表 11-5）。存在于 mRNA 中的 A、G、C、U 4 种核苷酸可组合成 64 个密码子（$4^3 = 64$）。在 64 个密码子中，有 61 个分别代表 20 种氨基酸信息；AUG 作为多肽链合成的起始信号称为起始密码子，同时编码甲硫氨酸；UAA、UAG、UGA 不编码任何氨基酸，只作为多肽链合成的终止信号，称为终止密码子。从 mRNA 5′端的起始密码子 AUG 到 3′端终止密码子之间的核苷酸序列，称为开放阅读框（open reading frame，ORF）。遗传密码具有以下重要特点。

（1）方向性　翻译时阅读方向只能是从 5′→3′方向，即从 mRNA 某一开放阅读框的起始密码子 AUG 开始，从 5′→3′方向逐一读码，直至终止密码子。这样，mRNA 开放阅读框中从 5′端到 3′端的核苷酸顺序就决定了多肽链中从 N-端到 C-端的氨基酸排列顺序。

（2）连续性　翻译时，从 mRNA 起始密码子 AUG 开始，按 5′→3′方向连续地一个密码子挨着一个密码子阅读，每个核苷酸只阅读一次，直到终止密码子为止。mRNA 开放阅读框中如有一个或几个核苷酸插入或缺失，就会使此后的读码产生错译，造成下游翻译产物氨基酸序列的改变，由此引起的突变称为框移突变。

（3）简并性　除甲硫氨酸和色氨酸只对应 1 个密码子外，其他氨基酸都有 2、3、4 或 6 个密码子为之编码。一种氨基酸可具有两个或两个以上的密码子的现象，称为遗传密码的简并性。为同一种氨基酸编码的不同密码子称为简并密码子或同义密码子。大多数简并密码子的第 1 位和第 2 位碱基相同，仅第 3 位碱基有差异，即密码子的特异性主要由前两位核苷酸决定，第 3 位碱基的改变往往不改变其密码子编码的氨基酸，从而不影响翻译氨基酸的种类。

表 11-5　遗传密码表

第一个核苷酸 (5′)	第二个核苷酸				第三个核苷酸 (3′)
	U	C	A	G	
U	苯丙氨酸	丝氨酸	酪氨酸	半胱氨酸	U
	苯丙氨酸	丝氨酸	酪氨酸	半胱氨酸	C
	亮氨酸	丝氨酸	终止密码	终止密码	A
	亮氨酸	丝氨酸	终止密码	色氨酸	G
C	亮氨酸	脯氨酸	组氨酸	精氨酸	U
	亮氨酸	脯氨酸	组氨酸	精氨酸	C
	亮氨酸	脯氨酸	谷氨酰胺	精氨酸	A
	亮氨酸	脯氨酸	谷氨酰胺	精氨酸	G
A	异亮氨酸	苏氨酸	天冬酰胺	丝氨酸	U
	异亮氨酸	苏氨酸	天冬酰胺	丝氨酸	C
	异亮氨酸	苏氨酸	赖氨酸	精氨酸	A
	甲硫氨酸	苏氨酸	赖氨酸	精氨酸	G
G	缬氨酸	丙氨酸	天冬氨酸	甘氨酸	U
	缬氨酸	丙氨酸	天冬氨酸	甘氨酸	C
	缬氨酸	丙氨酸	谷氨酸	甘氨酸	A
	缬氨酸	丙氨酸	谷氨酸	甘氨酸	G

注：当 AUG 处于 mRNA 上首位时是肽链合成的启动信号。

（4）通用性　一般来说，遗传密码表中的这套“通用密码”基本上适用于生物界的所有物种，具有通用性。但某些动物细胞的线粒体和植物细胞的叶绿体内所使用的遗传密码与“通用密码”有差别。

（5）摆动性　mRNA 序列中密码子与 tRNA 序列中的反密码子反向配对结合时（图 11-24），并不严格遵守碱基配对规律，称为遗传密码的摆动性。摆动配对在反密码子的第 1 位碱基与密码子的第 3 位碱基之间最为常见。如 tRNA 分子中的反密码子第 1 位出现次黄嘌呤（Ⅰ）时，Ⅰ可分别与 mRNA 分子中的密码子第 3 位的 A、U 或 C 配对。摆动配对这种特性能使 1 种 tRNA 识别 mRNA 的多种简并性密码子。

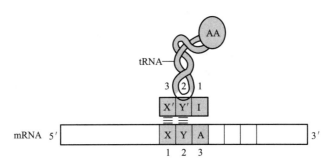

图 11-24　密码子与反密码子的反向配对
X 与 X′、Y 与 Y′为互补碱基对

2. rRNA 与核糖体

核糖体又称核蛋白体，由 rRNA 与多种蛋白质组成，是蛋白质多肽链合成的场所。

核糖体由大、小两个亚基组成。原核生物核糖体为 70S，由 30S 小亚基和 50S 大亚基组成。30S 小亚基由 16S rRNA 和 21 种蛋白质组成，50S 大亚基由 23S rRNA、5S rRNA 和 36 种蛋白质组成。真核生物核糖体为 80S，由 40S 小亚基和 60S 大亚基组成。40S 小亚基由

18S rRNA 和 33 种蛋白质组成，60S 大亚基由 28S rRNA、5.8S rRNA、5S rRNA 和 49 种蛋白质组成。

核糖体作为蛋白质合成场所具有以下结构特点和作用（图 11-25）。

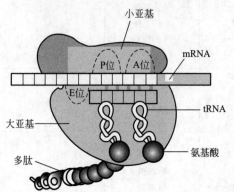

图 11-25　原核生物翻译过程中核糖体结构模式

（1）可结合模板 mRNA　此位点位于核糖体小亚基，核糖体能沿着 mRNA 5′→3′方向阅读遗传密码。

（2）原核生物核糖体上有 A 位、P 位和 E 位 3 个重要的功能位点　A 位结合氨基酰-tRNA，称为氨基酰位；P 位结合肽酰-tRNA，称肽酰位，两者都是由大、小亚基共同构成。E 位是排出位，由此释放已经卸载了氨基酸的 tRNA，主要是大亚基成分。真核细胞核糖体没有 E 位。

（3）具有转肽酶活性，催化肽键的形成　E.coli 转肽酶活性与核糖体大亚基上的 23S rRNA 有关，因此转肽酶也是一种核酶。

（4）能结合参与蛋白质合成的多种蛋白因子　如起始因子（IF）、延长因子（EF）和终止因子（RF），它们在蛋白质合成的各个环节发挥作用。

知识链接

核糖体结构和功能研究与诺贝尔化学奖

现为美国国籍的英国科学家 Venkatraman Ramakrishnan、美国科学家 Thomas Steitz 和以色列女科学家 Ada Yonath 因核糖体结构和功能研究成绩卓著而获得 2009 年诺贝尔化学奖。他们的研究表明，蛋白质合成就像一个复杂而又精密的机器，不同"零件"在不同岗位上各司其职；而这一切要归功于扮演蛋白质合成化学工厂总调度师角色的"核糖体"——它指挥、调度所有合成体系成员，按 mRNA 指令装配、产生不同的蛋白质/多肽链。3 位科学家采用 X 线蛋白质晶体衍射技术，标识出了构成核糖体的成千上万个原子。不仅让我们了解了核糖体的"外貌"，而且在原子水平揭示了核糖体功能。核糖体研究成果让我们很容易理解，如果细菌的核糖体功能受到抑制，那么细菌就无法存活。在医学上，人们正是利用抗生素来抑制细菌的核糖体，治疗细菌感染性疾病。3 位科学家构建的三维模型揭示了不同的抗生素是如何抑制核糖体功能。这些模型被用于研发新的抗生素，拯救了无数生命。

3. tRNA 与氨基酰-tRNA

用于合成蛋白质的 20 种氨基酸需要其特定的 tRNA 转运至核糖体。

tRNA 具有两个关键部位：一个是氨基酸结合部位；另一个是 mRNA 结合部位。氨基酸被 tRNA 转运至核糖体之前，各种氨基酸需被分别加载到各自特异的 tRNA 分子上，形成氨基酰-tRNA。tRNA 的氨基酸臂是结合氨基酸的部位。tRNA 的反密码子与 mRNA 中相应的密码子通过碱基互补配对识别、结合，tRNA 所携带的氨基酸就可以准确地在 mRNA 序列上"对号入座"，从而使氨基酸按 mRNA 规定的顺序排列起来形成蛋白质多肽链。

（三）酶和蛋白因子

1. 氨基酰-tRNA 合成酶

氨基酰-tRNA 合成酶存在于胞质中，催化氨基酸的活化。各种氨基酸经特异的氨基酰-tRNA 合成酶催化形成具有反应活性的氨基酰-tRNA。

2. 转肽酶

转肽酶是核糖体大亚基的组成成分，催化核糖体 P 位上的肽酰基转移至 A 位氨基酰-tRNA 的氨基上，使酰基与氨基结合形成肽键。

3. 转位酶

催化核糖体向 mRNA 的 $3'$-端移动一个密码子的距离，使下一个密码子定位于 A 位，而携带肽链的 tRNA 则移位至 P 位，使肽链延长。

4. 蛋白因子

在蛋白质生物合成的各阶段有很多重要的蛋白因子参与，包括起始因子（initiation factor，IF）、延长因子（elongation factor，EF）和释放因子（release factor，RF）等。

（四）无机离子及能源物质

参与蛋白质生物合成的无机离子有 Mg^{2+} 和 K^+ 等；蛋白质生物合成的能源物质有 ATP、GTP。

★ 考点提示：参与蛋白质生物合成的物质，遗传密码的特点

二、蛋白质生物合成过程

蛋白质的生物合成包括 3 个过程：氨基酸的活化、肽链的生物合成及肽链形成后的加工。

（一）氨基酸的活化

氨基酸与特异的 tRNA 结合形成氨基酰-tRNA 的过程称为氨基酸的活化。每一个氨基酸必须活化成氨基酰-tRNA 才能参与蛋白质的生物合成。在氨基酰-tRNA 合成酶作用下，氨基酸的 α-羧基与 tRNA $3'$-末端 CCA-OH 脱水生成氨基酰-tRNA。每个氨基酸活化需消耗 2 个高能磷酸键。氨基酰-tRNA 合成酶对底物氨基酸和 tRNA 都有高度特异性。此外，氨基酰-tRNA 合成酶具有校正活性，即该酶可改正反应的任一步骤中出现的错配。

$$氨基酸 + tRNA + ATP \xrightarrow{\text{氨基酰-tRNA 合成酶}} 氨基酰\text{-}tRNA + AMP + PPi$$

由于起始密码子 AUG 编码甲硫氨酸，真核细胞中起始 tRNA 与甲硫氨酸结合形成 Met-tRNA^{iMet}，可以在 mRNA 的起始密码子 AUG 处就位，参与形成翻译的起始复合物；而原核细胞中起始 tRNA 与甲硫氨酸结合后，甲硫氨酸很快被甲酰化为 N-甲酰甲硫氨酸（N-formyl-methionine，fMet），于是形成 N-甲酰甲硫氨酰-tRNA（fMet-tRNA^{fMet}）。原核细胞的起始密码子只辨认 fMet-tRNA^{fMet}。

（二）肽链的生物合成

肽链的生物合成是蛋白质生物合成过程的中心环节，可分为起始、延长、终止三个阶段。以原核生物为例：

1. 起始

肽链合成的起始阶段是指模板 mRNA 和起始氨基酰-tRNA 分别与核糖体结合而形成翻译起始复合物的过程。这一过程还需要 IF、GTP 和 Mg^{2+} 参与。

（1）mRNA 在小亚基上定位结合　在 mRNA 起始密码子 AUG 上游存在一段特殊核苷酸序列，又称核糖体结合位点（ribosomal binding site，RBS），可以识别核糖体小亚基 16S rRNA 的特定序列，从而与核糖体小亚基结合。另外，mRNA 上紧接核糖体结合位点后有一小段核苷酸序列又可被核糖体小亚基蛋白辨认结合。因此，通过 RNA-RNA、RNA-蛋白质之间的相互作用就把 mRNA 结合到小亚基上，并在 AUG 处准确定位。

（2）fMet-tRNA^{fMet} 的结合　fMet-tRNA^{fMet} 识别 AUG 并结合对应于核糖体 P 位，A 位被 IF-1 占据，不被任何氨基酰-tRNA 结合。

（3）核糖体大亚基结合　结合了 mRNA、fMet-tRNA^{fMet} 的小亚基再与核糖体大亚基结合，形成由完整核糖体、mRNA、fMet-tRNA^{fMet} 组成的翻译起始复合物。此时，结合起始密码子 AUG 的 fMet-tRNA^{fMet} 占据 P 位，A 位留空，为延长阶段的进位做好了准备。

2. 延长

肽链合成的延长阶段是指在翻译起始复合物的基础上，根据 mRNA 密码序列的指导，氨基酸依次进入核糖体并聚合成多肽链的过程。这一阶段是在核糖体上连续循环进行的，又称核糖体循环。每循环一次，新生肽链延长一个氨基酸。每个循环又分为三步，即进位、成肽和转位。此过程还需要延长因子 EF-T、EF-G 辅助，GTP 供能，Mg^{2+} 和 K^+ 参与。

（1）进位　又称注册，是指按照 mRNA 模板中密码子的指导，一个特异氨基酰-tRNA 进入并结合到核糖体 A 位的过程。翻译起始复合物形成后，核糖体 P 位结合 fMet-tRNA^{fMet}，但 A 位留空且对应于 mRNA 中的第二个密码子，进入 A 位的氨基酰-tRNA 即由该密码子决定。进位需要延长因子 EF-T、GTP 参与（图 11-26）。

（2）成肽　成肽是在转肽酶的催化下，核糖体 P 位上起始氨基酰-tRNA 的 N-甲酰甲硫氨酰基或肽酰-tRNA 的肽酰基转移到 A 位并与 A 位上氨基酰-tR-NA 的 α-氨基结合形成肽键的过程。第一个肽键形成后，二肽酰-tRNA 占据核糖体 A 位，而卸载的 tR-NA 仍在 P 位（图 11-27）。起始的 N-甲酰甲硫氨酸的 α-氨基被持续保留而成为新生肽链的 N-端。

（3）转位　转位是在转位酶的催化下，核糖体向 mRNA 的 3′端移动一个密码子的距离，使 mRNA 序列上的下一个密码子进入核糖体的 A 位，而占据 A 位的肽酰-tRNA 移入 P 位的过程。转位需要延长

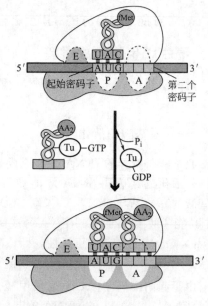

图 11-26　进位

因子 EF-G、GTP 参与，EF-G 具有转位酶（translocase）活性。卸载的 tRNA 则移入 E 位。A 位留空并对应下一组密码子，准备适当氨基酰-tRNA 进位，开始下一轮核糖体循环（图 11-28）。

新生肽链上每增加一个氨基酸残基都需要经过上述三步反应。此过程需 EF 参与并消耗 2 分子 GTP。核糖体沿 mRNA 模板从 5′→3′方向阅读遗传密码，连续进行进位、成肽、转

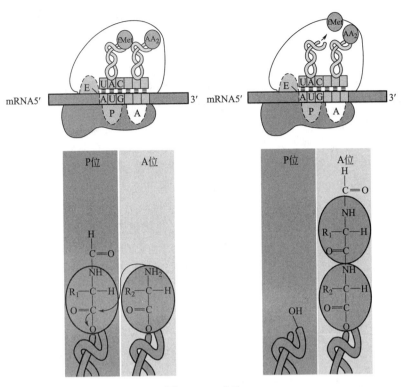

图 11-27　成肽

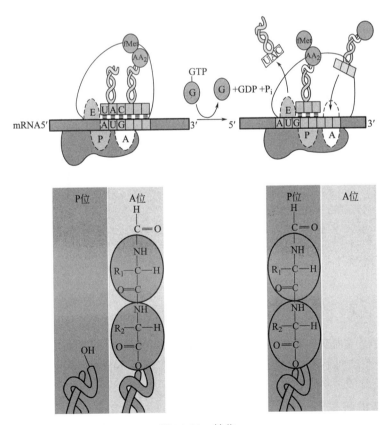

图 11-28　转位

位的循环过程，每次循环肽链 C-端添加一个氨基酸，使相应肽链的合成从 N-端向 C-端延伸，直到终止密码子出现在核糖体的 A 位为止。

3. 终止

肽链合成的终止阶段是指当核糖体 A 位出现终止密码子时，肽链从肽酰-tRNA 中释出，原结合在一起的 mRNA、核糖体大、小亚基相互分离的过程。

肽链合成的终止需要释放因子 RF、GTP 参与。当肽链合成至 A 位上出现终止密码子 UAA、UAG 或 UGA 时，没有氨基酰-tRNA 能进入 A 位，只有释放因子 RF 能识别终止密码子并进入 A 位与终止密码子结合。RF 与终止密码子结合后可触发核糖体构象改变，将转肽酶活性转变为酯酶活性，水解肽酰-tRNA，释放新生肽链，并促使 mRNA、卸载 tRNA 及 RF 从核糖体脱离。随之核糖体大、小亚基分离而进入另一条肽链的合成（图 11-29）。

无论在原核细胞还是真核细胞内，1 条 mRNA 模板链都可附着 10～100 个核糖体，这些核糖体依次结合同一 mRNA 的起始密码子并沿 5′→3′ 方向读码移动，同时进行多条肽链合成，这种 mRNA 与多个核糖体形成的聚合物称为多聚核糖体。多聚核糖体的形成可以使蛋白质生物合成以高速度、高效率进行（图 11-30）。

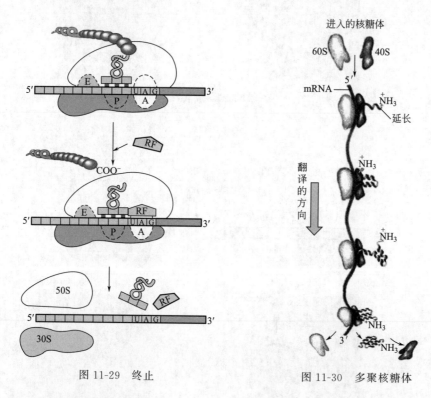

图 11-29　终止

图 11-30　多聚核糖体

（三）肽链形成后的加工

从核糖体上释放出来的新生多肽链不具备蛋白质的生物学活性，必须经过复杂的加工过程才能转变为具有天然构象的功能蛋白质。蛋白质在核糖体合成后还需要定向输送到合适的部位才能行使各自的生物学功能。

1. 新生肽链的折叠

新生肽链的折叠在肽链合成中、合成后完成，可能随着肽链的不断延伸而逐步折叠，产生正确的二级结构、模体、结构域到形成完整空间构象。新生肽链的折叠一般需在分子伴侣及蛋白质二硫键异构酶、肽-脯氨酸顺反异构酶等的参与下完成。

2. 一级结构的修饰

肽链合成过程中，原核生物新生肽链的第一个氨基酸总是 N-甲酰甲硫氨酸，真核生物第一个氨基酸总是甲硫氨酸，但多数天然蛋白质不以 N-甲酰甲硫氨酸或甲硫氨酸为 N 端第一位氨基酸。细胞内脱甲酰基酶或氨基肽酶可以除去 N-甲酰基、N-端甲硫氨酸或 N 端附加序列（如信号肽）。据估计，蛋白质中有 100 多种修饰性氨基酸。这些修饰性氨基酸对蛋白质的生物学功能的发挥至关重要。如结缔组织中胶原蛋白的脯氨酸和赖氨酸残基经羟化酶作用发生羟基化修饰，产生羟脯胺酸和羟赖氨酸；多肽链含羟基的丝氨酸、苏氨酸的磷酸化；蛋白质肽链中半胱氨酸间二硫键的形成；组蛋白的精氨酸残基甲基化修饰等。某些无活性的蛋白质前体可经蛋白酶水解，生成具有活性的蛋白质或多肽，如胰岛素原被酶解而生成胰岛素；多种蛋白酶原经裂解激活成蛋白酶。

3. 空间结构的修饰

（1）亚基的聚合　各亚基各有独立功能，但又必须互相依存，才能发挥其生物学作用。含有 2 条或 2 条以上亚基的蛋白质通过非共价键聚合形成具有四级结构的蛋白质。例如：血红蛋白分子 α 亚基和 β 亚基的聚合。

（2）辅基的连接　蛋白质分为单纯蛋白质和结合蛋白质两类。各种结合蛋白质如脂蛋白、色蛋白、糖蛋白及各种带辅基的酶，合成后还需进一步与辅基连接，才能成为具有功能活性的天然蛋白质。

（四）靶向输送至细胞特定部位

蛋白质在核糖体上合成后，必须被分选出来，定向输送到一个合适的部位才能行使其生物学功能，大致有三种去向：保留在细胞质；进入细胞器；分泌到细胞外。驻留在细胞质中的蛋白质在游离核糖体上合成后，释放到胞质即可，而运往其他部位的蛋白质都必须先通过膜性结构，经过复杂的靶向输送机制后才能到达目的地。蛋白质的靶向输送与蛋白质生物合成后加工过程同步进行。

★ **考点提示：蛋白质生物合成的基本过程**

三、蛋白质生物合成与医学的关系

（一）分子病

由于基因突变导致蛋白质一级结构的改变，进而引起蛋白质构象和功能异常，这种疾病称为分子病。例如镰刀形红细胞贫血是由于编码人珠蛋白基因中一个碱基发生突变，导致血红蛋白 β 亚基中第 6 位氨基酸残基由正常的谷氨酸被缬氨酸取代而引起的。

（二）干扰蛋白质生物合成的药物和毒物

1. 抗生素

抗生素是一类由某些真菌、细菌等微生物产生的药物，通过阻断细菌蛋白质生物合成而抑制细菌生长和繁殖，对宿主无毒性的抗生素可用于预防和治疗感染性疾病。抗生素可通过影响翻译的不同过程，达到抑菌的作用。如四环素能与细菌核糖体的小亚基结合使其变构，从而抑制 tRNA 的进位；链霉素则抑制细菌蛋白质合成的起始阶段，并引起密码错读而干扰蛋白质的合成；氯霉素能与细菌核糖体的大亚基结合，抑制转肽酶活性等。

2. 干扰素

干扰素是真核细胞被病毒感染后分泌的具有抗病毒作用的蛋白质，可抑制病毒的繁殖，保护宿主细胞。干扰素能诱导一种特异的蛋白激酶活化，该活化的蛋白激酶使真核生物延长因子 eEF-2 磷酸化而失活，从而抑制病毒蛋白质的合成；此外干扰素还能与双链 RNA 共同作用，活化核酸内切酶 RNase L，降解病毒 mRNA，从而阻断病毒蛋白质合成。干扰素除抗病毒作用外，还有调节细胞生长分化、激活免疫系统等作用，已普遍应用临床治疗。

3. 毒素

某些毒素通过干扰真核生物蛋白质生物合成而引起毒性。如白喉毒素、蓖麻毒素，特异性抑制 eEF-2，阻断蛋白质的生物合成。

★ 考点提示：分子病的概念；干扰蛋白质生物合成的药物和毒物

思考题

一、名词解释
1. 半保留复制
2. 冈崎片段
3. 反转录
4. 遗传密码

二、填空题

1. DNA 复制过程中，复制方向与解链方向一致的子链称为_____，复制方向与解链方向相反的子链称为_____。

2. 原核生物 DNA 复制时，先由引物酶合成_____，再由_____在其 3′端合成 DNA 链，然后由_____切除引物并且填补空隙，最后由_____连接成完整的链。

3. 复制过程中能催化磷酸二酯键生成的，除了 DNA 连接酶还有_____和_____。

4. 原核生物 E. coli RNA 聚合酶是由_____、_____、_____、_____和_____组成的五聚体蛋白质。其核心酶的组成为_____，识别转录起始位点的是_____。

5. 真核生物 mRNA 转录后加工过程中，5′端修饰是形成_____结构，3′端加上_____尾巴，以及对 mRNA 进行_____去除_____，才能成为成熟的 mRNA。

6. 遗传密码的特点有_____、_____、_____、_____和方向性。

7. 核糖体循环是指在肽链合成的延长阶段，在核糖体上重复进行的_____、_____和_____的循环过程。

三、简答题
1. 简述参与复制所需物质。
2. 简述 3 种 RNA 在蛋白质生物合成过程中的作用。
3. 比较复制、转录和翻译有何不同。

（贾艳梅）

第十二章

细胞信号转导

○○○○○○○○○○○○○○○○○○○○○○○○○○○○○○○○○○○○○○○
○○○○○○○○○○○○○○○○○○○○○○○○○○○○○○○○○○○○○○○
○○○○○○○○○○○○○○○○○○○○○○○○○○○○○○○○○○○○○○○

【学习目标】

◆ **掌握**：细胞信号转导的概念；细胞间信号分子的类型；受体的类型；cAMP-依赖性蛋白激酶 A 途径；IP_3/DAG -依赖性蛋白激酶 C 途径。

◆ **熟悉**：信号分子的概念；受体的作用特点；G 蛋白及其信号转导机制；受体型蛋白酪氨酸激酶途径。

◆ **了解**：胞内受体介导的信号转导途径；细胞信号转导异常与疾病的关系。

案例导入

案例回放：

　　G 蛋白偶联受体（GPCR）是一类细胞膜受体，介导多条信号转导途径，也是重要的药物靶标。目前世界药物市场上 45% 的临床药物直接作用于 GPCR 及其信号转导途径，广泛应用于疼痛、哮喘、高血压、炎症、重度抑郁症、精神分裂症、肥胖症、癌症、老年痴呆症、帕金森病等治疗领域。

思考问题：

　　1. G 蛋白偶联受体在细胞信号转导中有何作用？

　　2. G 蛋白偶联受体及其介导的信号转导途径为什么成为药物靶标？

　　生物体内外环境是不断变化的，细胞作为生物体的基本单位能感受内外环境的变化信息，对环境变化做出应答，产生相应的生物学反应。细胞针对特定的化学信号所发生的细胞内生物化学变化及效应的全过程称为细胞信号转导（cellular signal transduction）。信号分子通过特异性识别并结合存在于靶细胞膜或细胞内的受体，激活胞内信号分子发生生物化学反应，引起蛋白质分子构象、酶活性及基因表达等方面的改变，从而使机体在整体上适应外界环境的变化。在动物体内，神经、内分泌及免疫等系统的正常运行都离不开细胞信号转导。如果机体细胞内或细胞间不能进行有效的信号传递，就会影响细胞的增殖、分化、代谢、凋亡等生命活动，可能会导致疾病甚至死亡。因此阐明细胞信号转导的机制有助于认识各种生命活动的本质、深入探讨疾病的发生、发展及防治机制。

　　参与细胞信号转导的组分主要包括胞外信号分子、受体和胞内信号分子等。

　　★ **考点提示**：细胞信号转导的概念

第一节 信号分子

一、信号分子的概念

细胞内外能够携带或传递信息，调节细胞生命活动功能的生物分子称为信号分子（signaling molecule）或称信息分子。由细胞分泌的，在细胞间传递信息，调节细胞生命活动的信号分子称为细胞间信号分子，或称第一信使（first messenger）。第一信使携带各种细胞外信息，通过细胞受体将信息转导入细胞内，调节细胞的生物学功能。第一信使与靶细胞膜上特异受体结合后，在胞质内产生的小分子细胞内信息物质，如 cAMP、cGMP、IP_3、DAG、Ca^{2+}、NO 等，称为第二信使（second messenger）。第二信使能将细胞外信息放大、诱导靶细胞特异应答而产生的一系列生物学效应。

★ 考点提示：信号分子、第二信使的概念

二、信号分子的种类与化学本质

（一）细胞间信号分子

根据细胞间信号分子的作用方式可将其分为三类。

1. 激素

激素（hormone）是由特殊分化的内分泌细胞合成并分泌，经血液循环而传递至远处，与靶细胞的受体特异性结合，从而调节靶细胞的代谢和生理功能。

按激素作用机制不同，可将激素分为两类。①细胞膜受体激素：这些激素包括蛋白质、肽类、氨基酸衍生物类激素，它们通过细胞膜受体机制发挥作用，如胰岛素、胰高血糖素、生长素、甲状旁腺激素、肾上腺素等；②细胞内受体激素：如类固醇激素、甲状腺激素、1,25-$(OH)_2$-D_3 等，这些激素大多为脂溶性，可透过细胞膜进入细胞，与胞内受体结合发挥作用。

2. 神经递质

神经递质（neurotransmitters）是突触前膜释放的一种信号分子，它与突触后膜相应受体相互作用后产生快速而短暂的突触后电位改变，引起靶细胞的一系列生理生化反应，如乙酰胆碱、γ-氨基丁酸、5-羟色胺等。

3. 局部化学物质

局部化学物质是由组织细胞分泌，通过扩散作用传播，作用到邻近的靶细胞，产生生物学效应的化学物质，如细胞因子、生长因子、前列腺素、NO 等。

（二）细胞内信号分子

细胞内信号分子是在细胞内传递细胞调控信号的化学物质，包括胞内第二信使和参与信号转导的蛋白信号分子（又称信号转导蛋白）。信号转导蛋白多为一些酶分子，一类为催化第二信使生成与转化的酶，如腺苷酸环化酶（adenylate cyclase，AC）、鸟苷酸环化酶（GC）、磷脂酶 C（phospholipase C，PLC）等；另一类酶为蛋白激酶和蛋白磷酸酶，催化蛋白质的可逆性磷酸化修饰，如蛋白丝氨酸/苏氨酸激酶、蛋白酪氨酸激酶等。还有一些没有酶活性的信号转导蛋白，通过其活性变化传递信息，如 G 蛋白、衔接蛋白等。

第二节 受 体

受体（receptor）是位于细胞膜上或细胞内能特异识别细胞间信号分子并与之结合，产生特定生理效应的一类生物分子。已经证明，受体的化学本质是蛋白质，多数为糖蛋白，个别糖脂也有受体作用。能与受体特异结合的信号分子称为配体（ligand）。

一、受体的种类

根据存在亚细胞部位不同，受体可分为细胞膜受体和细胞内受体两大类。

（一）膜受体

大部分信号分子都具有亲水性，不能直接进入细胞，因而只能结合于靶细胞膜表面的受体，然后触发细胞内的信号转导途径，产生特定的生理效应。膜受体按其分子结构与功能的不同，可分为跨膜离子通道型受体、G 蛋白偶联受体和酶偶联受体三类，其配体结合部位均位于质膜表面。

1.跨膜离子通道型受体

离子通道型受体是位于细胞膜上的配体门控离子通道，是由均一的或非均一的亚基构成的寡聚体，并由这些亚基围成一跨膜通道，故又称为环状受体。受体的开放和关闭受特异性化学配体的控制，选择性地允许离子进出细胞，引起膜电位改变，从而影响细胞功能。离子通道型受体的配体主要是神经递质、神经肽等。例如，烟碱样乙酰胆碱受体（N-AchR）是由 5 个亚基在突触膜上呈五边形排列构成的跨膜的寡聚体（$\alpha_2\beta\gamma\delta$），中心为离子通道，每个亚基有 4～5 个跨膜 α-螺旋结构。当神经递质与受体结合后，在数毫秒钟内引起受体构象改变，促使离子通道开放或关闭，从而触发生理效应（图 12-1）。因此，离子通道型受体是介导神经冲动的一种快速传递方式。

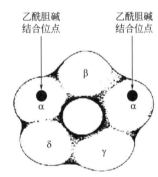

图 12-1 烟碱样乙酰胆碱受体（N-AchR）

2.G 蛋白偶联受体

G 蛋白偶联受体是指膜受体蛋白结合了 G 蛋白的一类受体。G 蛋白偶联受体是单链球状糖蛋白。该肽链的 N 端在细胞外侧，C 端在细胞内侧。由 7 个跨膜 α-螺旋结构、三个亲水性细胞外环和三个细胞内环连成束状，穿行在膜内。因此，该受体也称为"七跨膜受体"（图 12-2）。此型受体的胞质内第三

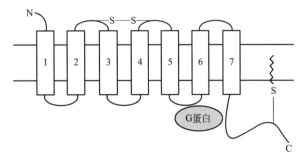

图 12-2 G 蛋白偶联受体

个环与 C 端序列构成与 G 蛋白偶联的结构域，通过 G 蛋白将细胞外信息转导到细胞内，改变细胞内第二信使（cAMP、IP_3 等）浓度，调节细胞内酶或功能蛋白的活性，引起生物学效应。大多数激素受体都属于 G 蛋白偶联受体。

G 蛋白全称是鸟苷酸调节蛋白，是一类存在于靶细胞质膜内侧或细胞质中具有 GTP 水解酶活性的一类信号转导蛋白。

G 蛋白以 α、β、γ 亚基三聚体的形式存在于细胞质膜内侧，β 和 γ 亚基通常结合在一起，α 亚基可与 GTP 或 GDP 可逆结合。G 蛋白有两种构象：一种是以 αβγ 三聚体与 GDP 结合为非活化型，另一种构象是 βγ 二亚基脱离，α 亚基与 GTP 结合，为活化型。G 蛋白通过对 GTP、GDP 的交换来实现激活或失活状态的转变，从而完成信号的传递过程。G 蛋白种类很多，但其中的 βγ 亚基都非常相似，而 α 亚基不同，即 α 亚基决定 G 蛋白的特性及功能。根据 G 蛋白对效应蛋白或酶的作用不同，可分成若干种。常见的有兴奋型 G 蛋白（stimulatory G protein，Gs）、抑制型 G 蛋白（inhibitory G protein，Gi）、磷脂酶 C 型 G 蛋白（PI-PLC G protein，Gp）等。当细胞转导胞外信号时，首先由不同类型的 G 蛋白偶联受体识别并结合相应信号分子。然后受体发生构象改变，进一步激活质膜内侧的异三聚体 G 蛋白，活化的 G 蛋白再去激活其下游的各种效应器，产生细胞内的第二信使，从而将信号逐级传递下去。G 蛋白调节的效应蛋白主要是腺苷酸环化酶、cGMP 磷酸二酯酶及磷脂酶 C、磷脂酶 A_2 及离子通道等。

除此之外，在细胞内还存在另一类 G 蛋白，这类 G 蛋白是单体分子，具有鸟苷酸的结合位点，有 GTP 酶活性，分子量较小，在 20～30kDa，因此被称为低分子 G 蛋白。因为与 *ras* 癌基因高度同源，又称为 Ras 蛋白。Ras 蛋白与 GTP 结合后活性增强，与 GDP 结合后活性降低。

3. 酶偶联受体

这类受体大多数为糖蛋白，由一条多肽链构成。其多肽链可分为胞外配体结合区、胞内酶活性功能区和跨膜区三部分。每个受体跨膜区只有一段由 22～26 个疏水氨基酸组成的 α-螺旋，因此又称为"单跨膜 α-螺旋型受体"。受体的胞外配体结合区多数含有糖链，结合的配体多数为细胞因子和生长因子，因此酶偶联受体的作用与细胞生长、增殖密切相关。细胞内区则带有受体型蛋白酪氨酸激酶（protein tyrosine kinase，TPK）结构域，或者带有与非受体型 PTK 作用的结构域（图 12-3）。当胞外信号分子与酶偶联受体结合，受体构象改变使受体发生二聚化，受

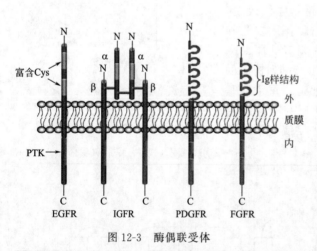

图 12-3 酶偶联受体

体二聚体形成后可激活胞内受体的或非受体的 TPK 活性，酶催化底物蛋白中的酪氨酸残基磷酸化修饰，将信息转导入细胞内。表皮生长因子受体（EGFR）、胰岛素受体（InsR）和血小板衍生生长因子受体（PDGFR）等都属于此类受体。

（二）胞内受体

此类受体位于细胞质或细胞核中，类固醇激素、甲状腺激素、维甲酸等通过此类受体传

递信号。胞内受体与进入细胞的信号分子结合后，可以直接作用于 DNA，调控基因表达，从而影响细胞的物质代谢或生理活动。

二、受体的作用特点

1. 高度特异性

高度特异性是指受体只能与特定信号分子结合而产生特定效应的性质。这种选择性是由受体和信号分子的构象决定的。不同细胞可存在相同的受体，与某一特定配体结合产生相同的效应。不同配体-受体复合物对同一种细胞也可引起相同的反应，如胰高血糖素及肾上腺素可结合于同一细胞的各自受体，都可产生糖原分解、血糖升高的效应。

2. 高度亲和力

高度亲和力是指受体与特异性配体结合能力强，其解离常数低。体内信号分子浓度非常低，如激素浓度$\leqslant 10^{-8}$ mol/L，但仍可引起显著生物学效应。配体-受体结合曲线显示受体与信号分子结合具有高度亲和力（图 12-4）。

3. 饱和性

在一定条件下，存在于靶细胞表面或细胞内的受体数目是一定的。因此，受体与其配体的结合反应是可饱和的。即配体与受体达到最大结合值后，不再随配体浓度增加而增大，出现饱和现象。

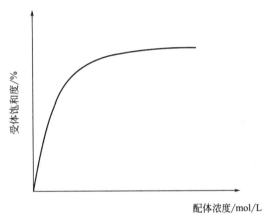

图 12-4　配体-受体结合曲线

4. 可逆性

可逆性是指配体与受体结合形成复合物是可以解离的。配体与受体以非共价键结合，因此配体与受体结合不稳定，很容易解离，或可被其他专一配体置换。

5. 可调节性

存在于靶细胞表面或细胞内的受体数目以及受体对配体的亲和力都是可以调节的。

★ **考点提示：受体的类型、作用特点；G 蛋白的概念；酶偶联受体的结构**

第三节　主要的信号转导途径

细胞膜是水溶性信号分子信号传递的屏障，水溶性信号分子不进入细胞内，通过细胞膜受体转导信息。脂溶性信号分子可直接进入细胞内，通过细胞内受体转导信息。因此，生物体内信号转导途径主要分为两类：膜受体途径和胞内受体途径。细胞信号转导是一个十分复杂的网络系统，细胞内存在着多种信号转导方式和途径，各种方式和途径间又有多个层次的交叉调控，使机体在整体上对外界环境的变化发生最为适宜的反应。

一、膜受体介导的信号转导途径

水溶性胞外信号分子通过膜受体将信息转导到胞内，通过细胞内信号分子组成的信息传递途径调控细胞功能。细胞内信号分子种类多，组成的信息传递途径复杂，并存在相互作用。以下介绍几种与生理功能密切相关的信息传递途径。

（一）G 蛋白偶联受体介导的信息传递途径

G 蛋白偶联受体介导的信息传递途径的基本规律是：配体与受体结合后，通过 G 蛋白介导，激活膜内侧的酶，由该酶产生第二信使，第二信使接着激活效应蛋白质（蛋白激酶），蛋白激酶使下游的蛋白质逐级磷酸化，使信号逐级放大，引起细胞内生物学效应。

根据第二信使和效应蛋白质的不同，G 蛋白偶联受体介导信息传递途径可分为两种方式。

1. cAMP-依赖性蛋白激酶 A 途径

1957 年 Sutherland 用肾上腺素刺激肝细胞后，发现胞内糖原磷酸化酶的活性增高，进而发现一种热稳定因子 cAMP 与该酶的活化有关，从而提出了肾上腺素对糖原分解代谢途径的调节作用是通过 cAMP 作为第二信使，激活蛋白激酶 A（protein kinase A，PKA）而实现的。该途径由以下成分组成。

（1）配体　通过这条途径发挥作用的激素有肾上腺素、胰高血糖素、促肾上腺皮质激素等。

（2）受体　G 蛋白偶联受体。

（3）信号转导蛋白　Gs 蛋白，作用于腺苷酸环化酶，使其活性升高。

（4）腺苷酸环化酶（adenylate cyclase，AC）　可催化 ATP 生成 $3'$，$5'$-环磷酸腺苷（cAMP）和焦磷酸（PPi）。

（5）第二信使 cAMP　下游效应蛋白质的激活剂，由腺苷酸环化酶催化生成。正常细胞内 cAMP 平均浓度为 10^{-6} mol/L，在激素作用下，cAMP 浓度可升高 100 倍以上。cAMP 在磷酸二酯酶（phosphodiesterase，PDE）催化下降解为 $5'$-AMP 而失活（图 12-5）。cAMP 浓度与腺苷酸环化酶和磷酸二酯酶活性有关。如胰岛素可激活 PDE，促进 cAMP 的降解；某些药物，如茶碱则抑制 PDE，使 cAMP 浓度升高。

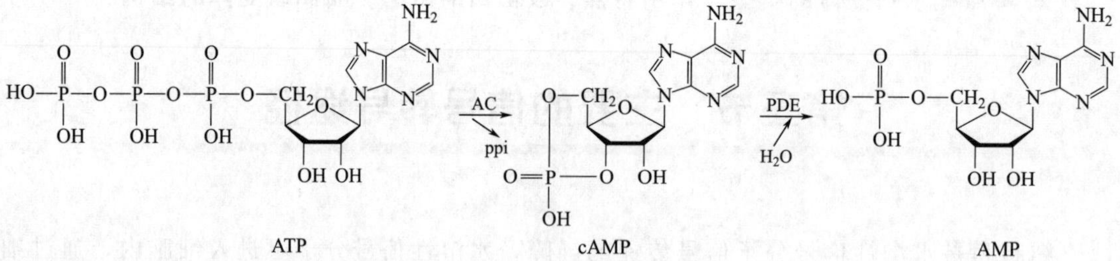

图 12-5　cAMP 的合成与分解

（6）效应蛋白 PKA　cAMP 的生物效应主要是通过激活 PKA 而实现的。PKA 由 2 个催化亚基（C）和 2 个调节亚基（R）构成四聚体。R 亚基有 cAMP 的结合域，当 cAMP 与 R 亚基结合时，R 亚基与 C 亚基解离，C 亚基活性被激活（图 12-6）。PKA 广泛分布于各组织，可催化靶蛋白丝/苏氨酸残基磷酸化，从而调节细胞的物质代谢和基因表达。

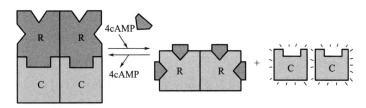

图 12-6 蛋白激酶 A 的激活

① PKA 对物质代谢的调节作用：PKA 被激活后可通过对代谢途径中各种关键酶的磷酸化修饰，使酶活性增高或降低，从而调控物质代谢的速度、方向及能量的生成。

② PKA 对基因表达的调控作用：PKA 激活后，可进入细胞核内，磷酸化一些转录因子，直接调节转录因子的活性，调控基因表达。

以肾上腺素调节糖原分解的级联反应为例，cAMP-PKA 途径的基本过程为：①肾上腺素与膜受体结合后，通过激动型 G 蛋白使腺苷酸环化酶活化；②活化的腺苷酸环化酶催化 ATP 生成 cAMP，cAMP 作为第二信使与 PKA 的调节亚基结合，激活 PKA；③PKA 可使糖原合酶 a 磷酸化，转变成无活性的糖原合酶 b，抑制糖原合成；PKA 还可激活糖原磷酸化酶激酶 b 使其活性增强，进而激活糖原磷酸化酶，促进糖原分解（图 12-7）；PKA 还可使乙酰 CoA 羧化酶磷酸化，使其活性降低，抑制脂肪酸合成等。

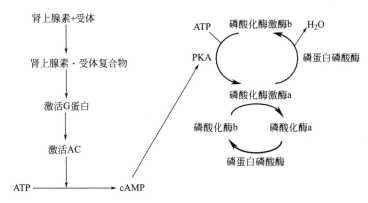

图 12-7 肾上腺素对糖原分解的影响

总的来说，cAMP-PKA 途径的信号转导基本过程为：信号分子→膜受体→G 蛋白→AC→cAMP→PKA→磷酸化功能蛋白的丝氨酸或苏氨酸→生物学效应（图 12-8）。

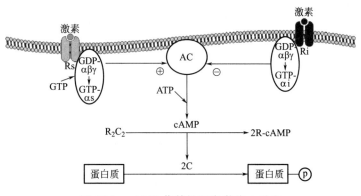

图 12-8 cAMP-依赖性蛋白激酶 A 途径

★ **考点提示：cAMP-依赖性蛋白激酶 A 途径信号转导**

2. IP₃/DAG-依赖性蛋白激酶 C 途径

该途径由以下成分组成。

（1）配体　通过这条途径发挥作用的激素有去甲肾上腺素、促甲状腺素释放激素、血管升压素等。

（2）受体　G 蛋白偶联受体。

（3）信号转导蛋白　G 蛋白，可作用于磷脂酶 C，使其活性升高。

（4）磷脂酶 C（phospholipase C，PLC）　特异水解细胞膜的磷脂酰肌醇 4，5 二磷酸（phosphatidylinositol-4，5-bisphosphate，PIP₂）上的磷酸酯键，生成 DAG 和 IP₃（图 12-9）。PLC 分布极广，存在于众多类型细胞中，尤其在动物脑中含量丰富。当激素或神经递质等与 G 蛋白偶联受体或酶偶联受体结合后激活 PLC。

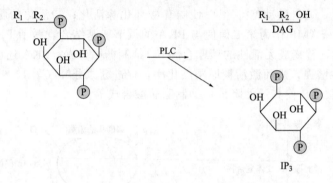

图 12-9　DAG、IP₃ 的生物合成

（5）第二信使 DAG、IP₃ 和 Ca^{2+}　IP₃ 是水溶性分子，可在细胞内扩散，在内质网或肌浆网膜表面存在 IP₃ 受体，该受体是一种膜 Ca^{2+} 通道蛋白，IP₃ 与 IP₃ 受体结合使 Ca^{2+} 通道开放，内质网内的 Ca^{2+} 释放至胞质中，胞质游离 Ca^{2+} 浓度快速升高。Ca^{2+} 本身是一种重要的第二信使，胞质内游离 Ca^{2+} 在 0.1 μmol/L 左右，而细胞外液游离 Ca^{2+} 浓度 0.1～10mmol/L，两者相差近 10000 倍。胞质游离 Ca^{2+} 浓度的改变可调节细胞生理活动。DAG 能与蛋白激酶 C（protein kinase C，PKC）调节结构域结合，使 PKC 构象改变，激活酶活性。

（6）效应蛋白　PKC 广泛存在于组织细胞内，它激活后可引起一系列靶蛋白的丝/苏氨酸残基发生磷酸化，如收缩蛋白、细胞骨架蛋白（肌球蛋白轻链、微管相关蛋白等）、膜受体（如 EGF 受体、胰岛素受体等）、膜蛋白（Na^+，K^+-ATP 酶、Ca^{2+}-ATP 酶等）、转录因子等，发挥调节代谢和调节基因表达的作用，并与神经递质释放、内分泌腺和外分泌腺的分泌等作用有关。

PKC 对基因的活化过程可分为早期反应和晚期反应两个阶段。PKC 能磷酸化早期反应基因的反式作用因子，加速早期反应基因的表达。早期反应基因多数为细胞原癌基因（如 c-fos、c-jun 等），它表达的蛋白质具有跨核膜传递信息的功能，最终活化晚期反应基因，并导致细胞增生等变化。佛波酯（phorbol ester）正是作为 PKC 的强激活剂而引起细胞持续增生，诱导癌变。

IP₃/DAG-PKC 途径的信号转导基本过程为：信号分子→膜受体→G 蛋白→PLC→DAG，IP₃→PKC→磷酸化功能蛋白的丝氨酸或苏氨酸→生物学效应（图 12-10）。

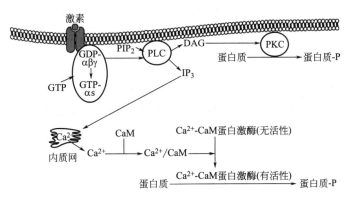

图 12-10　IP_3/DAG-依赖性蛋白激酶 C 途径

★ **考点提示：IP_3/DAG-依赖性蛋白激酶 C 途径的信号转导**

知识链接

NO 信号分子

一氧化氮（NO）是近年来生物医学界研究的前沿和热门之一。NO 生物效应主要通过靶细胞膜受体结合后，激活鸟苷酸环化酶（GC）进而使 cGMP 合成增加并发挥第二信使的作用，如降低胞内游离钙、扩张血管，抑制血小板聚集和黏附、松弛气道平滑肌等，作用于神经细胞和免疫细胞还发挥神经传导和免疫调节作用。相关研究也被应用于心脏病、脑卒中和癌症等疾病的治疗。美国辉瑞制药公司根据 NO 作用原理研制了的治疗勃起功能障碍的新药西地那非（Sildenafil），即伟哥（Viagra）。此外，NO 信号分子作用的发现还推动其他信号分子（如 CO 和 H_2S 等）的鉴定成功。

（二）酶偶联受体介导的信号转导途径

1. 受体型蛋白酪氨酸激酶途径

受体型蛋白酪氨酸激酶（PTK）途径的基本作用机制是胞外信号分子激活受体型蛋白酪氨酸激酶，受体构象变化使受体发生二聚化，以蛋白酪氨酸激酶作为胞内信号转导的第二信使，催化受体胞内结构域的酶活性及靶蛋白的 Tyr 残基磷酸化，从而触发一系列级联反应过程（图 12-11）。

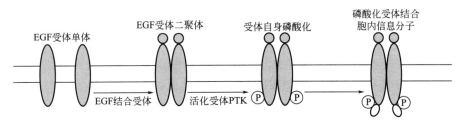

图 12-11　EGF 受体信号转导基本机制

受体型 PTK 途径由以下成分组成。

（1）**配体**　通过这条途径发挥作用的配体有胰岛素、肽类生长因子如表皮生长因子

（epidermal growth factor，EGF）、成纤维细胞生长因子（fibroblast growth factor，FGF）、胰岛素样生长因子（insulin-like growth factor，IGF）等。

（2）受体　该途径的受体为经典的 PTK 型受体。

（3）效应蛋白　该途径的效应蛋白质为受体型 PTK 及其下游的蛋白激酶，通过多种途径逐级磷酸化细胞内某些蛋白质，进一步影响相关基因的表达。

以表皮生长因子调节细胞生长和分化的级联反应为例，受体型蛋白酪氨酸激酶途径的基本过程为：①EGF 通过激活受体型蛋白酪氨酸激酶，使受体自身及生长因子受体结合蛋白（growth factor receptor bound protein 2，Crb2）的 Tyr 残基发生磷酸化。②Grb2 含有 SH_3 结构域，能被鸟苷酸释放蛋白（son of sevenless，SOS）识别结合形成 Crb2-SOS 复合物，进而激活 Ras 蛋白。③活化的 Ras 进一步活化 Raf，从而触发 ERK 信号转导途径。Raf 蛋白属 MAPKKK，是细胞癌基因 *c-raf* 的编码产物，是一种 Ser/Thr 蛋白激酶；而 MAPK/ERK 激酶（MEK）属 MAPKK，受 Raf 的磷酸化而被激活，MEK 是一种酶兼底物的蛋白分子，可以顺序催化底物 ERK 中的 Thr 残基发生磷酸化修饰并使之激活。④活化的 ERK1 转移入细胞核，催化某些转录因子的丝/苏氨酸残基磷酸化，进而调控基因表达，影响细胞的生长增殖（图 12-12）。

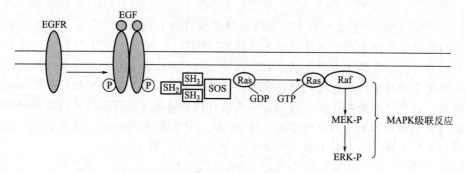

图 12-12　Ras-MAPK 信号传递途径

受体型蛋白酪氨酸激酶途径的信息传递基本过程为：信号分子→PTK 型受体→受体自身磷酸化，并磷酸化中介分子 Grb2 和 SOS→激活 Ras 蛋白→活化 Raf 蛋白→激活有丝分裂原蛋白激酶系统。

知识链接

EGFR 与肿瘤

EGFR 在许多肿瘤细胞中表达，如非小细胞性肺癌、乳腺癌、头颈癌、膀胱癌、胃癌、前列腺癌、卵巢癌、胶质细胞瘤等。另外，在一些肿瘤如恶性胶质瘤、非小细胞性肺癌、乳腺癌、儿童胶质瘤、成神经管细胞瘤及卵巢癌等中还可检测到 EGFR 缺失。最为常见的 EGFR 缺失突变型是 EGFRⅧ，EGFRⅧ 失去了配体结合区，但是可自身活化酪氨酸激酶，刺激下游信号通路的激活，而不依赖于与其配体结合。EGFR 在许多肿瘤中的过表达和（或）突变，借助信号转导至细胞生长失控和恶性化。另外，EGFR 的异常表达还与新生血管生成，肿瘤的侵袭和转移，肿瘤的化疗抗性及预后密切相关。EGFR 高表达的肿瘤患者，肿瘤恶性程度高，易发生转移，复发间期短，复发率高，患者的存活期短。

2. JAK-STAT 途径

JAK-STAT 信息传递途径的基本作用机制是配体与受体结合后，受体可以偶联细胞内的蛋白酪氨酸激酶，使其活化产生级联放大效应。其成分组成如下。

（1）配体 一部分生长因子、大部分细胞因子、激素［生长激素、促红细胞生成素（EPO）、粒细胞集落刺激因子（G-CSF）］和白细胞介素等通过 JAK-STAT 途径传递信息。

（2）受体 蛋白酪氨酸激酶连接型受体。

（3）效应蛋白 该途径的效应蛋白质是细胞内的蛋白酪氨酸激酶，为非受体型的 PTK，如 JAK（Janus kinase/just another kinase）。JAK 是一种细胞内蛋白酪氨酸激酶，活化的 JAK 激活其下游底物 STAT（signal transducer and activator of transcription），STAT 激活一系列下游蛋白质，调节基因表达。

JAK-STAT 信息传递途径基本过程为：①配体与非催化型受体结合，受体形成二聚化；②二聚化受体与 JAK 结合并激活 JAK 活性；③激活的 JAK 使受体 Tyr 磷酸化，磷酸化的受体识别 STAT 的 SH2 结构域，并与之结合；④JAK 使结合在受体的 STAT 的 Tyr 残基发生磷酸化；⑤磷酸化的 STAT 各亚型相互结合形成复合体，并与受体解离，转位到细胞核内；⑥STAT 与 DNA 上启动子序列结合，调控基因的转录。

二、胞内受体介导的信号转导

胞内受体（intracellular receptor）又称 DNA 转录调节型受体或类固醇激素受体。通过胞内受体介导进行信号转导的信号分子通常具有脂溶性，包括类固醇类激素（肾上腺皮质激素、雄激素、雌激素、孕激素等）、甲状腺激素、$1,25\text{-}(OH)_2\text{-}D_3$ 以及视黄酸等。大多数类固醇激素受体未与激素结合之前，即位于核内；而糖皮质激素受体位于胞质内；醛固酮受体可分布于胞质或核内，统称胞内受体。

一般来说，激素可自由通过细胞膜，进入细胞内与特异性受体结合，导致受体构象变化，形成激素-受体复合物，作为转录因子与 DNA 上特异基因邻近的激素反应元件（hormone response element，HRE）结合，通过稳定或干扰与转录因子的结合，进而激活或抑制这些基因的转录（图 12-13）。HRE 是一个短的 DNA 序列，位于靶基因启动子上游大约 200 个碱基处。受体上的 DNA 结合区结合于 DNA 上的 HRE 后，通过干扰转录因子的作用，调控基因表达。

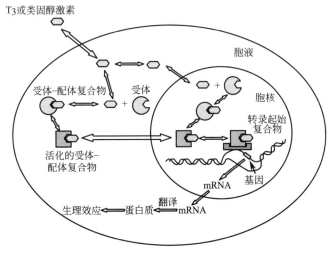

图 12-13 类固醇激素与甲状腺激素通过胞内受体调节生理过程

★ 考点提示：与胞内受体结合的信号分子的特点

思考题

一、名词解释

1. 第二信使

2. G 蛋白

二、填空题

1. 膜受体的类型主要包括_____、_____和_____。

2. 常见的第二信使包括_____、_____、_____、_____等。

三、简答题

1. 简述 cAMP-依赖性蛋白激酶 A 途径的信号转导过程。

2. 简述 IP_3/DAG-依赖性蛋白激酶 C 途径的信号转导过程。

（鄢　雯）

第十三章

肝的生物化学

○○○
○○○
○○○

【学习目标】

◆ **掌握**：生物转化的概念、特点、意义和反应类型；胆红素的生成、转运和在肝细胞的转化特点；黄疸的概念和类型。

◆ **熟悉**：肝在物质代谢中的作用；胆汁酸的合成原料、限速酶及胆汁酸的种类和生理功能。

◆ **了解**：非营养物质的来源；影响生物转化的因素；胆汁酸的肠肝循环；胆素原的肠肝循环；各型黄疸的主要特征。

案例导入

案例回放：

张某，男，55岁，患乙型病毒性肝炎12年，因长期乏力、食欲下降和腹胀入院治疗。查体发现面颈部有数枚蜘蛛痣，双手见肝掌，全身皮肤黏膜、巩膜黄染，腹壁静脉曲张。B超检查发现肝硬化、脾大、腹腔有大量积液。实验室检查发现血清总蛋白、清蛋白减少，ALT、AST明显升高，总胆红素和直接胆红素增加。患者初步诊断为慢性乙型肝炎引起的肝硬化失代偿期。

思考问题：

1. 检查指标：血清总蛋白、清蛋白、ALT、AST、总胆红素和直接胆红素有何临床意义？

2. 患者为什么会出现食欲下降、蜘蛛痣、肝掌、腹水和黄疸症状？

3. 严重的肝病变，除引起以上所诉症状外，还有可能导致什么症状或疾病？

肝是人体最大的实质性器官，也是体内最大的腺体，成人肝重约1500g，约占体重的2.5%。肝不仅参与糖类、脂类、蛋白质、维生素和激素等物质的代谢过程，而且还具有分泌、排泄和生物转化等重要功能，因此肝被称为"物质代谢的中枢器官"和"人体化工厂"。

肝的生理功能与其特有的形态结构和化学组成特点密切相关：①具有肝动脉和门静脉双重血液供应。通过肝动脉可获得由肺及其他组织运来的充足的氧及代谢物；通过门静脉获得由肠道吸收的各种物质。②有肝静脉和胆道两条输出通道分别与体循环及肠道相通，有利于非营养物质代谢转变及排泄。③含有丰富的血窦，有利于物质进行交换。④含有丰富的细胞器（如线粒体、内质网、微粒体和溶酶体等），与其众多的生物化学功能相适应。⑤含有丰富的酶类，有些酶类为肝所特有，能适应活跃的物质代谢和生物转化等多种功能。

第一节　肝在物质代谢中的作用

一、肝在糖代谢中的作用

　　肝是维持血糖浓度相对稳定的主要器官。它通过肝糖原的合成、分解与糖异生作用维持血糖水平在正常范围内，以保障全身各组织，尤其是大脑和红细胞的能量供应。

　　饱餐状态下血糖浓度升高，肝利用血中葡萄糖合成糖原而贮存，过多的糖还可以转变为脂肪等，从而降低血糖浓度。空腹状态下，肝糖原分解生成葡萄糖释放入血，使血糖浓度不致过低。饥饿状态下，肝糖原几乎被耗尽，肝利用甘油、乳酸、丙酮酸等非糖物质通过糖异生途径转化为葡萄糖以补充血糖，空腹 24～48h，糖异生可达最大反应速度。

　　肝细胞受损时，肝糖原合成与分解及糖异生作用受阻，可出现耐糖能力下降，餐后或输入葡萄糖后出现高血糖，空腹或饥饿时易发生低血糖。

二、肝在脂类代谢中的作用

　　肝在脂类代谢中占据重要位置，在脂类的消化、吸收、分解、合成和运输等代谢方面均具有重要作用。

1. 促进脂类物质的消化和吸收

　　肝细胞合成并分泌胆汁酸盐，能将脂类物质乳化为微小乳滴，有助于脂类物质的消化吸收。肝胆疾病时脂类消化吸收障碍，可出现厌油腻食物、脂肪泻等症状。

2. 肝是三酰甘油代谢的主要场所，酮体生成的唯一器官

　　肝主要通过氧化脂肪酸释放的能量满足自身需要。空腹、饥饿状态下，肝细胞脂肪酸 β-氧化加强，产生的大量乙酰 CoA 部分经三羧酸循环彻底氧化放能，供肝利用，大部分乙酰 CoA 在肝合成酮体，释放入血，供脑、肌肉等肝外组织摄取利用。肝也是合成脂肪酸、三酰甘油的主要部位。饱食状态下，肝可将大量糖及一些氨基酸分解生成的乙酰 CoA 合成脂肪酸，进一步合成三酰甘油，也可将外源脂肪酸合成三酰甘油。肝合成的三酰甘油与胆固醇及磷脂一起组成 VLDL，释放入血，供肝外组织利用或储存。

3. 肝是胆固醇合成及转化的主要场所

　　肝是合成胆固醇最活跃的部位，其合成量是全身合成总量的 3/4 以上，是空腹时血浆胆固醇的主要来源。同时，在肝合成胆汁酸是胆固醇转化与排泄的主要途径，部分胆固醇也可溶于胆汁，经肠道排泄。因此，肝是维持机体胆固醇平衡的主要器官。

4. 肝在脂蛋白的合成及代谢过程中发挥重要作用

　　肝是合成 VLDL 及 HDL 的主要部位，还合成分泌 LCAT，促进 HDL 对胆固醇的转运，许多载脂蛋白（如 apoA、apoB、apoC、apoE 等）由肝合成。

　　另外，肝也是合成磷脂最活跃的器官。磷脂是血浆脂蛋白的重要成分，当肝功能障碍或磷脂合成原料缺乏时，肝内磷脂合成减少，VLDL 减少，导致脂肪运输障碍而在肝中堆积，

引起脂肪肝。

三、肝在蛋白质代谢中的作用

肝是蛋白质的合成、分解和氨基酸代谢的重要场所。

1. 肝是合成血浆蛋白质的重要器官

肝除了合成其本身所需蛋白质、酶外，还合成和分泌大部分血浆蛋白质。血浆中的清蛋白、凝血因子Ⅰ、凝血酶原和多种载脂蛋白均由肝细胞合成，除 γ-球蛋白由浆细胞合成外，大部分的 α-球蛋白和 β-球蛋白也是由肝细胞合成的。血浆中清蛋白是许多脂溶性物质（如游离脂肪酸、胆红素等）的非特异性运输载体，另外在维持血浆胶体渗透压方面起着重要作用。肝功能严重受损时，主要是清蛋白合成减少，而免疫刺激浆细胞合成 γ-球蛋白往往增加，导致血浆清蛋白与球蛋白比值（A/G）下降甚至倒置。血浆清蛋白减少，引起血浆胶体渗透压降低而出现组织水肿或腹水等症状；凝血酶原、凝血因子Ⅰ等凝血因子合成减少，导致凝血时间延长和出血倾向。

2. 肝是氨基酸分解代谢的主要器官

除了支链氨基酸（亮氨酸、异亮氨酸和缬氨酸）主要在肌肉进行分解代谢外，其余氨基酸主要在肝细胞进行分解代谢。肝细胞含有丰富的与氨基酸代谢有关的酶类，如多种氨基转移酶。当肝细胞受损时，细胞内酶释放入血，致使血浆中丙氨酸氨基转移酶（ALT）活性明显增高，这是临床上诊断肝病的重要指标之一。

3. 肝是合成尿素、解除氨毒的主要器官

肝是合成尿素的最主要器官，通过鸟氨酸循环将氨基酸代谢产生的有毒的氨转变为无毒的尿素，解除了氨毒。当肝功能严重受损时，肝合成尿素能力明显下降，使血氨浓度升高，可引起肝性脑病。

四、肝在维生素代谢中的作用

肝在维生素的吸收、储存、运输和转化等方面起重要作用。

肝合成和分泌的胆汁酸有助于脂溶性维生素的吸收，因此肝胆疾病患者可伴有脂溶性维生素的吸收障碍。肝是维生素 A、维生素 E、维生素 K 和维生素 B_{12} 的主要储存场所，其中维生素 A 的储存量占体内总量的 95％。多种维生素在肝内转化成其活性形式，从而发挥其生理功能，如维生素 D_3 转变为 25-(OH)-D_3，维生素 B_1 转化为 TPP，维生素 B_2 转变为 FAD，维生素 B_6 转变为磷酸吡哆醛，泛酸转化为辅酶 A 等。

五、肝在激素代谢中的作用

肝是激素灭活和排泄的主要器官。许多激素在发挥其调节作用之后，主要在肝中转化降解而失去活性，此过程称为激素的灭活。激素灭活的产物随尿液或胆汁排出体外。当肝功能严重受损时，对激素的灭活能力降低，导致多种激素在体内堆积，引起代谢紊乱，如雌激素增多可出现男性乳房增生、蜘蛛痣、肝掌等症状；醛固酮、血管升压素增多可引起高血压及水钠潴留等现象。

★ 考点提示：肝在糖、脂类、蛋白质、维生素及激素代谢中的主要作用

第二节　肝的生物转化作用

一、生物转化的概念和特点

（一）非营养物质及其来源

人体内某些物质既不参与机体构成，又不能氧化供能，并且其中许多物质对机体有一定的异常生物活性或毒性作用，通常将这类物质称为非营养物质。非营养物质按其来源分为内源性和外源性两类。内源性非营养物质包括体内物质代谢的产物如胺类、胆红素等，以及发挥生理作用后有待灭活的生物活性物质如激素、神经递质等。外源性非营养物质主要是由外界进入体内的异物如药物、毒物、食品添加剂、环境污染物等，以及从肠道吸收的细菌腐败作用产物如胺、酚、吲哚等。

（二）生物转化的概念

非营养物质在生物体内经过代谢转变，使其极性增强，水溶性增加，易于随胆汁或尿液排出体外的过程称为生物转化（biotransformation）。非营养物质多系脂溶性的，难以排出体外，在体内蓄积过多对人体有害，经过生物转化作用可促使其尽快排出体外。

肝是生物转化的最主要部位，其他组织（如肾、肺、皮肤、胎盘和胃肠道）也具有一定生物转化功能，但以肝的生物转化最为重要，其生物转化效率也最高。

生物转化的意义在于：一方面通过生物转化作用使非营养物质活性降低或丧失（灭活），或使有毒的物质毒性降低或解除；另一方面通过生物转化作用增大非营养物质的水溶性，以易于从胆汁或尿液排出。

（三）生物转化的特点

1. 解毒与致毒双重性

生物转化既有解毒作用也有致毒作用。大多数物质经生物转化后其毒性减弱或消失，但有些物质经生物转化后出现毒性或毒性增强。例如致癌性极强的黄曲霉毒素 B_1 在体外并没有致癌性，但经肝生物转化后可与 DNA 结合而致癌。有的药物（如环磷酰胺、硫唑嘌呤等）需经生物转化才能成为有活性的药物。因此，不能将肝的生物转化简单看作解毒作用。

2. 连续性和多样性

一种物质的生物转化作用往往需要连续进行几种反应，产生多种产物，这就是生物转化作用的连续性。例如，阿司匹林（乙酰水杨酸）进入机体后先被水解为水杨酸，然后再进行结合反应才能排出体外。同一种物质在体内可进行多种不同的反应，称为生物转化的多样性。例如水杨酸进行结合反应时，既可与葡萄糖醛酸结合，又可与甘氨酸结合，另外还可以进行氧化反应。

★ 考点提示：生物转化的概念、特点及意义

二、生物转化的反应类型

生物转化的反应类型可分为两相反应。第一相反应包括氧化、还原和水解等反应；第二

相反应为结合反应。有些非营养物质只需经过第一相反应，其水溶性增加即可排出体外，有些非营养物质还需经过第二相反应，与极性更强的物质结合才能排出体外，有些非营养物质不经过第一相反应而直接进行第二相反应而排出体外。

（一）第一相反应——氧化反应、还原反应、水解反应

1. 氧化反应

氧化反应是生物氧化中最常见的反应类型，肝细胞中多种氧化酶参与该类反应。

（1）加单氧酶系　加单氧酶系主要存在于肝、肾的微粒体，是生物转化中最重要的氧化酶系。该酶能催化药物、毒物、类固醇激素等物质的氧化。加单氧酶又称为羟化酶或混合功能氧化酶，其催化的总反应如下：

$$RH+O_2+NADPH+H^+ \xrightarrow{\text{加单氧酶}} ROH+NADP^++H_2O$$

（2）单胺氧化酶类　存在于肝细胞线粒体中，是一类黄素酶，可催化肠道细菌产生的各种胺类物质（如组胺、酪胺、尸胺、腐胺等）及体内的生理活性物质（如5-羟色胺、儿茶酚胺等）氧化脱氨生成醛类，从而消除其毒性或生理活性。

$$RCH_2NH_2+O_2+H_2O \xrightarrow{\text{单胺氧化酶}} RCHO+NH_3+H_2O_2$$

（3）脱氢酶系　分布于肝细胞的胞质和微粒体中，包括醇脱氢酶和醛脱氢酶，均以NAD^+为辅酶，分别催化醇和醛氧化生成相应的醛或酸。例如，乙醇氧化为乙酸的过程。

2. 还原反应

肝细胞微粒体含有硝基还原酶和偶氮还原酶，分别催化硝基化合物和偶氮化合物还原生成相应的胺类。例如，硝基苯和偶氮苯还原生成苯胺的反应。

3. 水解反应

肝细胞微粒体和胞质中有多种水解酶，如酯酶、酰胺酶、糖苷酶等，可分别催化酯类、酰胺类和糖苷类化合物水解，以降低或消除其生物活性。如药物普鲁卡因在酯酶的催化下水解为对氨基苯甲酸和二乙氨基乙醇。

（二）第二相反应——结合反应

结合反应是体内最重要、最普遍的生物转化方式。多数非营养物质经第一相反应后，水溶性仍不够大，需经第二相反应生成极性更强的化合物，才能排出体外。有的非营养物质不经过第一相反应，直接进行第二相反应。

1. 葡萄糖醛酸结合反应

该反应为最常见、最重要的结合反应方式。葡萄糖醛酸的供体是尿苷二磷酸葡萄糖醛酸（uridine diphosphate glucuronic acid，UDPGA）。肝细胞微粒体中含有 UDP-葡萄糖醛酸基转移酶，能催化含有羟基、羧基或氨基的化合物（醇、酚、胺、羧酸类化合物）与葡萄糖醛酸基结合，形成葡萄糖醛酸苷。

UDP-葡萄糖醛酸　　　　非营养物质　　　　β-D-葡萄糖醛酸苷

2. 硫酸结合反应

该反应为常见结合反应类型。硫酸的供体为 $3'$-磷酸腺苷-$5'$-磷酸硫酸（PAPS）。在肝细胞胞质中的硫酸转移酶催化下，PAPS 中的硫酸根转移到醇、酚、芳香族胺类分子上，生成硫酸酯，如雌酮的灭活。

3. 乙酰基结合反应

在肝细胞胞质的乙酰基转移酶催化下，将乙酰 CoA 中的乙酰基转移到芳香族胺类化合物上生成乙酰化合物。如大部分磺胺类药物及抗结核药异烟肼在肝经乙酰化而失去活性。

磺胺类药物　　　　　　乙酰 CoA　　　　　　　　　　　　N-乙酰磺胺

4. 甲基化反应

甲基供体是 S-腺苷甲硫氨酸（SAM）。一些胺类生物活性物质可在肝细胞胞质和微粒体甲基转移酶催化下，生成甲基化产物而灭活。

5. 甘氨酸、牛磺酸结合反应

含羧基的药物和毒物的羧基被激活为酰基 CoA 后，可与甘氨酸、牛磺酸结合生成相应的结合产物。如苯甲酸与甘氨酸结合形成马尿酸，随尿液排出体外。

6. 谷胱甘肽结合反应

肝细胞胞质中富含谷胱甘肽 S-转移酶，可与多种环氧化合物和卤代化合物结合生成相应结合产物，主要参与对致癌物、环境污染物、抗肿瘤药物及内源性活性物质的生物转化。

三、影响生物转化作用的因素

生物转化作用主要受年龄、性别、药物的诱导与抑制及疾病等多种因素的影响。

1. 年龄

年龄对生物转化作用有明显的影响。新生儿生物转化酶系发育不全，对药物和毒物的代谢转化能力不足，易发生药物及毒物中毒。老年人因器官功能退化，生物转化能力下降，药物在体内的半衰期延长，药效增强，不良反应增大。因此，临床上对新生儿和老年人使用药物时要特别慎重，药物用量也较成人更小。

2. 性别

某些生物转化反应存在明显的性别差异。例如女性体内醇脱氢酶的活性高于男性，女性对乙醇的处理能力比男性强；女性转化氨基比林的能力高于男性，氨基比林在女性体内的半衰期低于男性。但在妊娠晚期女性很多参与生物转化的酶活性下降，导致生物转化能力降低。

3. 药物的诱导与抑制

许多药物或毒物可诱导生物转化酶类的合成，增强肝的生物转化能力。例如长期服用苯巴比妥可诱导肝微粒体加单氧酶系的合成，使机体对苯巴比妥类催眠药产生耐药性。另外，苯巴比妥还可诱导肝微粒体 UDP-葡萄糖醛酸转移酶的合成，故临床上用来治疗新生儿黄疸。由于很多物质的生物转化常受同一酶系的催化，因而同时服用几种药物时，可发生药物对酶的竞争性抑制作用，影响药物的生物转化，保泰松可抑制双香豆素的代谢，增强双香豆素的抗凝作用，如果同时服用保泰松和双香豆素，人体抗凝作用增强，易发生出血。

4. 疾病

肝实质损伤直接影响生物转化酶类的合成，造成肝生物转化能力减弱，药物和毒物的摄取和灭活速度下降，药物治疗剂量和毒性剂量之间差距变小，故肝病患者用药应慎重。

★ 考点提示：生物转化的反应类型及影响因素

第三节　胆汁酸的代谢

胆汁是由肝细胞分泌的一种有色液体，暂时储存于胆囊，通过胆管系统排入十二指肠。胆汁的主要固体成分是胆汁酸（bile acids），占固体成分的 $50\%\sim70\%$，其他成分还有胆色素、胆固醇、磷脂、黏蛋白、无机盐、多种酶类等。胆汁酸主要以钠盐或钾盐的形式存在。胆汁中除胆汁酸盐外，其他成分（如胆色素、胆固醇等）多属排泄物。

一、胆汁酸的生成

胆固醇在肝细胞中转化生成的胆汁酸为初级胆汁酸（primary bile acids），初级胆汁酸分泌到肠道后受肠道细菌作用生成的产物为次级胆汁酸（secondary bile acids）。

（一）初级胆汁酸的生成

胆固醇在肝细胞合成胆汁酸是体内清除胆固醇的主要方式。胆固醇首先在位于微粒体和胞质中的 7α-羟化酶催化下生成 7α-羟胆固醇，再在多种酶的作用下，经 12α-羟化、加氢、侧链氧化断裂、加水等一系列反应生成胆酸（cholic acid），若不经 12α-羟化反应，则生成鹅脱氧胆酸（chenodeoxycholic acid）。二者均属于初级游离胆汁酸。初级游离胆汁酸与甘氨酸或牛磺酸结合生成初级结合胆汁酸，包括甘氨胆酸、牛磺胆酸、甘氨鹅脱氧胆酸、牛磺鹅脱氧胆酸，并以胆汁酸钠盐或钾盐形式随胆汁排入肠道。初级胆汁酸的结构见图 13-1。

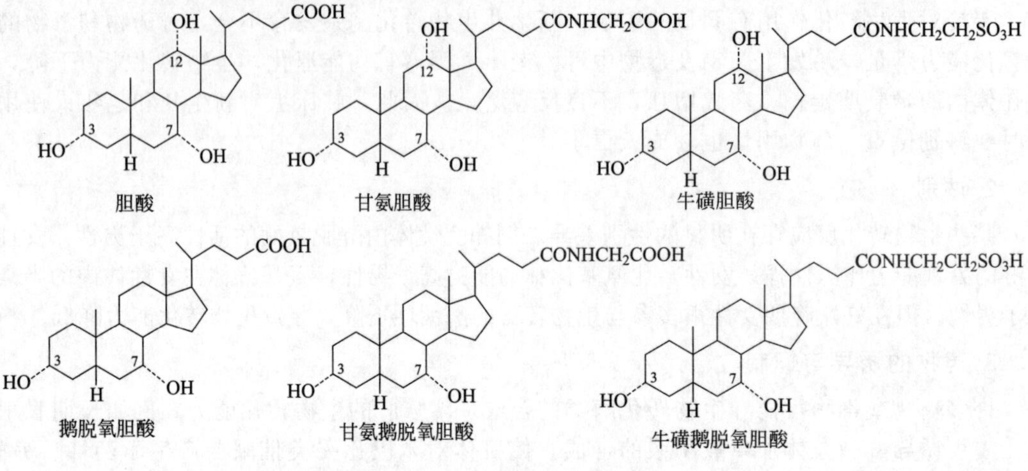

图 13-1　初级胆汁酸的结构

胆固醇 7α-羟化酶是胆汁酸合成的限速酶，糖皮质激素和生长激素可提高该酶活性，胆汁酸可反馈抑制该酶活性。甲状腺激素可诱导该酶的合成，所以甲状腺功能亢进症患者血浆胆固醇含量降低，而甲状腺功能减退症患者血浆胆固醇含量增高。

（二）次级胆汁酸的生成

进入肠道的初级结合胆汁酸在协助脂类物质消化吸收后，在回肠和结肠上段受肠道细菌的作用，先水解脱去甘氨酸或牛磺酸，再脱去 7α-羟基，生成次级游离胆汁酸。胆酸脱去 7α-羟基生成脱氧胆酸，鹅脱氧胆酸脱去 7α-羟基生成石胆酸（图 13-2）。

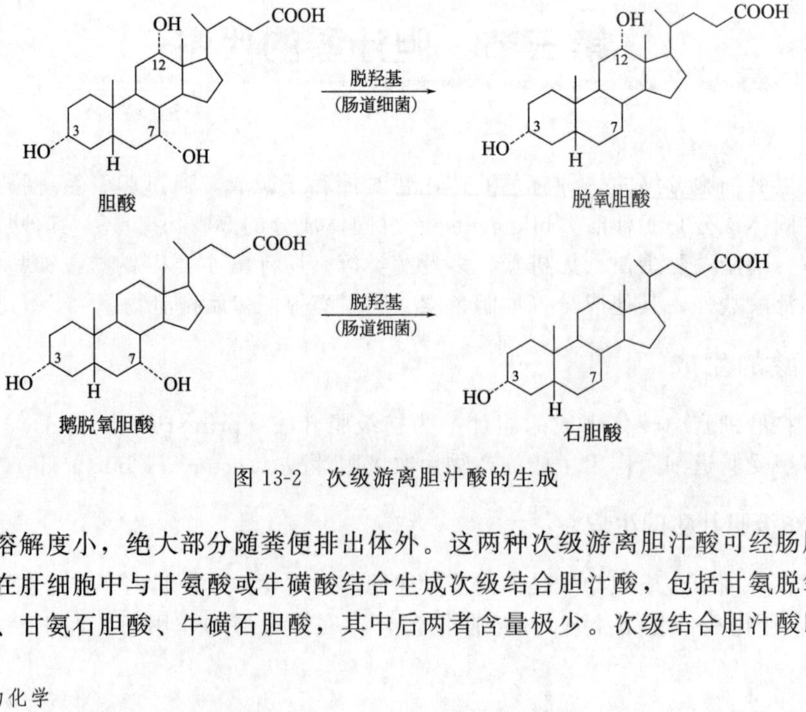

图 13-2　次级游离胆汁酸的生成

石胆酸溶解度小，绝大部分随粪便排出体外。这两种次级游离胆汁酸可经肠肝循环被重吸收入肝，在肝细胞中与甘氨酸或牛磺酸结合生成次级结合胆汁酸，包括甘氨脱氧胆酸、牛磺脱氧胆酸、甘氨石胆酸、牛磺石胆酸，其中后两者含量极少。次级结合胆汁酸以胆盐形式随胆汁进入胆囊储存。

★ 考点提示：初级胆汁酸和次级胆汁酸的种类

熊脱氧胆酸

　　肠道细菌除了将初级胆汁酸转化为脱氧胆酸和石胆酸外，还可以将鹅脱氧胆酸 7α-羟基转变为 7β-羟基，生成一种特殊的次级游离胆汁酸——熊脱氧胆酸（ursodeoxycholic acid）。熊脱氧胆酸在体内胆汁酸池中含量非常低，但有一定的药理学作用。其亲水性较强，去垢性差，具有抗氧化应激作用，可降低慢性肝炎和肝内胆汁酸潴留所引起的肝损伤。

（三）胆汁酸的肠肝循环

　　进入肠道的各种胆汁酸约 95％被重吸收，其余的随粪便排出（主要为石胆酸）。胆汁酸的重吸收有两种方式，以结合胆汁酸在回肠部位主动重吸收为主，游离胆汁酸在小肠各部和大肠被动重吸收。重吸收的胆汁酸经门静脉入肝，被肝细胞摄取。肝细胞把其中的游离胆汁酸转变为结合胆汁酸，与新合成的初级结合胆汁酸一起再随胆汁排入肠道，此过程称为胆汁酸的肠肝循环（enterohepatic circulation of bile acid）（图 13-3）。

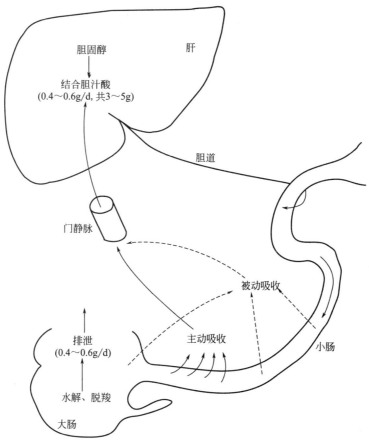

图 13-3　胆汁酸的肠肝循环

胆汁酸的肠肝循环有重要的生理意义。正常成人每日合成胆汁酸 $0.4～0.6g$，机体内胆汁酸代谢池仅有 $3～5g$ 胆汁酸，这远远不能满足脂类物质消化吸收的需要。人体每日进行 $6～12$ 次肠肝循环，从肠道吸收的胆汁酸总量可达 $12～32g$。借此有效的肠肝循环可使有限的胆汁酸被重复利用，弥补了胆汁酸合成的不足，以满足机体对胆汁酸的生理需要。考来烯胺（消胆胺）是一种阴离子交换树脂，口服不吸收，与胆汁酸结合后由粪便排出，减少胆汁酸的重吸收，从而促进肝内胆固醇转化为胆汁酸，降低血清胆固醇含量。

★ 考点提示：胆汁酸肠肝循环的概念和生理意义

二、胆汁酸的生理功能

（一）促进脂类的消化与吸收

胆汁酸既含有亲水的羟基、羧基等，又含有疏水的烃核和甲基，胆汁酸的立体构型具有亲水和疏水两个侧面，能够降低油和水两相之间的界面张力，是较强的乳化剂。它能使脂类物质乳化成直径为 $3～10\mu m$ 的细小微团，扩大了脂酶与脂类的接触面积，有利于脂类的消化和吸收。

（二）维持胆汁中胆固醇的溶解状态，促进胆固醇的排泄

胆固醇可不经转化直接进入胆汁，胆汁中的胆汁酸和磷脂酰胆碱协同与胆固醇结合，维持胆固醇在胆汁中的溶解状态而随胆汁排入肠道，这是人体内胆固醇的主要排出途径。如胆汁中的胆汁酸或磷脂酰胆碱减少则可降低胆固醇的溶解度，使胆固醇易于从胆汁中沉淀，形成胆结石。不同的胆汁酸对胆结石的作用不同，鹅脱氧胆酸可使胆固醇结石溶解，而胆酸及脱氧胆酸则无此作用。所以临床上常用鹅脱氧胆酸及熊脱氧胆酸治疗胆结石。某些肝病患者，在血清胆红素、ALT 等肝功能指标正常的情况下，血清总胆汁酸可增高，故血清胆汁酸测定是反映肝实质损害的灵敏指标。

★ 考点提示：胆汁酸的生理功能

第四节　胆色素的代谢

胆色素是体内铁卟啉化合物的主要分解代谢产物，包括胆绿素、胆红素、胆素原和胆素。除胆素原为无色物质外，其他均有一定颜色，胆红素呈橙黄色，胆绿素呈蓝绿色，胆素呈黄褐色。胆红素是人胆汁中的主要色素，胆红素代谢异常与临床许多病理生理过程有关，过量胆红素可引起胆红素脑病（核黄疸）。

★ 考点提示：胆色素包括胆绿素、胆红素、胆素原和胆素

一、胆红素的生成

体内含铁卟啉的化合物包括血红蛋白、肌红蛋白、细胞色素、过氧化物酶和过氧化氢酶等。机体每日产生 $250～350mg$ 胆红素，其中 80% 来自衰老红细胞中血红素的分解，其余来自其他铁卟啉化合物的分解和造血过程中少量红细胞的过早破坏。

知识链接

血红素的生成

血红素是血红蛋白、肌红蛋白、细胞色素、过氧化物酶和过氧化氢酶等的辅基。除成熟红细胞外，体内组织细胞均能合成，主要合成部位是肝和骨髓。合成血红素的原料有琥珀酰 CoA、甘氨酸和 Fe^{2+} 等，合成的起始和终末阶段在线粒体中进行，中间过程在胞质进行。

合成过程以琥珀酰 CoA 和甘氨酸合成 δ-氨基-γ-酮戊酸（δ-aminolevulinic acid，ALA）起始。ALA 合酶是血红素合成过程的限速酶，其辅酶为磷酸吡哆醛，此酶活性受血红素的反馈调节。促红细胞生成素（EPO）是肾合成的一种糖蛋白，能诱导 ALA 合酶的合成，从而促进血红素和血红蛋白的生成。

红细胞的平均寿命约为 120 天，衰老的红细胞在肝、脾及骨髓的单核吞噬系统中被识别并吞噬破坏，释放出血红蛋白。血红蛋白随后分解为珠蛋白和血红素。在微粒体血红素加氧酶作用下，血红素分子中的 α-甲炔基（—CH ═）氧化断裂，释放出 CO 和 Fe^{2+}，并生成胆绿素。胆绿素在胞质中的胆绿素还原酶的催化下，还原生成胆红素。血红素加氧酶是胆红素生成过程中的限速酶。胆红素的生成过程见图 13-4。

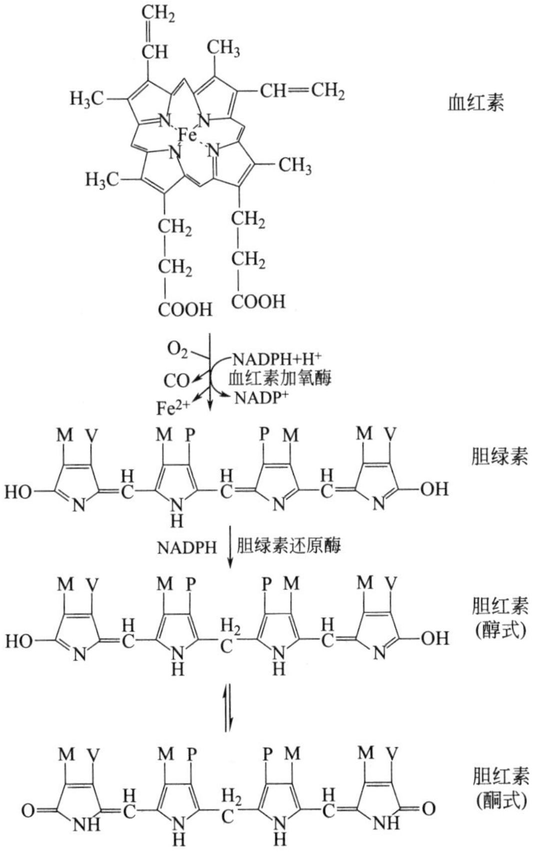

M：—CH₃ V：—CH═CH₂ P：—CH₂—CH₂—COOH

图 13-4　胆红素的生成

胆绿素含有羟基、亚氨基、羧基等极性基团，是水溶性物质，胆红素也具有这些基团，但胆红素的极性基团之间形成 6 个分子内氢键，而呈特定的卷曲结构，把极性基团封闭在分子内部，使胆红素显示出亲脂、疏水的特性。

二、胆红素在血液中的转运

胆红素在单核-吞噬细胞中生成后释放入血，在血浆中胆红素以胆红素-清蛋白复合物形式运输。胆红素是脂溶性物质，分子量小，极易透过细胞膜，对细胞产生毒性作用。清蛋白与胆红素结合既增加了胆红素的溶解度，有利于运输，又限制了胆红素自由透过细胞膜。这种复合物尚未经肝的结合转化，故称为未结合胆红素（unconjugated bilirubin）、游离胆红素或血胆红素；又因不能直接与重氮试剂发生反应，需先加入乙醇或尿素破坏分子中的氢键后才能发生反应，故称为间接胆红素。胆红素与清蛋白结合后分子量变大，可防止其从肾小球滤过随尿排出，故正常人尿液中无游离胆红素。

正常人每 100ml 血浆的清蛋白可结合 20～25mg 胆红素，而血浆胆红素浓度仅为 0.2～1.0mg/dl（3.4～17.1μmol/L），所以正常情况下，血浆中的清蛋白足以结合全部胆红素。胆红素与清蛋白的结合是非共价、可逆性的，某些有机阴离子，如水杨酸、磺胺类药物、脂肪酸、胆汁酸等，可竞争性抑制胆红素与清蛋白的结合，使胆红素游离出来，进入其他组织产生毒性作用。过多的胆红素可与脑部基底核的脂类结合，并损害大脑的正常功能，发生胆红素脑病。因此，新生儿生理性黄疸期或有黄疸倾向的人，应慎用上述药物。

★ 考点提示：胆红素在血中的运输形式是胆红素-清蛋白复合物

三、胆红素在肝中的转化

血液中的胆红素-清蛋白复合物进入肝血窦后，胆红素与清蛋白分离并被肝细胞摄取。进入肝细胞的胆红素可与胞质中两种可溶性载体蛋白——Y 蛋白和 Z 蛋白结合，形成胆红素-Y 蛋白复合物和胆红素-Z 蛋白复合物，因 Y 蛋白与胆红素亲和力较强，所以以 Y 蛋白为主。胆红素以复合物形式运输至肝细胞滑面内质网。在滑面内质网中的 UDP-葡萄糖醛酸基转移酶催化下，胆红素与葡萄糖醛酸结合，生成葡萄糖醛酸胆红素。由于胆红素分子中有 2 个羧基，所以每分子胆红素最多可结合 2 分子葡萄糖醛酸，主要生成双葡萄糖醛酸胆红素和少量单葡萄糖醛酸胆红素。此外，还有少量胆红素与硫酸结合生成胆红素硫酸酯。

与葡萄糖醛酸结合的胆红素称为结合胆红素（conjugated bilirubin），也称为肝胆红素。结合胆红素是极性较强的水溶性物质，易被分泌入胆汁，如进入血液，也不易通过细胞膜和血-脑屏障，不易造成中毒反应，也可从肾小球滤过随尿排出，故可将胆红素的结合反应理解为肝细胞对有毒性的胆红素的一种生物转化作用。因为结合胆红素可直接与重氮试剂反应，故又称为直接胆红素。结合胆红素与未结合胆红素的比较见表 13-1。

表 13-1　结合胆红素与未结合胆红素的比较

性质	结合胆红素	未结合胆红素
其他名称	肝胆红素、直接胆红素	血胆红素、游离胆红素、间接胆红素
葡萄糖醛酸结合	结合	未结合

性质	结合胆红素	未结合胆红素
重氮试剂反应	迅速,直接反应	缓慢,间接反应
溶解性	水溶性	脂溶性
透过细胞膜的能力	小	大
经肾随尿排出	能	不能
毒性作用	小	大

　　肝细胞分泌结合胆红素进入毛细胆管,随胆汁排泄入肠道,此过程为肝代谢胆红素的限速步骤。毛细胆管内结合胆红素的浓度远远高于肝细胞内,因此肝细胞向毛细胆管排泄结合胆红素是一个逆浓度梯度的主动转运耗能过程。肝内外阻塞、肝炎、感染等均可导致排泄障碍,结合胆红素反流入血,血中结合胆红素浓度增高,尿中出现胆红素。

　　★ 考点提示:结合胆红素和未结合胆红素的特点

四、胆红素在肠道中的转变及胆素原的肠肝循环

1.胆红素在肠道中转变为胆素原

　　结合胆红素随胆汁排入肠道后,在回肠末端或结肠内经肠道细菌的作用,先脱去葡萄糖醛酸,再逐步加氢还原生成无色的胆素原(包括中胆素原、粪胆素原和尿胆素原)。大部分的胆素原(80%～90%)随粪便排出体外,在肠道下段,这些无色的胆素原接触空气后被氧化为黄褐色的粪胆素,它是粪便的主要颜色。正常人每日排出的胆素原总量为40～280mg。肠道完全梗阻时,胆红素不能排入肠道形成胆素原进而形成胆素,因此粪便呈灰白色或陶土色。新生儿肠道细菌稀少,粪便中未被细菌作用的胆红素使粪便呈现橙黄色。

2.胆素原的肠肝循环

　　肠道中有少量胆素原(10%～20%)被肠黏膜细胞重吸收,经门静脉入肝,其中大部分(约90%)再由肝细胞分泌随胆汁排入肠道,形成胆素原的肠肝循环(bilinogen enterohepatic circulation)。小部分胆素原(约10%)可进入体循环入肾随尿排出,称为尿胆素原。正常成人每日从尿排出的尿胆素是0.5～4.0mg。尿胆素原接触空气氧化成尿胆素,尿胆素是尿液中的主要色素。胆红素在体内的代谢及胆素原的肠肝循环过程见图13-5。

五、血清胆红素与黄疸

　　正常人血清胆红素含量甚微,为3.4～17.1μmol/L(0.2～1.0mg/dl),其中约80%是未结合胆红素,其余为结合胆红素。当某些原因引起体内胆红素生成过多或肝细胞对胆红素摄取、转化、排泄过程发生障碍时,均可引起血中胆红素浓度升高,引起皮肤、巩膜、黏膜等组织出现黄染现象,称为黄疸。当血清胆红素浓度在17.1～34.2μmol/L(1.0～2.0mg/dl)时,肉眼还观察不到巩膜与皮肤黄染现象,称为隐性黄疸;当血清胆红素浓度超过34.2μmol/L(2.0mg/dl)时,肉眼可见巩膜与皮肤的黄染现象,称为显性黄疸。根据黄疸的发病原因不同,可将黄疸分为三种类型。

1.溶血性黄疸

　　溶血性黄疸又称肝前性黄疸,是由于某些药物、毒物、疾病等各种原因引起红细胞大量

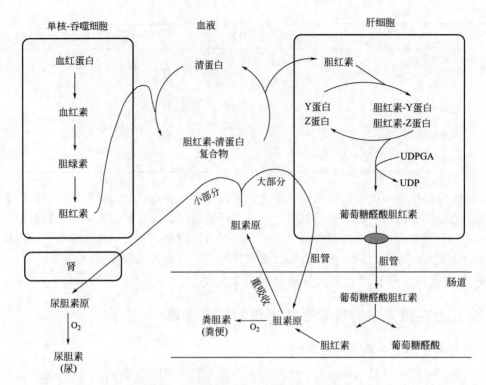

图 13-5　胆红素的代谢及胆素原的肠肝循环

破坏，在单核-吞噬细胞系统产生过多的胆红素，超过肝处理胆红素的能力，引起血中未结合胆红素浓度显著增高所致。此时血中结合胆红素浓度变化不大，尿胆红素阴性。肝对胆红素的摄取、转化和排泄增强，肠道产生胆素原和胆素增多，粪便颜色加深。从肠道重吸收的胆素原增多，尿胆素原和尿胆素增多，尿液颜色也加深。

2. 肝细胞性黄疸

肝细胞性黄疸又称肝原性黄疸，是由于肝细胞功能受损，造成其对胆红素的摄取、转化和排泄能力降低所致。肝细胞性黄疸发生时，一方面由于肝细胞处理胆红素能力下降，造成血中未结合胆红素浓度相对升高；另一方面由于肝细胞肿胀压迫毛细胆管，造成毛细胆管阻塞，胆汁排泄障碍或肝细胞坏死使毛细胆管与肝血窦直接相通，使部分结合胆红素反流入血，造成血中结合胆红素浓度增高。由于肝功能受损，肝生成和排泄的结合胆红素减少，肠道中胆素原和胆素生成减少，粪便颜色可能变浅。结合胆红素可通过肾小球滤过，尿胆红素阳性，尿液颜色加深。尿胆素原和尿胆素变化不确定。

3. 阻塞性黄疸

阻塞性黄疸又称肝后性黄疸，是由于各种原因（胆管炎症、胆结石、肝肿瘤等）引起的胆道系统阻塞，胆汁排泄受阻，胆小管或毛细胆管内压力升高而破裂，造成结合胆红素反流入血，造成血清结合胆红素明显升高。由于大量结合胆红素可以从肾小球滤过，所以尿胆红素阳性，尿液颜色变深。由于胆管阻塞排入肠道的结合胆红素减少，生成的胆素原和粪胆素减少，粪便颜色变浅，完全阻塞的患者粪便呈灰白色或陶土色。

三种类型黄疸血、尿、粪的变化见表 13-2。

表 13-2　各种类型黄疸血、尿、粪的实验室检查变化

指标	正常	溶血性黄疸	肝细胞性黄疸	阻塞性黄疸
血清总胆红素	＜1mg/dl	＞1mg/dl	＞1mg/dl	＞1mg/dl
结合胆红素	极少	正常或轻度↑	↑	↑↑
未结合胆红素	0～0.8mg/dl	↑↑	↑	正常或轻度↑
尿胆红素	－	－	＋＋	＋＋
尿胆素原	少量	↑	不一定	↓
尿胆素	少量	↑	不一定	↓
粪便颜色	正常	深	变浅或正常	变浅或陶土色

注："－"表示阴性，"＋＋"表示强阳性。

★ 考点提示：黄疸的概念及各型黄疸的特点

知识链接

常见的肝功能试验

肝在多种物质代谢中具有重要生理功能，对于每一项肝功能的状况，可用一些生化指标来体现，称为肝功能试验。临床上将肝功能试验作为肝病的辅助诊断指标。

反映肝细胞损伤的项目，包括丙氨酸氨基转移酶（ALT）、天冬氨酸氨基转移酶（AST）、碱性磷酸酶（ALP）、γ-谷氨酰转肽酶（γ-GT 或 GGT）等；反映肝分泌和排泄功能的项目，包括总胆红素（Tbil）、直接胆红素（Dbil）、总胆汁酸（TBA）等；反映肝合成、贮备功能的项目，包括前清蛋白（PA）、清蛋白（Alb）、胆碱酯酶（CHE）和凝血酶原时间（PT）等；反映肝纤维化和肝硬化的项目，包括清蛋白（Alb）、总胆红素（Tbil）、单胺氧化酶（MAO）、血清蛋白电泳等。

思考题

一、名称解释
1. 生物转化作用
2. 胆汁酸的肠肝循环
3. 胆素原的肠肝循环
4. 黄疸

二、填空题
1. 肝在_____、_____、_____、_____和_____代谢中均起重要作用。
2. 生物转化包括两相反应，第一相反应包括_____、_____和_____，第二相反应是_____。
3. 初级游离胆汁酸包括_____、_____，次级游离胆汁酸包括_____、_____，游离胆汁酸在肝细胞中结合_____或_____后形成结合胆汁酸。
4. 黄疸的类型包括_____、_____和_____。

三、简答题
1. 试述严重肝病患者可能出现以下临床症状的原因。

①脂肪泻；②组织水肿和腹水；③脂溶性维生素缺乏；④男性乳房女性化；⑤一时性高血糖和低血糖

2. 胆固醇与胆汁酸的代谢有何关系？胆汁酸有何生理功能？

3. 简述结合胆红素和未结合胆红素的区别。

（王晓凌）

第十四章

水和电解质代谢

○ ○
○ ○
○ ○

【学习目标】

◆ **掌握**：水的摄入排出平衡；钾、钠的代谢特点；钙、磷的生理功能及其代谢的调节。
◆ **熟悉**：水和电解质的生理功能。
◆ **了解**：水和电解质代谢的调节。

案例导入

案例回放：

患儿男性，10 个月。主诉：多汗，哭闹，惊跳，夜睡不宁 3 个月。个人史：第 1 胎第 1 产，双胎，人工喂养。

体检：入院时神志清楚，前囟门 2.5cm×2.5cm，枕秃，方颅，乳牙 2 颗，体温正常，胸部可见串珠及郝氏沟，心肺未闻及异常，腹部平软。

化验：血钙 1.75mmol/L，血磷 1.2mmol/L，碱性磷酸酶升高。

诊断：佝偻病。

思考问题：

1. 钙、磷有何生理功能?
2. 本病例诊断的依据是什么?
3. 试分析患儿患佝偻病的原因。

水和电解质既是人体的重要组成成分，也是构成体液的主要成分。体液是指体内的水分及溶解于水中的无机盐和有机物的总称。体液中的无机盐、某些小分子有机物和蛋白质等常以离子状态存在，故又称为电解质（主要是无机盐等）。体液不仅是组成各组织器官的重要成分，还对输送生命所必需的物质、转移代谢产物、维持细胞正常渗透压、沟通各组织器官之间相互联系，以及调节体温等起重要作用。

机体细胞代谢的正常进行，依赖于稳定的内环境，包括相对恒定的 pH、渗透压、电解质、O_2 及 CO_2 浓度等条件。许多因素（如长期禁食、大量呕吐及腹泻、严重全身性感染、大面积灼伤、消化道瘘、创伤、营养不良及环境变化等）常会影响体液的平衡，造成水与电解质平衡失调，严重时可威胁生命。因此，掌握水和电解质代谢的基础理论，有助于正确地分析诊断疾病和运用体液疗法。

第一节　水代谢

水是一切生命活动不可缺少的重要物质。水的各种不同的理化性质，使其承担着多种关键的机体功能，具有维系生命的作用。构成人体的化合物中含量最多的是水，体内的水除了以自由水的形式分布在体液中，还有一部分水是以结合水的形式存在，即与蛋白质、核酸和蛋白多糖等物质结合。

一、水的生理功能

1. 构成机体组织并维持组织的形态和功能

水是构成机体组织的重要成分，其主要作用是使组织器官具有一定的形态、硬度及弹性，参与构成细胞质，保证某些特殊生理功能的发挥。如心肌含有 79％的水，血液的含水量高达 90％，坚硬的骨骼中也含水 22％。

2. 体内一切代谢反应的媒介

水是生物体内良好的溶剂，水在体内直接参与物质代谢，并作为载体输送营养物质和排出代谢废物。水作为体内一切代谢反应的媒介，是各种营养素和物质运输的平台。如水可溶解各种营养物质，脂肪和蛋白质等要成为悬浮于水中的胶体状态才能被消化吸收；水在血管、细胞之间川流不息，把氧气和营养物质运送到组织细胞，再把尿素、尿酸、二氧化碳等代谢废物运往肾，随尿排出体外。有许多代谢反应还需要水的直接参与，如水解反应、加水反应和加水脱氢反应等。总之，人的各种代谢和生理活动都离不开水。

3. 调节体温

水的比热容大，能在吸收代谢过程中产生大量热量而使体温不致升高；水的蒸发热也大，当外界温度不低于 30℃或体内产热过多时，通过蒸发或出汗使体温保持恒定；环境温度降低时，人体可通过减少蒸发而保持人体温度。故水能维持产热与散热的平衡，对体温调节起重要作用。

4. 润滑作用

水是机体的润滑剂。如唾液有助于食物吞咽；泪液有助于眼球转动；关节囊液、浆膜液可使器官之间免于摩擦受损，且能转动灵活等。

二、水的摄入与排出

为了维持人体内环境的恒定，水分摄入与排出保持平衡是十分必要的。人体每日需水量可因年龄、膳食、气温、身体状况和劳动强度等的不同而异。人体对水的需求和代谢，有复杂而完善的调节机制。如渴感刺激可增加水分的摄入，以补偿损失；排尿、出汗、呼吸、大便等又可排出多余的水分。

通常成人每日水的需要量约为 2500ml。体内水的来源包括三个方面。①饮用水：这是人体水的主要来源，成人每日摄入 1200ml 以上，但会因气候、劳动强度、运动和生活习惯等因素而发生较大的变化。②食物水：每日从食物中得到的水量变动不大，摄入量约为1000ml。③代谢水（内生水）：即由糖类、脂肪、蛋白质三大营养物质分解代谢产生的水分，每日约为300ml。每100g糖、脂肪和蛋白质彻底氧化分解所产生的水量分别为55ml、107ml和41ml。

人体水的主要排出途径有尿液、粪便、肺的呼吸及皮肤的蒸发。正常成人每日水的排出与摄入相等，约2500ml。其中呼吸排出350ml，皮肤蒸发500ml（不包括出汗），粪便排出150ml，肾排出1500ml，其中前三项排出途径变动很小，肾排水是体内水的主要去路。肾在排水的同时排出代谢废物，包括尿素、尿酸、肌酐等。人体每日产生固体代谢废物约35g，每克至少需要15ml尿量将其排出体外，所以肾完全排出这些代谢废物，每日最低尿量为500ml。如果每日尿量小于500ml称为少尿；小于100ml称为无尿。少尿和无尿都是肾功能降低的表现，由于代谢废物排泄不全，可导致氮质血症甚至尿毒症。上述四项合计，成人每日的最低需水量是1500ml，是临床补充水分的一个依据。总之，正常人的体液量是相当稳定的，每日水的摄入量与排出量处于动态平衡（见表14-1）。幼儿的需水量按体重计算较成人多2～4倍，若供水不足，体液量可迅速下降，导致脱水，此现象在幼儿较易发生。

表 14-1　一般成人每日水的出入量

水的摄入途径	摄入量/(ml/d)	水的排出途径	排出量/(ml/d)
饮水	1200	呼吸	350
食物	1000	皮肤蒸发	500
代谢水	300	粪便排出	150
		肾排出	1500
合计	2500	合计	2500

知识链接

水中毒

人体肾的持续最大利尿速度是每分钟16ml，一旦摄取水分的速度超过了这个标准，过剩的水分会使细胞膨胀，引起脱水低钠症，称为"水中毒"。一般会导致头晕眼花、呕吐、虚弱无力、心跳加快等症状，严重的会出现痉挛、昏迷甚至危及生命。导致水中毒的原因有血管升压素（ADH）分泌过多、肾功能障碍、水钠代谢紊乱、排水功能不足和低渗性脱水。

水中毒可分为急性水中毒和慢性水中毒。急性水中毒的发病急，由于细胞内外液量增多，颅腔和椎管无弹性，脑细胞水肿造成颅内压增高症状，如头痛、失语、精神错乱、定向力失常、嗜睡、躁动、谵妄，甚至昏迷，进一步发展，有发生脑疝的可能，以致呼吸、心跳停止。慢性水中毒的症状一般不明显，往往被原发疾病的症状所掩盖，可有软弱无力、恶心呕吐、嗜睡等，体重增加，皮肤苍白而湿润。

★ **考点提示：水的生理功能及水平衡**

第二节 电解质代谢

一、电解质的生理功能

1. 维持体液渗透压和水平衡

体液无机盐离子能调节细胞膜的通透性，控制水分的走向，维持正常渗透压。其中 Na^+、K^+、Cl^-、HPO_4^{2-} 在维持细胞内、外液的容量和渗透压方面起着更为重要的作用。

由于 Na^+ 主要存在于细胞外液，占细胞外液中阳离子总数 90% 以上，在维持细胞外液渗透压和容量中起决定作用。Na^+ 丢失，细胞外液容量缩小；Na^+ 潴留，细胞外液容量增大。由于细胞膜上的 Na^+-K^+ 泵作用，不断将细胞内的 Na^+ 排出，同时使 K^+ 进入细胞内，因而 Na^+ 和 K^+ 是决定细胞内、外液的容量与渗透压的主要无机离子，维持细胞内、外液水的动态平衡。

2. 维持体液的酸碱平衡

人体在代谢过程中，既产酸又产碱，使体液中的 $[H^+]$ 经常发生变化，但人体能通过体液的缓冲系统、肺的呼吸和肾的调节作用，使血液中 $[H^+]$ 仅在小范围内变动，保持血液的 pH 在 7.35～7.45。无机盐离子是构成体液的缓冲系统中各种缓冲对的主要成分，血浆缓冲对主要有 $NaHCO_3/H_2CO_3$、Na_2HPO_4/NaH_2PO_4、$NaPr/HPr$，红细胞缓冲对主要有 $KHCO_3/H_2CO_3$、K_2HPO_4/KH_2PO_4、KHb/HHb、$KHbO_2/HHbO_2$，它们在维持体液酸碱平衡中起重要作用。另外，细胞外液的 Na^+、H^+ 可与细胞内液的 K^+ 通过离子交换调节体液的 pH。

3. 维持神经、肌肉的应激性

神经、肌肉的应激性需要体液中一定浓度和比例的电解质来维持。当 Na^+、K^+ 过低时，神经肌肉应激性降低，可出现四肢无力甚至麻痹；Ca^{2+}、Mg^{2+} 过低时，神经、肌肉应激性增高，可出现手足抽搐。

$$\text{神经、肌肉应激性} \propto \frac{[Na^+]+[K^+]}{[Ca^{2+}]+[Mg^{2+}]+[H^+]}$$

对心肌细胞的应激性的影响：

$$\text{心肌应激性} \propto \frac{[Na^+]+[Ca^{2+}]}{[K^+]+[Mg^{2+}]+[H^+]}$$

血 K^+ 过高对心肌有抑制作用，可使心搏舒张期延长，心率减慢，严重时甚至可使心跳停止于舒张期。血 K^+ 过低常出现心律紊乱，使心跳停止于收缩期。Na^+ 和 Ca^{2+} 可拮抗 K^+ 对心肌的作用，正常的血 Na^+ 和血 Ca^{2+} 浓度可维持心肌的正常应激状态，以保证其完成正常的生理功能。

4. 维持细胞正常的物质代谢

多种无机盐尤其是金属离子往往作为辅基（辅酶）或酶的激活剂而起作用，直接参与或影响体内的物质代谢。如：细胞色素氧化酶含有 Fe^{2+}、Cu^{2+}，黄嘌呤氧化酶含 Mn^{2+}；多种激酶需 Mg^{2+} 激活，淀粉酶需 Cl^- 激活；K^+ 参与糖原和蛋白质的合成；Na^+ 参与小肠对葡萄糖的吸收，参与血红蛋白转运 CO_2；Mg^{2+}-ATP 是多种激酶的底物，糖、脂类、核酸和蛋白质的合成均需 Mg^{2+}；Ca^{2+} 作为第二信使参与细胞信息的传递。

★ 考点提示：电解质的生理功能

二、钠和氯的代谢

正常成人钠、氯的主要来源是食物中的 NaCl，每日需要量 4.5～9g。

Na^+ 是细胞外液的主要阳离子，在维持细胞外液晶体渗透压中起重要作用，Na^+ 与水分子结合为水合离子，使水得以保存，防止流失。Na^+ 在维持神经、肌肉应激性和细胞膜通透性上也起重要作用。60kg 体重的成年人体内含 Na^+ 总量 60g 左右，其中约 50％存在于细胞外液，血清钠为 135～145mmol/L，另有 40％～45％存在于骨骼中。细胞内液中含钠量较少，占总量的 5％～10％，且主要存在于肌细胞中。钠主要由肾排出，少量由粪便与汗液排出。

肾有很强的调节血 Na^+ 能力。肾对 Na^+ 的排泄遵循"多吃多排，少吃少排，不吃不排"原则，尿中排出 Na^+ 量随摄入 Na^+ 量的多少而增减。正常人摄入过量 NaCl 时，可以很快由肾排出体外，当体内 Na^+ 减少时，Na^+ 的排泄量可以降至很低，甚至接近于零，这对于维持体内 Na^+ 含量的恒定有重要意义。

钠作为重要的无机盐，对于人休的功能是重要的，但钠过量所造成的危害性更加令人关注。据流行病学调查，钠过量是造成高血压、肥胖及动脉硬化的重要诱发因素之一。钠在肿瘤形成过程中也起促进作用。另外，过高的钠将造成肾的损伤。

氯也主要存在于细胞外液，血清中氯含量为 96～105mmol/L。细胞内液 Cl^- 分布很少，仅为 1mmol/L。Cl^- 是细胞外液主要阴离子，在维持细胞外液渗透压上起重要作用。红细胞和血浆之间存在 Cl^- 和 HCO_3^- 离子交换，当血浆 HCO_3^- 离子增高时，HCO_3^- 从血浆进入红细胞，红细胞中的 Cl^- 进入血浆，以维持电荷平衡，这一过程称为氯离子转移。通过氯离子转移可调节血浆 HCO_3^- 浓度，从而调节酸碱平衡。血浆 Cl^- 浓度降低时，红细胞中的 HCO_3^- 向血浆转移，可导致低氯性碱中毒；血浆 Cl^- 浓度增高时，血浆中的 HCO_3^- 向红细胞转移，导致高氯性酸中毒。

三、钾的代谢

钾是细胞内液的主要阳离子之一，健康成年人每千克体重含钾量大致为 50 mmol。钾主要分布在细胞内液，只有 2％在细胞外液。钾在动植物食品中含量丰富，正常成人每日需钾约 2.5g，摄入的钾 90％由胃肠道吸收入血，其余 10％由粪便排泄，腹泻可导致钾的丢失。体内钾主要储存于肌细胞中，约占 70％。血清中钾含量较少，浓度为 3.5～5.3mmol/L，但相当稳定。钾是维持细胞新陈代谢、调节体液渗透压、维持酸碱平衡和保持细胞应激功能的重要电解质之一。细胞外液 K^+ 浓度虽然很低，但是对维持神经、肌肉兴奋性和心肌兴奋性起着决定性作用，尤其是心脏，对血浆 K^+ 浓度的变化耐受范围很窄。

细胞内、外 K^+ 的平衡速度很慢，约需 15h 才能达到平衡，心脏疾病患者更慢，因此临床上需要多次测定血钾才能真实反映体内 K^+ 代谢状况。给患者补钾时要特别注意安全，尽量口服补钾，静脉补钾时一定要稀释、慢补、少补，防止医源性高血钾危及患者生命。80％～90％的钾经肾排泄，肾具有强大的排钾能力，排钾遵循"多吃多排，少吃少排，不吃也排"。影响肾排钾的主要因素是醛固酮，其次为糖皮质激素。醛固酮的分泌除受肾素-血管紧张素系统调节外，还受到血钾、血钠浓度的影响，当血钾升高、血钠降低时，醛固酮合成分泌增多，反之则分泌减少。体液酸碱平衡的改变也影响肾对钾的排泄，酸中毒时，尿钾增多；碱中毒时，尿钾减少。其余的钾经消化道排泄，汗液也可排出少量钾。每日排钾量不少于10mmol，禁钾时每日排钾量也可达5～10mmol，因此长期不能进食的患者应注意监测其血钾含量，以确定是否需要补钾。

血钾还受代谢的影响。当糖原、蛋白质合成时，钾将进入细胞内，参与反应过程。实验证明，当合成1g糖原时，有0.15mmol/L的钾进入细胞；而合成1g蛋白质时，将有0.45mmol/L的钾进入细胞。反之，当它们分解时，则有同量的钾从细胞释出返回血浆。因此，在创伤愈合期、组织生长旺盛期或静脉注射胰岛素加葡萄糖时，由于合成糖原和蛋白质增多，可能造成血钾下降。反之，当严重创伤（包括烧伤、大手术）、感染和缺氧的情况下，应注意发生高血钾的可能。

K^+的平衡还受血浆pH的影响。当H^+升高时，组织细胞膜处的H^+与K^+交换加强，使K^+释出细胞；同时肾小管细胞泌H^+作用加强，减弱了正常的K^+排出。这些都可能导致高血钾。所以在临床上酸中毒易并发高血钾。反之，碱中毒将诱发低血钾。

钾平衡紊乱与否，要考虑钾总量和血钾浓度两个方面，二者既有区别又有联系。钾总量是指体内钾的总含量，由于钾主要分布在细胞内（约占总量的98%），因此血K^+浓度并不能准确地反映体内总钾量。血K^+浓度是指血清K^+含量，血浆钾浓度要比血清钾浓度低0.5mmol/L左右，因为血液凝固成血块时，血小板及其他血细胞会释放少量钾入血清，所以临床以测血清钾为准。

★ 考点提示：正常成人钠、钾的分布及代谢特点

知识链接

钾代谢紊乱的临床表现

1. 低钾血症的临床表现

神经系统症状表现为中枢神经系统抑制和神经-肌肉兴奋性降低症状。早期烦躁，严重者神志淡漠、嗜睡、软弱无力、腱反射减弱或消失，软瘫。消化道症状：腹胀、恶心、呕吐，肠鸣音减弱或消失。循环系统症状表现为心动过速、心悸、心律失常、血压下降。严重者出现心室颤动而停搏在收缩期。

2. 高钾血症的临床表现

轻度高钾血症为神经-肌肉兴奋性升高。重度高钾血症为神经-肌肉兴奋性降低。表现为：四肢无力，腱反射消失甚至弛缓性麻痹，神志淡漠或恍惚；胃肠道症状为恶心、呕吐，小肠绞痛，腹胀、腹泻；严重者出现皮肤苍白、湿冷、青紫及低血压心动过缓、心律失常表现，甚至出现舒张期心脏停搏。

四、水和电解质代谢的调节

（一）神经系统调节

人体失水过多或进食过多的食盐时，都可引起血浆和细胞间液的渗透压升高，致使细胞内的水向外移动，造成细胞内脱水。当血浆晶体渗透压升高时，下丘脑视前区渗透压感受器受到刺激，产生兴奋传到大脑皮质，引起口渴反射。此时给予饮水，则血浆晶体渗透压下降，水自细胞外向细胞内移动，又重新达到平衡。此外，口渴也可以出现于某些大脑皮质功能紊乱的患者。

（二）激素调节

1.抗利尿素的调节

抗利尿激素又称血管升压素（antidiuretic hormone，ADH），主要由下丘脑视上核神经细胞所分泌并在神经垂体贮存，能提高肾远曲小管和集合管对水的通透性，从而促进水的重吸收，降低尿量，以维持体液渗透压的相对恒定，维持血容量。

影响抗利尿素释放的主要刺激是血浆晶体渗透压和循环血量。当机体失去大量水分而使血浆晶体渗透压增高时，刺激下丘脑视上核或其周围区的渗透压感受器而使抗利尿素释放增多，则血浆渗透压可因肾重吸收水分增多而有所回降；大量饮水的情况正好相反，抗利尿素释放减少，肾排水增多，血浆渗透压升高。血量过多时，可刺激左心房和胸腔内大静脉的容量感受器，反射性地引起抗利尿素释放减少，结果引起利尿而使血量减少；反之，当失血等原因使血量减少时，抗利尿素可因容量感受器所受刺激减弱而释放增加，尿量减少而有助于血量的恢复。

此外，动脉血压升高可通过刺激颈动脉窦压力感受器而反射性地抑制抗利尿素的释放；疼痛刺激和情绪紧张可使抗利尿素释放增多；血管紧张素 I 增多也可刺激抗利尿素的分泌。

2.醛固酮的调节

醛固酮（aldosterone）是肾上腺皮质球状带所分泌的一种盐皮质激素，主要作用是促进肾远曲小管 H^+-Na^+ 和 K^+-Na^+ 的交换，从而增加肾对 Na^+、水的重吸收以及 K^+、H^+ 的排泄。因此醛固酮具有排钾泌氢、保钠保水的作用。

醛固酮是调节细胞外液容量和电解质的激素，其分泌通过肾素-血管紧张素系统实现。当细胞外液容量下降时，刺激肾小球旁细胞分泌肾素，激活肾素-血管紧张素-醛固酮系统，醛固酮分泌增加，使肾重吸收 Na^+ 增加，进而引起水重吸收增加，细胞外液容量增多；相反细胞外液容量增多时，通过上述相反的机制，使醛固酮分泌减少，肾重吸收 Na^+ 和水减少，细胞外液容量下降。血钠降低、血钾升高同样刺激肾上腺皮质，使醛固酮分泌增加。

第三节　钙和磷代谢

一、钙、磷的分布与生理功能

（一）钙、磷的分布

钙和磷主要以无机盐形式存在体内。成人钙含量占体重的 $1.5\%\sim2.2\%$，即 $700\sim1400g$；磷占 $0.8\%\sim1.2\%$，为 $400\sim800g$。其中约 99.3% 的钙和 85.7% 的磷以羟磷灰石 $[3Ca_3(PO_4)_2 \cdot Ca(OH)_2]$ 形式（即骨盐形式）存在于骨和牙齿中。钙在体液和其他组织中不足 1%，磷约 14%（表 14-2）。

表 14-2　人体内钙和磷的分布情况

部　位	钙		磷	
	含量/g	占总钙的百分比/%	含量/g	占总磷的百分比/%
骨骼和牙齿	1200	99.3	600	85.7

部　位	钙		磷	
	含量/g	占总钙的百分比/%	含量/g	占总磷的百分比/%
细胞内液	6	0.6	100	14.0
细胞外液	1	0.1	6.2	0.3

（二）钙、磷的生理功能

钙和磷的生理功能除了构成骨骼和牙齿之外，还有其他重要作用。

1.钙的生理功能

（1）血浆钙可降低毛细血管和细胞膜的通透性，降低神经、肌肉的兴奋性。

（2）血浆钙作为血浆凝血因子参与凝血过程，即凝血因子Ⅳ。

（3）骨骼肌中的钙可引起肌肉收缩，降低神经肌肉的兴奋性；Ca^{2+}有利于心肌收缩，与有利于心脏舒张的K^+拮抗。

（4）钙是重要的调节物质　①作用于细胞膜，影响膜的通透性；②在细胞内作为第二信使，起着重要的代谢调节作用；③是体内多种酶的激活剂，还可作为某些酶的辅助因子参与和调节物质代谢。

2.磷的生理功能

（1）磷是核酸、核苷酸、磷脂等重要生物分子的组成成分。

（2）磷是ATP、ADP和磷酸肌酸的组成成分，参与体内能量的生成、储存和利用；磷酸化是物质代谢的重要反应步骤，糖、脂肪酸、氨基酸的代谢包含一系列磷酸化反应。

（3）构成核苷酸辅酶类的成分。

（4）酶的磷酸化和脱磷酸反应是调节酶活性的重要方式。

（5）血中磷酸盐是血液缓冲体系的重要组成成分。$H_2PO_4^-$和HPO_4^{2-}构成缓冲对，参与体液酸碱平衡的调节。

二、钙、磷的吸收与排泄

（一）钙、磷的吸收

体内钙和磷均由食物供给。正常成人每日摄取钙$0.5\sim1g$、磷$1.0\sim1.5g$。儿童和孕妇的需要量增加。

1.钙的吸收

钙主要存在于牛奶、乳制品及果菜中。食物中钙吸收率通常只有30%。当体内缺钙或生理需钙量增加时，吸收率可增高。钙主要在小肠被吸收，需钙结合蛋白作为转运载体。钙的吸收受多种因素影响。

（1）溶解状态的钙盐易吸收　食物中所含钙主要为各种复合物，必须转变为游离Ca^{2+}，才能被肠道吸收。钙盐在酸性溶液中易于溶解，凡能使消化道pH下降的食物（如乳酸、乳糖及某些氨基酸等）均有利于钙的吸收；消化道pH升高则促进钙盐沉淀，减少吸收。食物中过多的碱性磷酸盐、草酸、植酸等可与钙生成不溶性钙盐，影响钙吸收。

（2）钙吸收与年龄有关　随年龄增加，钙吸收率下降。婴儿钙吸收率约50%，儿童约40%，成人约20%，40岁以后明显下降，平均每10年减少5%～10%，因此老年人易缺钙导致骨质疏松。

（3）1,25-(OH)$_2$-D$_3$ 促进小肠对钙、磷的吸收　这是影响钙、磷吸收的重要因素，缺乏维生素 D$_3$，可导致体内钙、磷的缺乏。

2. 磷的吸收

食物中的磷多以无机磷酸盐、磷蛋白、磷脂形式存在，易于消化吸收。食物中的有机磷酸酯在肠管内被磷酸酶分解为无机磷酸盐后被肠道吸收。磷在空肠吸收最快，吸收率达 70%。当缺磷时，吸收率增强，可达 90%，因此磷缺乏很罕见。影响钙吸收的因素同样影响磷的吸收。

（二）钙、磷的排泄

正常成人每日进出体内的钙量大致相等，即处于钙平衡状态。人体钙约 20% 经肾排出，80% 随粪便排出。肾小球每日滤出钙约 10g，95% 以上被肾小管重吸收。正常人从尿排出钙量较稳定，受食物钙量影响不大，但与血钙水平相关。血钙升高则尿钙排出增多。粪便中钙主要为食物中未吸收钙及消化液中钙。

磷也通过肠道和肾排泄，以肾排泄为主。尿磷排出量占总排出量的 60%~80%。尿磷排出量取决于肾小球滤过率和肾小管重吸收功能，并随肠道摄入量的变化而变化。

三、血钙与血磷

（一）血钙

血液中的钙几乎全部存在于血浆中。血钙是血浆或血清中的钙。正常成人血清钙浓度为 2.25~2.75mmol/L（9~11mg/dl）（表 14-3），儿童为 2.5~3.0mmol/L。

表 14-3　正常人血清钙各部分的含量

血钙组成成分	mg/100ml	mmol/L	占总量的百分比/%
Ca^{2+}	4.72	1.18	47.5
蛋白结合钙	4.56	1.14	46
扩散性结合钙			
CaHPO$_4$	0.16	0.04	1.6
柠檬酸钙	0.17	0.04	1.7
其他未定钙	0.32	0.08	3.2
总计	9.93	2.48	100

血钙的存在形式主要有三种：①蛋白结合钙，即与血浆蛋白（清蛋白为主）结合的钙，约占血钙总量的 46%，因其与血浆蛋白结合后不能透过毛细血管壁，无生理活性，故称非扩散钙；②扩散性结合钙，是与柠檬酸、乳酸、HCO$_3^-$、HPO$_4^{2-}$、SO$_4^{2-}$、Cl$^-$ 等结合的可溶性钙盐中的钙，因能透过毛细血管壁而称为扩散钙，这种钙含量较少，易于解离；③游离钙（占血清总钙 47.5%），易通过半透膜。

血浆中发挥生理作用的主要为游离 Ca^{2+}，血浆中游离 Ca^{2+} 与结合钙之间呈动态平衡，此平衡受血浆 pH 影响。当 pH 下降时，结合钙可解离，游离 Ca^{2+} 浓度升高；而当 pH 升高时，结合钙增多，游离 Ca^{2+} 浓度下降。因此，在慢性肾衰竭的患者出现血浆钙减少，但却不出现缺钙的症状，可是当纠正酸中毒后便出现抽搐。这是由于该患者血浆的 pH 下降，使游离钙增多，所以不出现缺钙症状。可是当纠正酸中毒后 H^+ 浓度下降了，因而游离钙减少，故出现抽搐。又如代谢性碱中毒和呼吸性碱中毒时，血中 HCO_3^- 的浓度升高，使血浆游离钙减少，故产生手足搐搦症状。

> ### 知识链接
>
> #### 血钙异常及成因
>
> 　　血清钙超过 2.75mmol/L 为高血钙。引起高血钙的原因可见于：①甲状旁腺功能亢进症：原发性常见于甲状旁腺腺瘤、增生或腺癌；继发性见于维生素 D 缺乏或慢性肾衰竭等所致的长期低血钙，刺激甲状旁腺代偿性增生。PTH 过多，促进溶骨、肾重吸收钙和维生素 D 活化，引起高钙血症。②恶性肿瘤：恶性肿瘤和恶性肿瘤骨转移。③维生素 D 中毒：长期服用大量维生素 D 可造成维生素 D 中毒。④甲状腺功能亢进症：甲状腺素具有溶骨作用，中度甲状腺功能亢进症患者约 20% 伴高钙血症。⑤其他：肾上腺功能不全、维生素 A 摄入过量、类肉瘤病、应用使肾对钙重吸收增多的噻嗪类药物等。
>
> 　　血清钙低于 2.25mmol/L 为低血钙。低血钙成因见于：①甲状旁腺功能减退症。②肾衰竭，Ca^{2+} 从肾丢失。③儿童佝偻病和成人软骨病。由于维生素 D_3 缺乏，或者肝、肾功能损伤引起 $1,25\text{-}(OH)_2\text{-}D_3$ 缺乏，导致血钙、血磷降低。④静脉输入大量柠檬酸盐抗凝剂后，柠檬酸与 Ca^{2+} 结合为难以解离的柠檬酸钙，使血浆游离 Ca^{2+} 浓度下降。

（二）血磷

　　血磷指血浆或血清无机磷酸盐中所含的磷，正常成人血磷含量为 1.1～1.3mmol/L（3～4mg/dl），儿童 1.45～2.1mmol/L，新生儿稍高。血磷含量在生理状态下可有波动，当细胞糖原、蛋白质合成增强时，血磷进入细胞，可使血磷降低。血浆中磷 80%～85% 以 HPO_4^{2-} 形式存在，15%～20% 以 $H_2PO_4^-$ 形式存在，而 PO_4^{3-} 的含量甚微。

> ### 知识链接
>
> #### 血磷异常及成因
>
> 　　血磷超过 1.62mmol/L 为高血磷。引起高血磷的原因可见于：①肾衰竭排磷困难；②甲状旁腺功能减退症；③细胞损坏后磷转移入血，见于多种原因引起的细胞破损，如高热、中毒等引起的代谢性酸中毒，常伴细胞分解代谢亢进与崩解，多种恶性肿瘤尤其是淋巴瘤、白血病化疗时由于细胞崩解而磷逸出至血循环。
>
> 　　血磷低于 0.97mmol/L 为低血磷。引起低血磷的原因可见于：①甲状旁腺功能亢进症；②维生素 D 缺乏；③糖尿病酸中毒患者进行胰岛素治疗后，糖酵解增加，磷酸盐也向细胞内移动；④肾丢失磷酸盐；⑤乳糜泻。

（三）钙磷乘积及其意义

　　血浆中钙、磷浓度关系密切，两者的浓度具有一定的关系，如以 [Ca] 和 [P] 分别代

表 100ml 血浆中钙和无机磷的质量（mg），正常成人两者的乘积$[Ca] \times [P] = 35 \sim 40$。当$[Ca] \times [P] > 40$，则钙和磷以骨盐形式沉积于骨组织；若$[Ca] \times [P] < 35$ 则妨碍骨的钙化，甚至可使骨盐溶解，影响骨化作用。

四、钙和磷代谢的调节

体内钙和磷的代谢主要受 $1,25\text{-}(OH)_2\text{-}D_3$、甲状旁腺激素和降钙素三种激素的调节。主要作用于肾、骨骼和小肠三个靶器官。

（一）$1,25\text{-}(OH)_2\text{-}D_3$

1. 促进小肠对钙、磷的吸收和转运

$1,25\text{-}(OH)_2\text{-}D_3$ 与肠黏膜上皮细胞特异受体结合后，直接作用于刷状缘，改变膜磷脂的结构与组成，增加钙的通透性，利于肠腔内 Ca^{2+} 的吸收；$1,25\text{-}(OH)_2\text{-}D_3$ 与受体结合，进入细胞核，加快 DNA 转录 mRNA，促进与 Ca^{2+} 转运有关的蛋白质（钙结合蛋白，$Ca^{2+}\text{-}$ATP 酶）的生物合成，从而促进钙的吸收与转运。磷的吸收随之增加。

2. 具有骨化和溶骨的双重作用

一方面，$1,25\text{-}(OH)_2\text{-}D_3$ 能刺激破骨细胞和加速破骨细胞的生成，从而促进溶骨作用；另一方面，$1,25\text{-}(OH)_2\text{-}D_3$ 又能刺激骨化细胞分泌胶原等，促进骨的生成。钙磷供应充足时，主要促进骨化作用。当血钙降低、肠道钙吸收不足时，主要促进溶骨作用，使血钙、血磷升高。

3. 促进肾小管上皮细胞对钙、磷的重吸收

$1,25\text{-}(OH)_2\text{-}D_3$ 可促进肾近曲小管对钙、磷的重吸收。但此作用较弱，只是在骨骼生长、修复或钙磷供应不足时，作用增强。

$1,25\text{-}(OH)_2\text{-}D_3$ 总效应是使血钙、血磷的浓度均升高。

（二）甲状旁腺激素

甲状旁腺激素（parathyroid hormone，PTH）是由甲状旁腺主细胞合成和分泌的一种单链多肽激素，是维持血钙稳定的主要激素。甲状旁腺激素作用的靶器官主要是骨和肾。

1. 具有促进骨化和溶骨的双重作用

小剂量甲状旁腺激素刺激骨细胞分泌胰岛素样生长因子（IGF），促进胶原和肌质生成，有助于骨化，临床上利用此作用，给骨质疏松症患者连续使用小剂量甲状旁腺激素治疗，可取得良好疗效。大剂量甲状旁腺激素能将前破骨细胞和间质细胞转化为破骨细胞，破骨细胞数量和活性增加，分泌各种水解酶和胶原酶，并产生大量乳酸和柠檬酸等酸性物质，促进骨基质及骨盐溶解。

2. 抑制近曲小管和远曲小管对磷的重吸收

甲状旁腺激素增加肾近曲小管、远曲小管和髓襻上升段对 Ca^{2+} 的重吸收，抑制近曲小管和远曲小管对磷的重吸收，结果尿钙减少，尿磷增多。

同时，甲状旁腺激素能激活肾 1α-羟化酶，促进 $1,25\text{-}(OH)_2\text{-}D_3$ 的合成，间接促进小肠吸收钙磷，此效应出现较缓慢。

甲状旁腺激素作用的总效应是升高血钙、降低血磷。

（三）降钙素

降钙素（calcitonin，CT）是由甲状腺滤泡旁细胞（又称 C 细胞）分泌的一种单链多肽类激素，血钙升高可刺激降钙素的分泌，血钙降低则抑制其分泌。降钙素作用的靶器官也主要是骨和肾。

1. 对骨的作用

降钙素直接抑制破骨细胞的生成和活性，抑制骨基质分解和骨盐溶解；加速破骨细胞、间质细胞转化为骨化细胞，增强骨化作用，降低血钙、血磷浓度。

2. 对肾的作用

降钙素直接抑制肾小管对钙、磷的重吸收，从而使尿磷、尿钙排出增多，同时还可通过抑制肾 1α-羟化酶而减少 $1,25\text{-}(OH)_2\text{-}D_3$ 的生成，从而间接抑制肠道对钙、磷的吸收率，结果使血浆钙、磷水平下降。

降钙素的总效应是使血钙和血磷均降低。

综上可见，在正常人体内，通过 PTH、CT、$1,25\text{-}(OH)_2\text{-}D_3$ 三者的相互制约，相互协调，以适应环境变化，保持血钙浓度的相对恒定。三者对钙、磷代谢的调节见表 14-4。

表 14-4　三种激素对钙、磷代谢的调节

项　目	PTH	$1,25\text{-}(OH)_2\text{-}D_3$	CT
血钙	↑	↑	↓
血磷	↓	↓	↓
小肠钙吸收	↑	↑↑	↓
小肠磷吸收	↑	↑	↓
肾钙重吸收	↓	↑	↓
溶骨作用	↑↑	↑	↓
骨化作用	↑	↑	↑

★ **考点提示：钙磷的功能；血钙和血磷的关系；调节钙磷代谢的激素及其效应**

思考题

一、填空题

1. 成人每日的最低需水量是＿＿＿＿＿＿＿。

2. 正常成人血清钾的浓度为＿＿＿＿＿＿＿。

3. 细胞外液中的电解质：主要阳离子是＿＿＿＿＿＿＿；主要阴离子是＿＿＿＿＿＿＿、＿＿＿＿＿＿＿，其中的＿＿＿＿＿＿＿对维持细胞外液的 pH 稳定其重要作用。

4. 人体中钙和磷以＿＿＿＿＿＿＿形式存在于骨和牙齿中。

5. 血钙的存在形式包括＿＿＿＿＿＿＿、＿＿＿＿＿＿＿和＿＿＿＿＿＿＿。

6. 血钙血磷乘积的正常值为＿＿＿＿＿＿＿。

二、简答题

1. 简述电解质的生理功能。

2. 简述 $1,25\text{-}(OH)_2\text{-}D_3$、甲状旁腺激素及降钙素对钙、磷代谢的调节。

（鄢　雯）

第十五章

酸碱平衡的调节

○○○
○○○
○○○

【学习目标】

◆ **掌握**：体内酸性物质、碱性物质的来源；血液和肾对酸碱平衡的调节作用。
◆ **熟悉**：肺对酸碱平衡的调节作用，酸碱平衡失调的基本类型。
◆ **了解**：酸碱平衡的主要生化指标。

案例导入

案例回放：

　　某糖尿病患者，其血气分析结果：pH 6.82，$[HCO_3^-] < 3.0mmol/L$，PCO_2 12mmHg，PO_2 147mmHg；其尿常规检查结果：尿酮体（＋＋），葡萄糖（＋＋＋）。

思考问题：

　　1.这些检查结果有怎样的临床意义？

　　2.从检查结果可以看出患者发生了酸中毒，试分析患者酸中毒的类型及成因。

　　机体在代谢过程中不断产生酸和碱，在每日摄入的食物中也含有酸性或碱性的物质。然而，正常情况下机体总能够维持体液正常的 pH，且比较稳定。生理条件下，机体维持体液酸碱度相对稳定的过程称为酸碱平衡。酸碱平衡是机体维持正常生命活动的重要基础。

　　人体体液各部分的酸碱度不尽相同，正常情况下血浆 pH 稳定维持在 7.35～7.45，多数细胞内液和细胞间液的 pH 略低于血浆。由于血液与其他部分的体液不断进行交换，血浆 pH 及其他酸碱平衡的生化指标的变化必然反映机体的酸碱平衡状态。

第一节　体内酸性物质和碱性物质的来源

一、酸性物质的来源

　　体内酸性物质的来源主要是糖、脂肪和蛋白质以及核酸分解代谢产生的。因此，糖、脂肪、蛋白质和核酸是成酸物质。食物中的醋酸以及酸性药物（如氯化铵和阿司匹林等）都能够解离出 H^+ 或在体内转变成酸性物质，如氯化铵转变成尿素和 HCl。体内的酸性物质分为挥发性酸和非挥发性酸。

1. 挥发性酸

糖、脂肪、蛋白质以及核酸在体内彻底氧化生成的 CO_2 和 H_2O，在碳酸酐酶催化下化合成为 H_2CO_3，H_2CO_3 是弱酸，可电离出 H^+，这是体内酸的主要来源。血液通过肺时，H_2CO_3 分解成 CO_2 和 H_2O，CO_2 由肺呼出，所以通常把 H_2CO_3 称为挥发性酸。

2. 非挥发性酸

非挥发性酸是指糖、脂肪、蛋白质和核酸在分解代谢中还可产生丙酮酸、乳酸、乙酰乙酸和 β-羟基丁酸、尿酸等有机酸，以及硫酸和磷酸等无机酸。正常成人每日产生的这些酸释放出的 H^+ 有 50～90mmol，这些酸只经肾随尿排出体外，不具有挥发性，又称为固定酸。

二、碱性物质的来源

人体内代谢过程中既能产酸又能产碱，如氨基酸分解代谢产生的氨就是碱性物质，但在正常生理条件以产酸为主。

蔬菜和水果含有丰富的有机酸盐，如柠檬酸和苹果酸的钠盐和钾盐，是弱酸强碱盐，解离呈碱性。通过代谢，有机酸根会氧化分解成 CO_2 和 H_2O，Na^+ 和 K^+ 则与体液的 HCO_3^- 结合成碱性的碳酸氢盐。

★ 考点提示：挥发性酸和固定酸的概念；酸性物质和碱性物质的来源

第二节　酸碱平衡的调节

机体对酸碱平衡的调节主要包括三个方面，即血液的缓冲作用、肺排出 CO_2 的调节作用和肾的排泄与重吸收作用。

一、血液的缓冲作用

无论是内源性还是外源性酸性物质，都可被血液稀释缓冲，而使其释放的 H^+ 不会明显影响血液 pH。

(一) 血液的缓冲体系

血液是缓冲溶液，血浆与红细胞中存在多种缓冲体系。

血浆缓冲体系有：$\dfrac{NaHCO_3}{H_2CO_3}$、$\dfrac{Na_2HPO_4}{NaH_2PO_4}$、$\dfrac{NaPr}{HPr}$（Pr 为血浆蛋白质）。

红细胞缓冲体系有：$\dfrac{KHCO_3}{H_2CO_3}$、$\dfrac{K_2HPO_4}{KH_2PO_4}$、$\dfrac{KHb}{HHb}$、$\dfrac{KHbO_2}{HHbO_2}$（Hb 为血红蛋白）。

血浆中以碳酸氢盐缓冲体系（$NaHCO_3/H_2CO_3$）为主，红细胞中以血红蛋白缓冲体系（KHb/HHb 及 $KHbO_2/HHbO_2$）为主。

血浆 pH 可由亨德森-哈塞巴（Henderson-Hasselbach）方程式计算：

$$pH = pK_a + \lg \frac{[NaHCO_3]}{[H_2CO_3]}$$

式中，pK_a 是 H_2CO_3 一级解离常数的负对数，在 37℃时为 6.1。正常血浆 $NaHCO_3$

的浓度约为 24mmol/L，H_2CO_3 的浓度约为 1.2mmol/L。代入上式有：

$$pH = 6.10 + lg(20/1) = 6.10 + 1.30 = 7.40$$

可见，正常人血浆 pH 取决于 $NaHCO_3$ 和 H_2CO_3 的浓度之比。血浆的 $[NaHCO_3]$ 与 $[H_2CO_3]$ 的比值为 20/1 时，血浆 pH 为 7.40。如果比值发生改变，血浆 pH 亦随之变化。正常情况下，机体能维持 $[NaHCO_3]$ 与 $[H_2CO_3]$ 的比值不会发生大的变动。

（二）血液对固定酸的缓冲作用

主要由 $NaHCO_3$ 缓冲。当固定酸进入血液，其 H^+ 主要与 HCO_3^- 结合成 H_2CO_3，H_2CO_3 在肺部分解为 CO_2 和 H_2O，CO_2 由肺呼出体外。血浆中 $NaHCO_3$ 的含量在一定程度上可以代表血浆对固定酸的缓冲能力，故习惯上把血浆中的 $NaHCO_3$ 称为碱储。此外，NaPr 和 Na_2HPO_4 也能缓冲固定酸，但作用较小。

（三）血液对挥发性酸（H_2CO_3）的缓冲作用

H_2CO_3 产生的 H^+ 主要被血红蛋白缓冲体系缓冲，这一过程与 CO_2 和 O_2 的运输相关（图 15-1）。细胞代谢产生的 CO_2 扩散到血浆，少量 CO_2 直接形成 H_2CO_3，大量 CO_2 从血浆进入红细胞，在碳酸酐酶（CA）作用下与水化合成 H_2CO_3，H_2CO_3 解离成 H^+ 和 HCO_3^-，H^+ 由血红蛋白缓冲体系缓冲。此时，红细胞生成的大量 HCO_3^- 弥散入血浆，而 Na^+、K^+ 和 H^+ 等阳离子不能自由透过细胞膜，为维持红细胞的电荷平衡，血浆中的氯离子不断进入红细胞内，此种现象称为氯离子转移。HCO_3^- 进入血浆后与血浆中的 Na^+ 结合成 $NaHCO_3$。

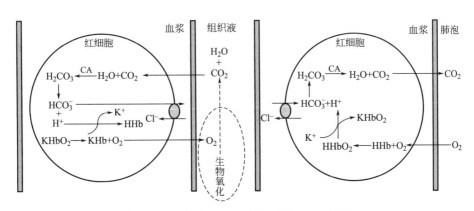

图 15-1　血液对 H_2CO_3 的缓冲及 CO_2 的运输

当静脉血流经肺泡时，血浆中的 PCO_2 高于肺泡里的 PCO_2，血浆及红细胞中的 CO_2 向肺泡扩散。血浆中的 PCO_2 随之降低，H_2CO_3 也分解成 CO_2 向肺泡扩散。同时，血液流经肺时，由于肺泡内 O_2 分压（PO_2）高于静脉血里的 PO_2，O_2 弥散入血进入红细胞与 HHb 迅速结合成 $HHbO_2$。$HHbO_2$ 酸性较 H_2CO_3 强，可释放出 H^+ 与红细胞内的 HCO_3^- 结合成 H_2CO_3，然后在碳酸酐酶（CA）催化下分解成 CO_2 和 H_2O。CO_2 扩散到血浆后向肺泡扩散呼出。此时，红细胞内的 HCO_3^- 不断减少，于是血浆中的 HCO_3^- 向红细胞内扩散，而红细胞内的氯离子则向血浆中转移，使细胞内正负电荷保持平衡。

★ **考点提示：血液的缓冲体系，血液对挥发性酸和固定酸的缓冲**

二、肺的调节作用

肺主要通过呼吸的频率与幅度调节 CO_2 排出量，调节血中 H_2CO_3 的浓度，维持正常的pH。

肺呼出 CO_2 的量受延髓呼吸中枢的调节。血液 PCO_2 和 pH 影响呼吸中枢的兴奋性，当血液 PCO_2 升高或 pH 降低时，呼吸中枢兴奋性增强，呼吸加深加快，CO_2 排出增多；反之，当血液 PCO_2 降低或 pH 升高时，呼吸中枢兴奋性降低，呼吸变浅变慢，CO_2 排出减少。

★ 考点提示：肺对酸碱平衡的调节作用

三、肾的调节作用

一般情况下，机体代谢产生大量的酸性物质，通过血液的缓冲作用，消耗了大量的缓冲碱 $NaHCO_3$。肾通过肾小管的 H^+-Na^+ 交换和 NH_4^+-Na^+ 交换等机制，实现排酸保碱的作用。

（一）H^+-Na^+ 交换与碳酸氢钠的重吸收

肾小管上皮细胞表现出对原尿中的 $NaHCO_3$ 很强的重吸收能力，碳酸酐酶（CA）参与对 $NaHCO_3$ 的重吸收（图 15-2）。CA 催化 CO_2 和 H_2O 迅速生成 H_2CO_3，H_2CO_3 解离为 H^+ 和 HCO_3^-。肾小管管腔液中的 $NaHCO_3$ 可解离为 Na^+ 和 HCO_3^-。细胞中的 H^+ 可主动分泌至管腔与 Na^+ 进行交换，进入细胞内的 Na^+ 与 HCO_3^- 生成 $NaHCO_3$ 重新回到血液。进入管腔中的 H^+ 与 HCO_3^- 生成 H_2CO_3，H_2CO_3 在细胞刷状缘碳酸酐酶的催化下，又分解成 CO_2 和 H_2O，CO_2 可扩散入细胞内再被利用，H_2O 则随尿排出。

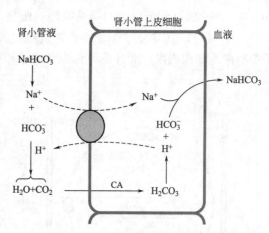

图 15-2　H^+-Na^+ 交换与 $NaHCO_3$ 的重吸收

（二）H^+-Na^+ 交换与尿液的酸化

当原尿流经肾远曲小管时，肾小管细胞分泌 H^+ 增多，一部分 H^+ 与 Na_2HPO_4 分子中的 Na^+ 交换，Na_2HPO_4 转变为 NaH_2PO_4 随尿排出，尿液 pH 下降。重吸收的 Na^+ 与肾小管细胞内 HCO_3^- 一起转运到血液。正常情况下，人体以排酸为主，尿液 pH 为 5.0~6.0。若尿液 pH 降到 4.8，则 $[Na_2HPO_4]$ 与 $[NaH_2PO_4]$ 的比值为 1/99，这说明原尿经过肾远曲小管时，Na_2HPO_4 不断转变成 NaH_2PO_4，而导致原尿 pH 逐渐下降，尿液被酸化（图 15-3）。

（三）NH_3 的分泌

肾远曲小管细胞能主动分泌 NH_3，约 60% 的 NH_3 来自血液的谷氨酰胺分解产生，40% 的 NH_3 由肾小管上皮细胞内氨基酸脱氨基生成。分泌至管腔液中的 NH_3 与 H^+ 结合生成

NH_4^+，NH_4^+ 盐随尿排出；同时管腔液中其他盐解离出的 Na^+ 被肾小管上皮细胞重吸收，Na^+ 与 HCO_3^- 形成 $NaHCO_3$ 进入血液。随着 NH_3 的分泌，管腔液中 H^+ 浓度降低，有利于肾小管细胞分泌 H^+，肾小管细胞分泌 H^+ 增强，又反过来促进 NH_3 的分泌（图 15-4）。NH_3 的分泌量随尿液的 pH 而变化。尿液酸性越强，NH_3 的分泌越多；如尿呈碱性，NH_3 的分泌减少甚至停止。

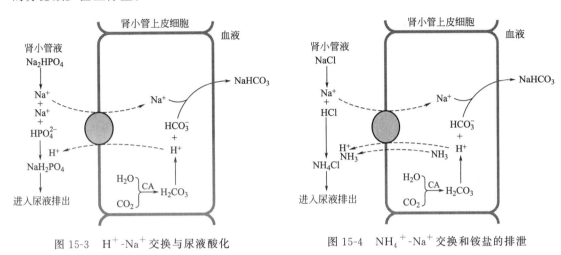

图 15-3　H^+-Na^+ 交换与尿液酸化　　　　图 15-4　NH_4^+-Na^+ 交换和铵盐的排泄

除 H^+-Na^+ 交换外，肾远曲小管细胞还能分泌 K^+，进行 K^+-Na^+ 交换，且 K^+-Na^+ 交换与 H^+-Na^+ 交换可相互竞争，即 K^+-Na^+ 交换增强，则 H^+-Na^+ 交换减弱；H^+-Na^+ 交换增强，K^+-Na^+ 交换减弱；故高血钾患者常伴有酸中毒，酸中毒患者常伴有高血钾。

★ 考点提示：肾通过肾小管的 H^+-Na^+ 交换和 NH_4^+-Na^+ 等机制实现排酸保碱

第三节　酸碱平衡失调

机体代谢异常以及呼吸功能和肾功能异常都会导致体液酸碱平衡失调，出现酸中毒或碱中毒。

一、酸碱平衡失调的基本类型

$NaHCO_3$ 原发性增多或减少引起的酸碱平衡失调称之为代谢性碱中毒或代谢酸中毒，而 H_2CO_3 原发性增多或减少引起的酸碱平衡失调则称之为呼吸性酸中毒或呼吸性碱中毒。机体存在代偿调节机制，通过调节如果能够使得血浆 pH 保持正常，则为代偿性酸碱中毒，否则为失代偿性酸碱中毒。

（一）代谢性酸中毒

代谢性酸中毒是体内固定酸产生过多、肾排酸和重吸收 $NaHCO_3$ 障碍、碱性消化液丢失过多等原因造成的，是临床上最常见的酸碱平衡失调。

代谢性酸中毒时 $NaHCO_3$ 含量降低，血液 pH 下降。这一方面可刺激呼吸中枢兴奋，引起呼吸加深加快，CO_2 排出增多，使血浆 H_2CO_3 含量代偿降低；另一方面可使肾小管上

皮细胞泌 H^+ 和泌氨作用增强，增加固定酸的排出和 $NaHCO_3$ 重吸收。因此，血浆 $NaHCO_3$ 和 H_2CO_3 的绝对浓度都将有所下降，若两者比值仍接近 20：1，血液 pH 在正常范围，则为代偿性代谢性酸中毒，若两者比值降低太多使得血液 pH<7.35，则为失代偿性代谢性酸中毒。

（二）代谢性碱中毒

代谢性碱中毒是体内固定酸丢失过多或者体外输入碱性物质过多引起的。常见于口服或输入碱性物质过多、胃肠减压引流或幽门梗阻呕吐使胃酸丢失过多。低血钾引起 K^+ 外流而 H^+ 内流入细胞所致酸碱平衡失调也为代谢性碱中毒。

代谢性碱中毒时 $NaHCO_3$ 浓度升高，血液 pH 升高，可抑制呼吸中枢，呼吸变浅变慢，血浆 H_2CO_3 随之升高；同时，肾小管上皮细胞泌 H^+ 和泌氨作用减弱，$NaHCO_3$ 的排出增加。通过上述调节，如果血浆 pH 维持正常，称为代偿性代谢性碱中毒，如果血液 pH>7.45，则为失代偿性代谢性碱中毒。

（三）呼吸性酸中毒

由于肺功能障碍，CO_2 呼出不畅，血浆 H_2CO_3 浓度升高而造成的酸碱平衡失调称为呼吸性酸中毒。

呼吸性酸中毒时血浆 H_2CO_3 浓度升高，肾小管上皮细胞泌 H^+ 作用增强，$NaHCO_3$ 重吸收增多，血浆 $NaHCO_3$ 浓度代偿升高，血液 pH 可能代偿性地维持在正常范围，若血液 pH<7.35，则称为失代偿性呼吸性酸中毒。

（四）呼吸性碱中毒

由各种原因引起肺通气过度，CO_2 呼出过多，使血浆 H_2CO_3 浓度降低而造成的酸碱平衡失调称为呼吸性碱中毒。

呼吸性碱中毒时血浆 H_2CO_3 浓度降低，肾小管细胞泌 H^+ 作用减弱，$NaHCO_3$ 重吸收减少，结果导致血浆 $NaHCO_3$ 含量相应降低，呈现呼吸性碱中毒的代偿或失代偿状态。

★ 考点提示：四种酸碱平衡失调类型的定义

二、酸碱平衡的主要生化指标

全面准确地衡量体内酸碱平衡情况，需要根据临床症状和实验室测得的酸碱平衡的生化指标进行综合分析。酸碱平衡的主要生化指标包括反映血液酸碱度的 pH、反映呼吸因素变化的 CO_2 相关指标及反映代谢因素变化的 $NaHCO_3$ 相关指标和阴离子间隙（AG）等。

（一）血液 pH

测定动脉血浆的 pH，正常值在 7.35～7.45。血 pH 小于 7.35 为失代偿性酸中毒。血 pH 大于 7.45 为失代偿性碱中毒。需要说明的是，由于机体存在代偿调节机制，pH 在正常范围也可能存在代偿性的酸中毒或碱中毒，还可能是酸中毒合并碱中毒。

（二）CO_2 分压

CO_2 分压指物理溶解在血浆中的 CO_2 所产生的张力。动脉血的 PCO_2 正常值为 4.5～

6.0kPa，平均值为 5.3kPa。

PCO_2 基本上能反映肺通气的状况。PCO_2 过高表示肺通气不足，过低表示通气过度，更可能是失代偿性的呼吸性酸碱中毒。

代谢性酸碱中毒时 PCO_2 代偿性地改变。例如，代谢性酸中毒时 PCO_2 代偿性下降，以维持［$NaHCO_3$］与［H_2CO_3］的比值在正常范围，下降的幅度不会太大，否则提示有呼吸性碱中毒。

（三）$NaHCO_3$ 相关指标

临床测定的 $NaHCO_3$ 相关指标包括实际 HCO_3^-（AB）和标准 HCO_3^-（SB）以及 CO_2 结合力（CO_2-CP）。

1. 实际 HCO_3^- 和标准 HCO_3^-

AB 是指用与空气隔绝的血标本测得的血浆中的 HCO_3^- 含量，AB 反映的是机体实际的酸碱平衡状况。而 SB 是指全血在标准条件（Hb 的氧饱和度为 100%，$37℃$，PCO_2 为 5.3kPa）下测得的 HCO_3^- 含量，反映的是代谢性因素的影响。正常人的 AB 和 SB 的正常范围均为（24 ± 2）mol/L。

比较分析 AB 和 SB 的变化能够较全面地反映某个体的酸碱平衡状况。如，在无明显呼吸因素参与所致障碍的情况下，AB 与 SB 基本相同，低于正常值时，表明发生了代谢性酸中毒，高于正常值时表明发生了代谢性碱中毒。AB 与 SB 明显不同时，一定发生了呼吸性的酸碱平衡失调。

2. CO_2 结合力

CO_2-CP 是指在 $25℃$，PCO_2 为 5.3kPa 时测得的血浆中以 $NaHCO_3$ 形式存在的 CO_2 含量。正常值为 $23\sim31$mmol/L。CO_2-CP 高低反映血浆中 $NaHCO_3$ 的高低。CO_2-CP 升高见于呼吸性酸中毒或代谢性碱中毒，CO_2-CP 降低则见于呼吸性碱中毒或代谢性酸中毒。

（四）阴离子间隙（AG）

血浆中的阴阳离子摩尔浓度是相等的。Na^+ 是可测定的阳离子，占血浆阳离子总浓度的大约 90%，其他为未测定阳离子。Cl^- 和 HCO_3^- 是可测定的阴离子，占血浆阳离子总浓度的大约 85%，其他为未测定阴离子。

AG 是指血浆中未测定阴离子与未测定阳离子之间的差值。

因为［Na^+］＋［未测定阳离子］＝［Cl^-］＋［HCO_3^-］＋［未测定阴离子］，所以，AG＝［未测定阴离子］－［未测定阳离子］＝［Na^+］－（［Cl^-］＋［HCO_3^-］）。因此，AG 就是通过测定 Na^+、Cl^- 和 HCO_3^- 的浓度计算而来。

AG 的正常参考值为 $8\sim16$mmol/L。

组成阴离子间隙（AG）的阴离子有硫酸根、有机酸（如乳酸、乙酰乙酸等）的酸根和血浆蛋白质，其中白蛋白占有 $1/2$。酮症酸中毒、严重肾衰竭会表现为 AG 增高，而低蛋白血症会出现 AG 降低。

★考点提示：PCO_2、实际 HCO_3^-（AB）、标准 HCO_3^-（SB）、阴离子间隙（AG）的概念

一、名词解释

1. 酸碱平衡

2. 挥发性酸

3. 碱储

二、填空题

1. H_2CO_3 产生的 H^+ 主要被_____缓冲，这一过程与_____和_____的运输相关。

2. 肾通过肾小管的_____交换和_____交换等机制，实现排酸保碱的作用。

3. PCO_2 过高表示肺通气_____，过低表示肺通气_____。

4. 组成阴离子间隙（AG）的阴离子有_____、_____和_____等。酮症酸中毒会出现 AG _____。

三、简答题

1. 简述血液固定酸升高时机体的代偿调节机制。

2. 简述肺通气过度对酸碱平衡的影响。

（徐坤山）

能力测试题

第二章 蛋白质的结构与功能

一、选择题

(一) 单选题

1. 测定 100g 生物样品中氮含量是 2g，该样品中蛋白质含量为（　　）
   A. 6.25％　　　　B. 12.5％　　　　C. 1％　　　　D. 2％　　　　E. 20％

2. 下列氨基酸中无 L 型 D 型之分的是（　　）
   A. 丙氨酸　　　B. 甘氨酸　　　C. 亮氨酸　　　D. 丝氨酸　　　E. 脯氨酸

3. 维持蛋白质一级结构稳定的主要化学键是（　　）
   A. 氢键　　　　B. 盐键　　　　C. 二硫键　　　D. 肽键　　　　E. 次级键

4. 维持蛋白质二级结构的主要作用力是（　　）
   A. 盐键　　　　B. 疏水键　　　C. 肽键　　　　D. 氢键　　　　E. 二硫键

5. 具有四级结构的蛋白质最少应有几条多肽链（　　）
   A. 1　　　　　B. 2　　　　　C. 3　　　　　D. 4　　　　　E. 5

6. 具有一条多肽链的蛋白质最高级空间结构是（　　）
   A. 一级　　　　B. 二级　　　　C. 三级　　　　D. 四级　　　　E. 五级

7. 蛋白质在等电点时（　　）
   A. 正电荷　　　　　　　　B. 负电荷　　　　　　　　C. 不带电荷
   D. 带等量的正电荷、负电荷　　　E. 以上都不是

8. 血浆蛋白质在生理条件下的状态为（　　）
   A. 阳离子　　　B. 阴离子　　　C. 兼性离子　　　D. 不带电　　　E. 不能判断

9. 已知某蛋白质的等电点为 6.8，电泳液的 pH 为 8.6，该蛋白质的电泳方向是（　　）
   A. 向正极移动　　B. 向负极移动　　C. 不能确定　　D. 不动　　　E. 以上都不对

10. 以下不属于蛋白质变性因素的是（　　）
    A. 高温　　　　B. 紫外线　　　C. 乙醇　　　　D. 低温　　　　E. 尿素

11. 下列关于蛋白质变性的叙述哪项是错误的（　　）
    A. 蛋白质的空间构象受到破坏　　B. 失去原有生物学活性　　　C. 溶解度增大
    D. 易受蛋白水解酶水解　　　　　E. 黏度增加

12. 变性蛋白质分子结构未改变的是（　　）
    A. 一级结构　　B. 二级结构　　C. 三级结构　　D. 四级结构　　E. 空间结构

13. 使蛋白质沉淀但不变性，应使用的试剂是（　　）
    A. 苦味酸　　　B. 重金属盐　　C. 酒精　　　　D. 硫酸铵　　　E. 鞣酸

14. 蛋白质变性的实质是（　　）

A. 溶解度降低　　　　　B. 生物活性丧失　　　　　　C. 一级结构的破坏
D. 黏度降低　　　　　　E. 空间结构的破坏

15. 蛋白质对紫外线吸收的最大吸收峰在哪一波长附近（　　　）
A. 220nm　　　　B. 240nm　　　　C. 260nm　　　　D. 280nm　　　　E. 280μm

(二) 多选题（每题有两个或两个以上正确答案）

1. 维持蛋白质三级结构的作用力包括（　　　）
A. 盐键　　　　　B. 氢键　　　　　C. 疏水键　　　　D. 范德华力　　　　E. 二硫键

2. 蛋白质二级结构的形式有（　　　）
A. α-螺旋　　　　B. β-折叠　　　　C. β-转角　　　　D. 无规卷曲　　　　E. 双螺旋

3. 维持蛋白质亲水胶体稳定的因素是（　　　）
A. 同种电荷　　　B. 异种电荷　　　C. 水化膜　　　D. 溶解度　　　E. 分子量

4. 能引起蛋白质变性的因素是（　　　）
A. 强酸　　　　　B. 重金属离子　　　C. 中性盐　　　D. 高温　　　E. 有机溶剂

5. 维持蛋白质四级结构的作用力有（　　　）
A. 肽键　　　　　　　　　　　B. 二硫键　　　　　　　　　　　C. 疏水键
D. 离子键（盐键）　　　　　　E. 氢键

二、判断题

1. 人体内蛋白质的基本组成单位只有 20 种氨基酸。（　　　）
2. 具有四级结构的蛋白质，它的每个亚基单独存在时仍能保存蛋白质原有的生物活性。
（　　　）
3. 血清蛋白质在生理条件下带正电荷。（　　　）
4. 蛋白质变性作用的本质是次级键的断裂，空间结构的破坏。（　　　）
5. 具有三级结构的多肽链都具有生物学活性。（　　　）

第三章　核酸的结构与功能

一、选择题

1. ATP 分子中各组分的连接方式是（　　　）
A. R-A-P-P-P　　　　　　　B. A-R-P-P-P　　　　　　　C. P-A-R-P-P
D. P-R-A-P-P　　　　　　　E. P-P-P-A-R

2. 构成多核苷酸链骨架的关键是（　　　）
A. $2'3'$-磷酸二酯键　　　　B. $2'4'$-磷酸二酯键　　　C. $2'5'$-磷酸二酯键
D. $3'4'$-磷酸二酯键　　　　E. $3'5'$-磷酸二酯键

3. 下列有关 tRNA 分子结构特征的描述中错误的是（　　　）
A. 有反密码环　　　　　　　B. 二级结构为三叶草型　　　C. $5'$-端有-CCA 结构
D. $3'$-端可结合氨基酸　　　E. 有 TΨC 环

4. 关于 RNA，下列哪种说法错误的是（　　　）
A. 有 rRNA、mRNA 和 tRNA 三种　　　　　　B. mRNA 中含有遗传密码

C. tRNA 是最小的一种 RNA　　　　　　　　　D. 胞质中只有 mRNA

E. rRNA 与蛋白质组成的核糖体是合成蛋白质的场所

5. 在核酸中占 9%～11%，且可用之计算核酸含量的元素是（　　　）

A. 碳　　　　　B. 氧　　　　　C. 氮　　　　　D. 磷　　　　　E. 氢

6. 大部分真核细胞 mRNA 的 $3'$-末端都具有（　　　）

A. 多聚 A　　　B. 多聚 U　　　C. 多聚 T　　　D. 多聚 C　　　E. 多聚 G

7. 脱氧核糖核苷酸彻底水解，生成的产物是（　　　）

A. 核糖和磷酸　　　　　　　　B. 脱氧核糖和碱基　　　　　　C. 脱氧核糖和磷酸

D. 磷酸、核糖和碱基　　　　　E. 脱氧核糖、磷酸和碱基

8. DNA 与 RNA 完全水解后，其产物的特点是（　　　）

A. 戊糖不同、碱基部分不同　　　　　　　　B. 戊糖不同、碱基完全相同

C. 戊糖相同、碱基完全相同　　　　　　　　D. 戊糖相同、碱基部分不同

E. 戊糖不同、碱基完全不同

9. 核酸对紫外吸收的最大吸收峰在哪一波长附近（　　　）

A. 220nm　　　B. 240nm　　　C. 260nm　　　D. 280nm　　　E. 300nm

10. 核酸分子中储存、传递遗传信息的关键部分是（　　　）

A. 核苷　　　　　　　　　　　B. 戊糖　　　　　　　　　　　C. 磷酸

D. 碱基序列　　　　　　　　　E. 戊糖磷酸骨架

二、判断题

1. DNA 是生物遗传物质，RNA 则不是。（　　　）

2. 核酸中的修饰成分（也叫稀有成分）大部分是在 tRNA 中发现的。（　　　）

3. 基因表达的最终产物都是蛋白质。（　　　）

4. mRNA 是细胞内种类最多、含量最丰富的 RNA。（　　　）

5. DNA 的 T_m 值随 (A＋T)／(G＋C) 比值的增加而减少。（　　　）

6. 生物体的不同组织中的 DNA，其碱基组成也不同。（　　　）

第四章　酶

一、选择题

（一）单选题

1. 酶的活性中心是指（　　　）

A. 酶分子中的几个必需基团　　　　　　　　B. 酶与底物结合的部位

C. 与底物特异结合并将其转化为产物的部位　　D. 中心部位的一种特殊结构

E. 催化底物变成产物的部位

2. 酶的竞争性抑制剂的动力学特点是（　　　）

A. V_{max} 不变，K_m↑　　　　　B. V_{max} 不变，K_m↓　　　　　C. V_{max}↑，K_m 不变

D. V_{max}↓，K_m 不变　　　　　E. V_{max} 和 K_m 都不变

3. 丙二酸对琥珀酸脱氢酶的抑制作用是（　　　）

A. 竞争性抑制　　　　　　B. 非竞争抑制　　　　　　C. 反馈性抑制

D. 非特异性抑制　　　　　E. 反竞争性抑制

4. 对酶的可逆性抑制剂的描述，哪项是正确的（　　　）

　　A. 使酶变性失活的抑制剂

　　B. 抑制剂与酶是共价键相结合

　　C. 抑制剂与酶是非共价键结合

　　D. 抑制剂与酶结合后用透析等物理方法不能解除抑制

　　E. 可逆性抑制剂即指竞争性抑制

5. 有机磷农药结合酶活性中心的基团是（　　　）

　　A. 羟基　　　　　B. 巯基　　　　　C. 咪唑基　　　　　D. 羧基　　　　　E. 氨基

6. 酶原激活的实质是（　　　）

　　A. 酶原分子的某些基团被修饰

　　B. 酶的活性中心形成或暴露

　　C. 酶蛋白的变构效应

　　D. 酶原分子的空间构象发生了变化而一级结构不变

　　E. 激活剂与酶结合使酶激活

7. 同工酶的特点是（　　　）

　　A. 催化同一底物起不同反应的酶的总称

　　B. 催化的反应及分子组成相同，但辅酶不同的一组酶

　　C. 催化作用、分子组成及理化性质均相同，但组织分布不同的一组酶

　　D. 催化作用相同，但分子结构和理化性质不同的一组酶

　　E. 多酶体系中酶组分的统称

8. 酶化学修饰调节的主要方式是（　　　）

　　A. 甲基化与去甲基化　　　　　　　　B. 磷酸化与去磷酸化

　　C. 乙酰化与去乙酰基化　　　　　　　D. 聚合与解聚

　　E. 酶蛋白的合成与降解

9. 酶促反应的速度不受哪一因素影响（　　　）

　　A. [S]　　　　　B. [E]　　　　　C. pH　　　　　D. 温度　　　　　E. 时间

10. 使唾液淀粉酶活性增强的离子是（　　　）

　　A. Cl^-　　　　　B. Zn^{2+}　　　　　C. HCO_3^-　　　　　D. Cu^{2+}　　　　　E. Mn^{2+}

11. 下列哪一项不是 K_m 值的意义（　　　）

　　A. K_m 值是酶的特征性常数，可用于鉴定不同的酶

　　B. K_m 值可以表示酶与底物之间的亲和力，K_m 值越小、亲和力越大

　　C. K_m 值可以预见系列反应中哪一步是限速反应

　　D. 用 K_m 值可以选择酶的最适底物

　　E. 比较 K_m 值可以估计不同酶促反应速度

12. 酶蛋白变性后活性丧失是（　　　）

　　A. 酶蛋白的一级结构受破坏　　　　B. 酶蛋白的空间结构被破坏

　　C. 失去了激活剂　　　　　　　　　　D. 酶蛋白被降解

　　E. 酶蛋白不再溶于水

13. 下列哪种辅酶中不含核苷酸（　　　）

　　A. FAD　　　　　B. NAD^+　　　　　C. FH_4　　　　　D. $NADP^+$　　　　　E. CoASH

14. 下列哪种辅酶中不含维生素（　　　）

　　A. CoASH　　　　　B. FAD　　　　　C. NAD$^+$　　　　　D. CoQ　　　　　E. FMN

15. 下列有关温度对酶反应速度影响的叙述中，错误的是（　　　）

　　A. 温度的影响不仅包括升高温度使速度加快，也同时会使酶逐步变性

　　B. 在一定的温度范围内，在最适温度时，酶反应速度最快

　　C. 最适温度是酶的特征性常数

　　D. 最适温度不是一个固定值，与酶作用时间长短有关

　　E. 一般植物酶的最适温度比动物酶的最适温度高

（二）多选题（每题有两个或两个以上正确答案）

1. 关于酶的叙述哪些是正确的（　　　）

　　A. 大多数酶是蛋白质　　　　　　　B. 所有的酶都是催化剂

　　C. 酶可以降低反应活化能　　　　　D. 酶能加速反应速度，不改变平衡点

　　E. 所有的酶都需要辅酶

2. 酶蛋白与辅酶（辅基）的关系有（　　　）

　　A. 辅酶决定反应的种类和性质　　　B. 不同的酶可有相同的辅酶（辅基）

　　C. 只有全酶才有活性　　　　　　　D. 酶蛋白决定特异性

　　E. 所有的酶都需要辅酶

3. 酶的辅助因子可以是（　　　）

　　A. 金属离子　　　　　　　　　　　B. 某些小分子有机化合物

　　C. 维生素　　　　　　　　　　　　D. 各种有机和无机化合物

　　E. 一碳单位

二、判断题

1. 酶的特异性是指酶与辅酶结合的特异性。（　　　）

2. 辅酶的功能是决定酶的专一性。（　　　）

3. 酶的活性中心都位于酶的中心（　　　）

4. 酶催化反应的高效率在于降低了活化能。（　　　）

5. 底物浓度达到饱和后，再增加底物浓度可使酶逐渐失活。（　　　）

6. 竞争性抑制剂对酶的抑制作用是不可逆的。（　　　）

7. 酶与一般催化剂相比可加速化学反应速度和改变反应平衡点。（　　　）

第五章　维生素

一、选择题

1. 有关维生素 A 叙述错误的是（　　　）

　　A. 缺乏可引起夜盲症　　　　　　　B. 是水溶性维生素

　　C. 可由 β-胡萝卜素转变而来　　　　D. 有两种形式，维生素 A$_1$ 和维生素 A$_2$

　　E. 参与视紫红质的形成

2. 缺乏下列哪种维生素可引起皮肤及各器官，如呼吸道、消化道、腺体等上皮组织干

燥、增生和角化（　　）

    A. 维生素 B_1　　B. 维生素 B_2　　C. 维生素 PP　　D. 维生素 A　　E. 泛酸

3. 关于维生素 D 叙述错误的是（　　）

    A. 植物中的麦角固醇可转化为维生素 D_2

    B. 皮肤的 7-脱氢胆固醇可以转化为维生素 D_3

    C. 维生素 D_3 的活化形式是 25-(OH)-D_3

    D. 化学性质稳定，光照不被破坏

    E. 儿童缺乏可引起佝偻病

4. 维生素 E 又称生育酚，其作用为（　　）

    A. 与动物生殖有关　　　　　　　　B. 作为强还原剂有抗氧化、抗衰老作用

    C. 有提高体内自由基的作用　　　　D. 缺乏时，糖代谢受影响

    E. 缺乏时，影响骨骼发育

5. 关于维生素 E 叙述正确的是（　　）

    A. 极易被氧化　　B. 易溶于水　　C. 有抗生育和抗氧化作用

    D. 缺乏时，产生癞皮病　　　　E. 存在于动物性食品中

6. 关于维生素 K 叙述错误的是（　　）

    A. 缺乏时，凝血时间延长　　　　　　　　B. 易溶于水

    C. 人体肠道细菌可产生　　　　　　　　　D. 同脂类一起吸收

    E. 绿叶蔬菜含量丰富

7. 与凝血酶原生成有关的维生素是（　　）

    A. 维生素 K　　B. 维生素 E　　C. 硫辛酸　　D. 泛酸　　E. 维生素 B_1

8. 脚气病是缺乏下列哪种维生素所致（　　）

    A. 钴胺素　　B. 维生素 B_1　　C. 生物素　　D. 泛酸　　E. 叶酸

9. 维生素 B_1 缺乏时出现的消化道蠕动减慢，消化液比较少，食欲缺乏等症状的原因是

（　　）

    A. 维生素 B_1 能抑制胆碱酯酶的活性

    B. 维生素 B_1 能促进胃蛋白酶的活性

    C. 维生素 B_1 能促进胰蛋白酶的活性

    D. 维生素 B_1 能促进胆碱酯酶的活性

    E. 维生素 B_1 能促进胃蛋白酶原激活

10. TPP 分子结构中含有的维生素是（　　）

    A. 维生素 B_1　　B. 维生素 B_2　　C. 维生素 PP　　D. 生物素　　E. 泛酸

11. 缺乏时引起口角炎、舌炎、结膜炎、视物模糊、皮肤脂溢性皮炎的维生素是（　　）

    A. 维生素 B_1　　B. 维生素 B_2　　C. 维生素 PP　　D. 维生素 A　　E. 泛酸

12. 维生素 B_2 以哪种形式参与氧化还原反应（　　）

    A. 辅酶 A　　　　　　　　B. NAD^+、$NADP^+$　　　　　　C. 辅酶 I

    D. 辅酶 II　　　　　　　 E. FMN、FAD

13. NAD^+ 分子结构中含有的维生素是（　　）

    A. 维生素 B_1　　B. 维生素 B_2　　C. 维生素 PP　　D. 生物素　　E. 泛酸

14. $NADP^+$ 的生化作用是（　　）

    A. 脱氢酶的辅酶　　　　　　　　　　　B. 脱羧酶的辅酶

    C. 氨基酸转移酶的辅酶　　　　　　　　D. 一碳单位转移酶的辅酶

E. 酰基转移酶的辅酶

15. 有关维生素 PP 叙述错误的是（　　　）
    A. 缺乏引起癞皮病
    B. 缺乏患对称性皮炎
    C. 缺乏患腹泻和痴呆
    D. 参与一碳单位代谢
    E. 长期以玉米为主食易患缺乏症

16. 生物素的生化作用是（　　　）
    A. 脱氢酶的辅酶
    B. 脱羧酶的辅酶
    C. 羧化酶的辅酶
    D. 转酮基酶的辅酶
    E. 酰基转移酶的辅酶

17. 辅酶 A 的生化作用是（　　　）
    A. 脱氢酶的辅酶
    B. 脱羧酶的辅酶
    C. 甲基转移酶的辅酶
    D. 氨基转移酶的辅酶
    E. 酰基转移酶的辅酶

18. HS-CoA 分子结构中含有下列哪种维生素（　　　）
    A. 维生素 B_1　　B. 维生素 B_2　　C. 维生素 PP　　D. 生物素　　E. 泛酸

19. FH_4 由下列哪种维生素还原生成的（　　　）
    A. 维生素 B_1　　B. 维生素 B_2　　C. 维生素 PP　　D. 泛酸　　E. 叶酸

20. FH_4 的生化作用是（　　　）
    A. 脱氢酶的辅酶
    B. 脱羧酶的辅酶
    C. 氨基酸转移酶的辅酶
    D. 一碳单位转移酶的辅酶
    E. 酰基转移酶的辅酶

21. 巨幼细胞贫血是缺乏下列哪种维生素所致（　　　）
    A. 钴胺素　　B. 维生素 B_1　　C. 生物素　　D. 泛酸　　E. 维生素 B_2

22. 参与甲基转移的维生素是（　　　）
    A. 钴胺素　　B. 维生素 B_1　　C. 生物素　　D. 泛酸　　E. 维生素 B_6

23. 有关维生素 C 功能的叙述哪项是错误的（　　　）
    A. 与胶原合成过程中的羟化反应步骤有关
    B. 保护含巯基的酶处于还原状态
    C. 缺乏易引起坏血病
    D. 促进铁吸收
    E. 动物性食品中最多

24. 长期口服异烟肼引起缺乏的维生素是（　　　）
    A. 维生素 B_1　　B. 维生素 B_6　　C. 维生素 PP　　D. 生物素　　E. 泛酸

25. 长期吃生鸡蛋引起缺乏的维生素是（　　　）
    A. 维生素 B_1　　B. 维生素 B_6　　C. 维生素 PP　　D. 生物素　　E. 维生素 C

26. 长期不见阳光引起缺乏的维生素是（　　　）
    A. 维生素 D_3　　B. 维生素 E　　C. 硫辛酸　　D. 泛酸　　E. 维生素 B_1

27. 长期以大米为主食引起缺乏的维生素是（　　　）
    A. 钴胺素　　B. 维生素 B_1　　C. 生物素　　D. 泛酸　　E. 维生素 PP

28. 做过胃次全手术的人最容易缺乏的维生素是（　　　）
    A. 维生素 C　　B. 维生素 B_{12}　　C. 叶酸　　D. 维生素 PP　　E. 维生素 B_2

29. 唯一含金属的维生素（　　　）
    A. 维生素 B_{12}　　B. 维生素 B_1　　C. 生物素　　D. 泛酸　　E. 维生素 B_6

30. 与胶原蛋白合成有关的维生素是（　　　）

A. 维生素 A   B. 维生素 E   C. 维生素 K   D. 维生素 PP   E. 维生素 C

二、判断题

1. 过量摄入维生素对机体无害。（　　）
2. 水溶性维生素在体内不能储存，需每天补充。（　　）
3. 维生素在体内可以氧化供能。（　　）
4. 有活性的 B 族维生素是酶的辅助因子。（　　）
5. 维生素 B_{12} 的缺乏症为巨幼细胞贫血。（　　）

第六章　生物氧化

一、选择题

1. 关于生物氧化的叙述，错误的是（　　）
   A. 在生物体内发生的氧化反应   B. 生物氧化是一系列酶促反应
   C. 氧化过程中能量逐步释放   D. 线粒体中的生物氧化可伴有 ATP 生成
   E. 与体外氧化产物基本相同，但释放的能量不同
2. 氧化呼吸链存在于（　　）
   A. 细胞膜   B. 胞质   C. 线粒体
   D. 微粒体   E. 过氧化物酶体
3. 参与构成呼吸链的维生素是（　　）
   A. 维生素 A   B. 维生素 B_1 C. 维生素 B_2 D. 维生素 C   E. 维生素 D
4. 关于细胞色素哪项叙述，正确的是（　　）
   A. 均为递氢体   B. 均为递电子体
   C. 都可与一氧化碳结合并失去活性   D. 均参与构成氧化呼吸链
   E. 只存在于线粒体
5. 氧化呼吸链中的递氢体是（　　）
   A. 尼克酰胺   B. 黄素蛋白   C. 铁硫蛋白   D. 细胞色素   E. 苯醌
6. 下列哪种物质不是 NADH 氧化呼吸链的组分（　　）
   A. FMN   B. FAD   C. 泛醌   D. 铁硫蛋白   E. Cytc
7. 氧化呼吸链中细胞色素的排列顺序是（　　）
   A. $b \rightarrow c \rightarrow c_1 \rightarrow aa_3 \rightarrow O_2$ B. $c \rightarrow b \rightarrow c_1 \rightarrow aa_3 \rightarrow O_2$
   C. $c_1 \rightarrow c \rightarrow b \rightarrow aa_3 \rightarrow O_2$ D. $b \rightarrow c_1 \rightarrow c \rightarrow aa_3 \rightarrow O_2$
   E. $c \rightarrow c_1 \rightarrow b \rightarrow aa_3 \rightarrow O_2$
8. 下列哪种物质脱下的氢进入 $FADH_2$ 氧化呼吸链（　　）
   A. 异柠檬酸   B. β-羟丁酸   C. 丙酮酸   D. 琥珀酸   E. 谷氨酸
9. 呼吸链中可被一氧化碳抑制的成分是（　　）
   A. FAD   B. FMN   C. 铁硫蛋白   D. 细胞色素 aa_3 E. 细胞色素 C
10. 哪种物质是解耦联剂（　　）
    A. 一氧化碳   B. 氰化物   C. 鱼藤酮   D. 硫化氢   E. 二硝基苯酚
11. 调节氧化磷酸化最主要的因素是（　　）

A. ADP   B. 甲状腺激素   C. 胰岛素   D. CN^- E. 二硝基苯酚

12. 下列哪种酶所催化的反应属于底物水平磷酸化（   ）

     A. 己糖激酶   B. 琥珀酸脱氢酶   C. 丙酮酸激酶

     D. 3-磷酸甘油醛脱氢酶   E. 丙酮酸脱氢酶系

13. 下列哪种不是高能化合物（   ）

     A. GTP   B. ATP   C. 磷酸肌酸

     D. 3-磷酸甘油醛   E. 1,3-二磷酸甘油酸

14. 由琥珀酸脱下的 1 分子氢，经呼吸链氧化可产生（   ）

     A. 1 分子 ATP 和 1 分子水   B. 1.5 分子 ATP 和 1 分子水

     C. 2.5 分子 ATP 和 1 分子水   D. 2.5 分子 ATP 和 2 分子水

     E. 1.5 分子 ATP 和 2 分子水

15. 呼吸链抑制剂不包括（   ）

     A. 鱼藤酮   B. 抗霉素 A   C. CO   D. CN^- E. 寡霉素

16. 有关氧化呼吸链的叙述，错误的是（   ）

     A. 呼吸链中的递氢体同时也是递电子体

     B. 电子传递的同时伴有 ADP 的磷酸化

     C. 呼吸链中的递电子体同时也是递氢体

     D. 呼吸链中各组分组成 4 个复合体

     E. 胞质中产生的 $NADH + H^+$ 也可进入呼吸链

17. 与能量生成无关的过程是（   ）

     A. 三羧酸循环   B. 呼吸链电子传递   C. 酮体氧化

     D. 胆固醇转化   E. 糖酵解

18. 1 分子丙酮酸彻底氧化生成 H_2O 和 CO_2 可产生几分子 ATP（   ）

     A. 2   B. 12.5   C. 10   D. 38   E. 15

19. 在离体肝线粒体悬液中加入氰化物，则 1 分子 β-羟丁酸氧化的 P/O 比值为（   ）

     A. 0   B. 1   C. 1.5   D. 2   E. 2.5

20. 甲状腺功能亢进症患者甲状腺分泌增多，不会出现（   ）

     A. ATP 合成增多   B. ATP 分解增快   C. 耗氧量增多

     D. 呼吸加快   E. 氧化磷酸化反应受抑制

二、判断题

1. 脂肪在体外燃烧和生物体内氧化释放相同的能量。（   ）

2. 生物氧化最主要的氧化方式是脱氢反应。（   ）

3. 人体生命活动的直接供能物质是糖、脂肪和某些氨基酸。（   ）

4. 氧化呼吸链中铁硫蛋白和细胞色素都是电子传递体。（   ）

5. $Cytaa_3$ 直接将电子传递给氧。（   ）

6. ATP 主要来自氧化磷酸化。（   ）

7. ATP 增多时，可促进氧化磷酸化。（   ）

8. 线粒体外的 $NADH + H^+$ 可直接进入氧化呼吸链。（   ）

9. 胞质中每分子 $NADH + H^+$ 氧化磷酸化同样产生 2.5 分子 ATP。（   ）

10. 线粒体外氧化体系主要作用是产生 ATP。（   ）

第七章 糖代谢

一、选择题

(一) 单选题

1. 三羧酸循环在哪一亚细胞区域进行 (　　)
   A. 内质网　　　　B. 线粒体　　　　C. 胞质　　　　D. 核糖体　　　　E. 微粒体

2. 以下哪种物质不是 6-磷酸果糖激酶-1 的别构激活剂 (　　)
   A. AMP　　　　　　　　　　B. ADP　　　　　　　　　　C. ATP
   D. 1, 6-二磷酸果糖　　　　　E. 2, 6-二磷酸果糖

3. 糖、脂、氨基酸氧化分解进入三羧酸循环的主要物质是 (　　)
   A. α-酮酸　　　B. 丙酮酸　　　C. α-酮戊二酸　　　D. 乙酰辅酶 A　　　E. 异柠檬酸

4. 肌糖原不能补充血糖是由于肌肉中缺乏 (　　)
   A. 己糖激酶　　　　　　　　B. 糖原磷酸化酶　　　　　　C. 糖原合酶
   D. 脱支酶　　　　　　　　　E. 葡萄糖-6-磷酸酶

5. 糖有氧氧化时伴有底物水平磷酸化的反应有 (　　)
   A. 葡萄糖→1, 6 二磷酸果糖
   B. 1, 6-二磷酸果糖→3-磷酸甘油醛
   C. 1, 3-二磷酸甘油酸→丙酮酸
   D. 草酰乙酸→柠檬酸
   E. 苹果酸→草酰乙酸

6. 以下生成 $FADH_2$ 的脱氢反应是 (　　)
   A. 3-磷酸甘油醛→1, 3-二磷酸甘油酸　　　　B. 异柠檬酸→α-酮戊二酸
   C. α-酮戊二酸→琥珀酰 CoA　　　　　　　　D. 琥珀酸→延胡索酸
   E. 苹果酸→草酰乙酸

7. 1 分子葡萄糖经无氧氧化可净生成几个 ATP (　　)
   A. 15　　　　B. 32　　　　C. 30　　　　D. 2　　　　E. 16

8. 合成糖原过程中，活性葡萄糖的供体是 (　　)
   A. G-6-P　　　B. G-1-P　　　C. UDPG　　　D. FBP　　　E. F-6-P

9. 下列维生素，不参与丙酮酸脱氢酶复合体组成的是 (　　)
   A. 维生素 PP　　B. 维生素 B_2　　C. 维生素 B_1　　D. 硫辛酸　　E. 维生素 B_6

10. 属于糖无氧氧化关键酶的是 (　　)
    A. 6-磷酸果糖激酶-1　　　　　　　　B. 果糖二磷酸酶
    C. 6-磷酸葡萄糖脱氢酶　　　　　　　D. 磷酸化酶
    E. 糖原合酶

11. 属于糖有氧氧化关键酶的是 (　　)
    A. 6-磷酸果糖激酶-1　　　　　　　　B. 果糖二磷酸酶
    C. 6-磷酸葡萄糖脱氢酶　　　　　　　D. 磷酸化酶
    E. 糖原合酶

12. 属于磷酸戊糖途径关键酶的是（　　　）

    A. 6-磷酸果糖激酶-1　　　　　　　　　　　　B. 果糖二磷酸酶

    C. 6-磷酸葡萄糖脱氢酶　　　　　　　　　　　D. 磷酸化酶

    E. 糖原合酶

13. 属于糖原合成关键酶的是（　　　）

    A. 6-磷酸果糖激酶-1　　　　　　　　　　　　B. 果糖二磷酸酶

    C. 6-磷酸葡萄糖脱氢酶　　　　　　　　　　　D. 磷酸化酶

    E. 糖原合酶

14. 属于糖原分解关键酶的是（　　　）

    A. 6-磷酸果糖激酶-1　　　　　　　　　　　　B. 果糖二磷酸酶

    C. 6-磷酸葡萄糖脱氢酶　　　　　　　　　　　D. 磷酸化酶

    E. 糖原合酶

15. 属于糖异生关键酶的是（　　　）

    A. 6-磷酸果糖激酶-1　　　　　　　　　　　　B. 果糖-1,6-二磷酸酶

    C. 6-磷酸葡萄糖脱氢酶　　　　　　　　　　　D. 磷酸化酶

    E. 糖原合酶

16. 糖原的 1 个葡萄糖单位经无氧氧化净生成的 ATP 数是（　　　）

    A. 2　　　　　　B. 3　　　　　　C. 30　　　　　　D. 20　　　　　　E. 10

17. 1 分子乙酰 CoA 经三羧酸循环彻底氧化生成的 ATP 数是（　　　）

    A. 2　　　　　　B. 3　　　　　　C. 30　　　　　　D. 20　　　　　　E. 10

18. 1 分子葡萄糖经有氧氧化可生成的 ATP 数是（　　　）

    A. 2　　　　　　B. 3　　　　　　C. 30　　　　　　D. 20　　　　　　E. 10

19. 糖原合成时需要的是（　　　）

    A. ATP　　　　　　B. UTP　　　　　　C. 二者都需要　　　　D. 二者都不需要

20. 糖原分解时需要的是（　　　）

    A. ATP　　　　　　B. UTP　　　　　　C. 二者都需要　　　　D. 二者都不需要

21. 磷酸化时活性升高的是（　　　）

    A. 糖原合酶　　　B. 糖原磷酸化酶　C. 二者都是　　　　D. 二者都不是

22. 磷酸化时活性降低的是（　　　）

    A. 糖原合酶　　　B. 糖原磷酸化酶　C. 二者都是　　　　D. 二者都不是

23. 属于糖酵解终产物的是（　　　）

    A. H_2O　　　　B. CO_2　　　　C. 二者都是　　　　D. 二者都不是

24. 属于糖有氧氧化终产物的是（　　　）

    A. H_2O　　　　B. CO_2　　　　C. 二者都是　　　　D. 二者都不是

25. 磷酸戊糖途径的生理意义在于生成（　　　）

    A. 5-磷酸核糖　B. $NADPH+H^+$　C. 二者都是　　　　D. 二者都不是

26. 糖有氧氧化的生理意义在于生成（　　　）

    A. 5-磷酸核糖　B. $NADPH+H^+$　C. 二者都是　　　　D. 二者都不是

27. 能够升高血糖的激素是（　　　）

    A. 胰岛素　　　B. 肾上腺素　　C. 二者都是　　　　D. 二者都不是

28. 能够降低血糖的激素是（　　　）

    A. 胰岛素　　　B. 肾上腺素　　C. 二者都是　　　　D. 二者都不是

（二）多选题（每题有两个或两个以上正确答案）

1. 下列属于糖酵解关键酶的是（　　　）
   A. 己糖激酶
   B. 6-磷酸果糖激酶-1
   C. 丙酮酸羧化酶
   D. 丙酮酸激酶
   E. 醛缩酶
2. 下列有 ATP 生成的反应是（　　　）
   A. 3-磷酸甘油醛→1,3-二磷酸甘油酸
   B. 3-磷酸甘油酸→2-磷酸甘油酸
   C. 1，3-二磷酸甘油酸→3-磷酸甘油酸
   D. 磷酸烯醇式丙酮酸→丙酮酸
   E. 2-磷酸甘油酸→磷酸烯醇式丙酮酸
3. 有氧氧化发生的亚细胞区域是（　　　）
   A. 细胞核　　　B. 细胞质　　　C. 线粒体　　　D. 内质网　　　E. 高尔基体
4. 磷酸戊糖途径的主要生理意义是（　　　）
   A. 供能　　　B. 产生 NADH　　　C. 产生 NADPH
   D. 产生 5-磷酸核糖　　　E. 产生 $FADH_2$
5. 1 分子葡萄糖经无氧氧化和有氧氧化生成 ATP 的比值可能是（　　　）
   A. 1：10　　　B. 1：15　　　C. 1：16　　　D. 1：30　　　E. 1：32
6. 下列既参与糖异生又参与糖酵解的酶有（　　　）
   A. 葡萄糖-6-磷酸酶
   B. 6-磷酸果糖激酶-1
   C. 丙酮酸羧化酶
   D. 3-磷酸甘油醛脱氢酶
   E. 醛缩酶
7. 下列可以转变生成葡萄糖的物质有（　　　）
   A. 甘油　　　B. 天冬氨酸　　　C. 脂肪酸　　　D. 乳酸　　　E. 胆固醇
8. 只在细胞质中进行的代谢过程有（　　　）
   A. 糖的有氧氧化　B. 糖的无氧氧化　C. 磷酸戊糖途径　D. 糖原合成　　　E. 糖原分解
9. 糖原合成过程中需要的 NTP 有（　　　）
   A. ATP　　　B. CTP　　　C. UTP　　　D. GTP　　　E. 以上都不是
10. 下列能够升高血糖的激素有（　　　）
    A. 胰岛素　　　B. 胰高血糖素　　　C. 糖皮质激素　　　D. 肾上腺素　　　E. 生长激素

二、判断题

1. 葡萄糖可以进行无氧分解，但糖原不可以进行无氧分解。（　　　）
2. 成熟红细胞由于没有线粒体，不能依靠糖酵解提供能量。（　　　）
3. 由于三羧酸循环过程中大多数反应是可逆的，因此整个循环也是可逆的。（　　　）
4. 糖的有氧氧化释能最多的阶段是糖酵解途径。（　　　）
5. 磷酸戊糖途径的生理意义在于能够生成 5-磷酸核糖和 $NADPH+H^+$。（　　　）
6. 糖酵解和糖异生互为逆过程，分别进行葡萄糖的分解和合成代谢。（　　　）
7. 蚕豆病是由于遗传性缺乏 6-磷酸葡萄糖脱氢酶导致磷酸戊糖途径代谢障碍引起的溶血性疾病。（　　　）
8. 糖原的合成和分解是两个完全可逆的代谢过程。（　　　）
9. 6-磷酸果糖和 1,6-二磷酸果糖的互变循环是由 6-磷酸果糖激酶-1 和果糖二磷酸酶催化的。（　　　）
10. 升血糖的激素有胰高血糖素、糖皮质激素、肾上腺素和生长激素。（　　　）

第八章　脂类代谢

一、选择题

1. 称为可变脂的是（　　　）
   A. 脂肪　　　　　B. 磷脂　　　　　C. 糖脂　　　　　D. 胆固醇　　　　E. 胆固醇酯

2. 脂肪酸在血中与下列哪个物质结合运输（　　　）
   A. 载脂蛋白　　　B. 清蛋白　　　　C. β-球蛋白　　　D. 脂蛋白　　　　E. γ-球蛋白

3. 激素敏感性脂肪酶是（　　　）
   A. 脂蛋白脂肪酶　　　　　　　　　　　B. 三酰甘油脂肪酶
   C. 单酰甘油脂肪酶　　　　　　　　　　D. 二酰甘油脂肪酶
   E. 脂酰辅酶 A 转移酶

4. 关于酮体叙述正确的是（　　　）
   A. 是脂酸在肝中大量分解产生的异常中间产物，可造成酮症酸中毒
   B. 各组织细胞均可利用乙酰 CoA 合成酮体，但以肝为主
   C. 酮体在肝内生成，肝外利用
   D. 酮体氧化的关键酶是 HMG-CoA 还原酶
   E. 酮体包括乙酰乙酸、β-羟丁酸和丙酮酸

5. 既是脂肪酸 β-氧化的产物又是酮体和胆固醇合成原料的是（　　　）
   A. 乙酰 CoA　　B. 乙酰乙酰 CoA　C. HMG-CoA　　D. 乙酰乙酸　　E. 丙酮酸

6. 体内胆固醇和脂肪酸合成所需的氢来自（　　　）
   A. $NADH+H^+$　B. $NADPH+H^+$　C. $FMNH_2$　　D. $FADH_2$　　E. GSH

7. 脂肪酸合成的关键酶是（　　　）
   A. 丙酮酸羧化酶　　　　　　B. 硫解酶　　　　　C. 乙酰 CoA 羧化酶
   D. 丙酮酸脱氢酶　　　　　　E. 柠檬酸裂解酶

8. 要真实反映血脂的情况，常在饭后（　　　）
   A. 3～6h 采血　　　　　　B. 8～10h 采血　　C. 12～14h 采血
   D. 24h 后采血　　　　　　E. 14～18h 采血

9. 脂酰 CoA β-氧化的反应顺序是（　　　）
   A. 脱氢、加水、硫解、再脱氢　　　　　B. 硫解、再脱氢、脱氢、加水
   C. 脱氢、加水、再脱氢、硫解　　　　　D. 脱氢、硫解、加水、再脱氢
   E. 加水、脱氢、硫解、再脱氢

10. 胆固醇不能转化为（　　　）
    A. 胆汁酸　　　B. 糖皮质激素　　C. 胆红素　　　D. 维生素 D_3　　E. 性激素

11. 下列物质中，脂肪酸氧化过程中不需要的是（　　　）
    A. HS-CoA　　B. NAD^+　　　C. $NADP^+$　　　D. FAD　　　E. 肉碱

12. 不能利用甘油的组织是（　　　）
    A. 肝　　　　B. 小肠　　　C. 肾　　　　D. 脂肪组织　　　E. 脑

13. 血浆脂蛋白按密度由大到小的正确顺序是（　　　）
    A. CM、VLDL、LDL、HDL　　　　　　B. VLDL、LDL、HDL、CM

C. LDL、VLDL、HDL、CM　　　　　　D. HDL、LDL、VLDL、CM

E. HDL、VLDL、LDL、CM

14. 乙酰辅酶 A 的去路不包括（　　　）

A. 合成脂肪酸　B. 氧化供能　　　C. 合成胆固醇　　D. 转变为葡萄糖　E. 合成酮体

15. 脂肪酸活化后，β-氧化反复进行，不需要下列哪一种酶参与（　　　）

A. 脂酰 CoA 脱氢酶　　　　　　　　B. β-羟脂酰 CoA 脱氢酶

C. 烯脂酰 CoA 水合酶　　　　　　　D. 硫激酶

E. 硫解酶

16. 脂肪酸彻底氧化的产物是（　　　）

A. 乙酰 CoA

C. 乙酰 CoA 及 $FADH_2$、$NAD^+ + H^+$　　　B. 脂酰 CoA

D. H_2O、CO_2 及释出的能量

E. 乳酸

17. 导致脂肪肝的主要原因是（　　　）

A. 食入脂肪过多　　　　　　　　　　B. 肝内脂肪合成过多

C. 肝内脂肪分解障碍　　　　　　　　D. 肝内脂肪运出障碍

E. 食入糖过多

18. 他汀类降脂药是下列酶的抑制剂（　　　）

A. HMG-CoA 合酶　　　　　　　　　B. HMG-CoA 还原酶

C. 二酰甘油脂肪酶　　　　　　　　　D. 三酰甘油脂肪酶

E. 乙酰辅酶 A 羧化酶

二、判断题

1. 脂肪是可变脂。（　　　）

2. 胰岛素是脂解激素。（　　　）

3. 酮体在肝内生成肝外利用。（　　　）

4. 三酰甘油合成的原料主要来自糖的代谢。（　　　）

5. 临床上常用磷脂合成的原料和相关的辅助因子（叶酸、甲硫氨酸、钴胺素等）防治脂肪肝。（　　　）

6. 胆汁酸是胆固醇在体内代谢的主要去路。（　　　）

7. 血浆中 HDL 浓度与动脉粥样硬化的发生率呈正相关。（　　　）

第九章　氨基酸代谢

一、选择题

1. 关于必需氨基酸的叙述，错误的是（　　　）

A. 必需氨基酸是人体不能合成必须由食物供给的氨基酸

B. 必需氨基酸的必需性可因生理状态而改变

C. 必需氨基酸有八种，其中包括甘氨酸和酪氨酸

D. 食物蛋白质的营养价值取决于其中所含有必需氨基酸的数量和比例

E. 动物的种类不同，其所需要的必需氨基酸也有所不同

2.氨中毒的根本原因为（　　　）

　　A.肠道吸收氨过量　　　　　　　　　　　B.氨基酸在体内分解增强

　　C.肾衰竭排出障碍　　　　　　　　　　　D.肝功能损伤，不能合成尿素

　　E.合成谷氨酰胺减少

3.α-酮戊二酸可经下列哪种氨基酸脱氨基作用直接生成（　　　）

　　A.谷氨酸　　　　B.甘氨酸　　　　C.丝氨酸　　　　D.酪氨酸　　　　E.色氨酸

4.ALT活性最高的组织是（　　　）

　　A.心肌　　　　　B.脑　　　　　C.骨骼肌　　　　D.肝　　　　　E.肾

5.食物蛋白质的营养互补作用是（　　　）

　　A.供给足够的能量，可节约食物蛋白质的摄入量

　　B.供给各种维生素，可节约食物蛋白质的摄入量

　　C.供应充足的必需脂肪酸，可以提高蛋白质的生理价值

　　D.供应适量的无机盐，可提高蛋白质的利用率

　　E.混合食用两种以上营养价值低的蛋白质，其营养价值比单独食用一种要高些

6.蛋白质的功能可由糖或脂类物质代替的是（　　　）

　　A.构成组织　　　B.氧化供能　　　C.调节作用　　　D.催化作用　　　E.免疫作用

7.白化病是由于人体内缺乏（　　　）

　　A.色氨酸加氧酶　　　　　　　B.酪氨酸酶　　　　C.酪氨酸羟化酶

　　D.苯丙氨酸羟化酶　　　　　　E.赖氨酸酶

8.γ-氨基丁酸来自哪种氨基酸（　　　）

　　A.丙氨酸　　　　B.甘氨酸　　　　C.天冬氨酸　　　D.谷氨酸　　　　E.亮氨酸

9.对于高血氨的患者，下列处理正确的是（　　　）

　　A.碱性肥皂水灌肠　　　　　　B.酸性灌肠液灌肠

　　C.给碱性利尿药　　　　　　　D.高蛋白饮食

　　E.以上均不对

10.转氨酶的辅酶是哪种维生素的活化形式（　　　）

　　A.维生素B_1　　　B.维生素B_{12}　　　C.维生素B_2　　　D.维生素B_6　　　E.生物素

11.一碳单位代谢（　　　）

　　A.将糖代谢和脂代谢密切联系起来　　　B.将糖代谢和氨基酸代谢联系起来

　　C.将核苷酸代谢和糖代谢联系起来　　　D.将氨基酸代谢和核苷酸代谢联系起来

　　E.将核苷酸代谢和脂类代谢联系起来

12.苯丙酮酸尿症是因为体内缺乏哪个酶（　　　）

　　A.酪氨酸羟化酶　　　　　　　B.苯丙氨酸羟化酶　　　　C.鸟氨酸脱羧酶

　　D.组氨酸脱羧酶　　　　　　　E.色氨酸羟化酶

13.蛋白质营养价值高低取决于（　　　）

　　A.氨基酸的种类　　　　　　　B.必需氨基酸的种类　　　C.必需氨基酸的数量

　　D.氨基酸的数量　　　　　　　E.必需氨基酸的种类、数量及比例

14.尿素合成的主要器官是（　　　）

　　A.脑　　　　　　B.肝　　　　　C.肾　　　　　D.肌肉　　　　　E.心

15.生物体内氨基酸脱氨基的主要方式为（　　　）

　　A.氧化脱氨基　　B.转氨基　　　C.直接脱氨基　　　D.联合脱氨基　　E.还原脱氨基

16.下列哪种氨基酸可以直接进行氧化脱氨基作用（　　　）

A. 甘氨酸　　　B. 谷氨酸　　　C. 色氨酸　　　D. 酪氨酸　　　E. 丝氨酸

17. AST 活性最高的组织是（　　）
　　A. 心肌　　　　B. 脑　　　　C. 骨骼肌　　　D. 肝　　　　E. 肾

18. 生物体内氨的主要来源（　　）
　　A. 肠道吸收的氨　　　　　　　　　　　　B. 肾小管细胞分泌的氨
　　C. 体内氨基酸脱下的氨　　　　　　　　　D. 嘧啶分解产生的氨
　　E. 尿素分解产生的氨

19. 下列哪种氨基酸是必需氨基酸（　　）
　　A. 甘氨酸　　　B. 丙氨酸　　　C. 亮氨酸　　　D. 谷氨酸　　　E. 天冬氨酸

20. 体内氨的主要去路是（　　）
　　A. 生成非必需氨基酸　　　　　B. 随尿排出　　　　　　　C. 合成尿素
　　D. 参与核苷酸合成　　　　　　E. 合成谷氨酰胺

21. 氮总平衡主要见于（　　）
　　A. 健康成年人　　　　　　　　B. 儿童　　　　　　　　　C. 孕妇
　　D. 营养不良的人　　　　　　　E. 恶性消耗性疾病患者

22. 下列哪项不属于一碳单位的主要形式（　　）
　　A. —CHO　　　B. —CH$_3$　　　C. —CH$_2$—　　　D. —CH＝NH　　E. CO

23. 体内转运一碳单位的载体是（　　）
　　A. 维生素 B$_{12}$　　B. 维生素 B$_6$　　C. 叶酸　　　D. 四氢叶酸　　　E. 生物素

24. 下列哪种氨基酸可转变为儿茶酚胺（　　）
　　A. 精氨酸　　　B. 丙氨酸　　　C. 酪氨酸　　　D. 谷氨酸　　　E. 天冬氨酸

25. 叶酸缺乏引起巨幼细胞贫血的原因是（　　）
　　A. 某些氨基酸脱氨基障碍　　　　　　　　B. 某些氨基酸脱羧基障碍
　　C. 一碳单位生成增多　　　　　　　　　　D. 一碳单位不能用于合成核苷酸
　　E. 一碳单位生成障碍，导致核苷酸合成障碍

26. 一碳单位是合成下列哪种物质的原料（　　）
　　A. 胆固醇　　　B. 血红素　　　C. 糖原　　　D. 嘌呤和嘧啶　　　E. 脂类

二、判断题

1. 蛋白质类食物能提供人体所必需的氨基酸，因此应多多摄入。（　　）
2. 氨基酸分解代谢的最主要反应是脱羧基作用。（　　）
3. 骨骼肌、心肌组织氨基酸脱氨基的主要方式是嘌呤核苷酸循环。（　　）
4. 氨基酸在体内都能转变为糖。（　　）
5. 人体内血氨的运输形式有谷氨酰胺和丙氨酸。（　　）

第十章　核苷酸代谢

一、选择题

1. 嘧啶核苷酸的第几位碳原子是来自于 CO_2 的碳（　　）
　　A. 2　　　　　B. 4　　　　　C. 5　　　　　D. 6　　　　　E. 7

2. 下列哪一个物质不是 IMP 和 UMP 从头合成的共同原料 （　　　）

    A. 5-磷酸核糖　　　B. CO_2　　　　　C. 谷氨酰胺　　　　D. 天冬氨酸　　　　E. 亮氨酸

3. 下列关于嘌呤核苷酸从头合成的叙述正确的是 （　　　）

    A. 嘌呤环的氮原子均来自于氨基酸的 α-氨基

    B. 氨基甲酰磷酸为嘌呤环提供甲酰基

    C. 次黄嘌呤鸟嘌呤磷酸核糖转移酶催化 IMP 转变成 GMP

    D. 由 IMP 合成 AMP 和 GMP 均有 ATP 供能

    E. 合成过程中不会产生自由嘌呤碱

4. 人体内进行嘌呤核苷酸从头合成的主要位置是 （　　　）

    A. 胸腺　　　　　B. 骨髓　　　　　C. 肝　　　　　　D. 脾　　　　　E. 小肠黏膜

5. 嘌呤核苷酸从头合成时首先生成的是 （　　　）

    A. AMP　　　　　B. GMP　　　　　C. IMP　　　　　D. ATP　　　　　E. GTP

6. 人体内嘌呤核苷酸的分解代谢的主要终产物是 （　　　）

    A. 尿素　　　　　B. 尿酸　　　　　C. 肌酸　　　　　D. 肌酸酐　　　　E. β-丙氨酸

7. 哺乳动物嘧啶核苷酸从头合成的主要关键酶是 （　　　）

    A. 天冬氨酸氨基甲酰转移酶　　　　　　　　　　B. 二氢乳清酸酶

    C. 二氢乳清酸脱氢酶　　　　　　　　　　　　　D. 乳清酸磷酸核糖转移酶

    E. 氨基甲酰磷酸合成酶Ⅱ

8. 体内直接还原生成脱氧核苷酸是 （　　　）

    A. 核糖　　　　B. 核糖核苷　　　C. 一磷酸核苷　　D. 二磷酸核苷　　E. 三磷酸核苷

9. 干扰 dUMP 转变成 dTMP 的是 （　　　）

    A. 别嘌醇　　　B. 阿糖胞苷　　　C. 6-巯基嘌呤　　D. 氮杂丝氨酸　　E. 甲氨蝶呤

10. 与核苷酸从头合成直接有关的维生素包括 （　　　）

    A. 叶酸　　　　B. 维生素 B_1　　　C. 泛酸　　　　　D. 维生素 A　　　E. 磷酸吡哆醛

二、判断题

1. 嘌呤核苷酸的生物合成是先形成嘌呤环，再与糖环结合。（　　　）

2. CMP 是在 UMP 基础上经谷氨酰胺脱氨消耗 ATP 形成的。（　　　）

3. 脱氧核苷酸是在二磷酸核苷基础上还原生成的。（　　　）

4. 胞嘧啶、尿嘧啶降解可以产生 β-丙氨酸。（　　　）

5. 氮杂丝氨酸的结构与谷氨酸相似，可抑制嘌呤核苷酸的合成。（　　　）

6. 嘌呤核苷酸从头合成是在磷酸核糖分子上逐步合成嘌呤核苷酸。（　　　）

第十一章　遗传信息的传递与表达

一、选择题

1. 将 DNA 核苷酸顺序的信息转变为氨基酸顺序的过程包括 （　　　）

    A. 复制＋转录　　B. 转录　　　　　C. 反转录　　　　D. 翻译　　　　　E. 转录＋翻译

2. 若将 1 个完全被放射性标记的 DNA 分子放于无放射性标记的环境中复制两代后，所产生的全部 DNA 分子中，无放射性标记的 DNA 分子有几个 （　　　）

A. 0   B. 1   C. 2   D. 4   E. 8

3. 双向复制描述的内容是（   ）

     A. 一条子链从 $5'→3'$ 方向，另一条子链从 $3'→5'$ 方向合成

     B. 有两个起始点的复制

     C. 同一 DNA-pol 既延长领头链，又延长随从链

     D. 在一个起始点形成两个方向相反的复制叉

     E. 一条链连续聚合，一条链不连续聚合

4. 冈崎片段是指（   ）

     A. 复制起始时，RNA 聚合酶合成的片段

     B. 两个复制起始点之间的 DNA 片段

     C. DNA 半不连续复制时出现的 DNA 片段

     D. DNA 连续复制时出现的 DNA 片段

     E. 内含子

5. 具有 $3'→5'$ 核酸外切酶及 $5'→3'$ 核酸外切酶活性的是（   ）

     A. DNA 聚合酶 I   B. DNA 聚合酶 III   C. 二者都是

     D. 二者都不是   E. RNA 聚合酶

6. 下列有关 DNA 聚合酶 III 的叙述错误的是（   ）

     A. 是复制延长中真正起作用的酶   B. 具有 $5'→3'$ 聚合酶活性

     C. 具有 $3'→5'$ 核酸外切酶活性   D. 具有 $5'→3'$ 核酸外切酶活性

     E. DNA 聚合酶 III 的活性最强

7. 原核生物 DNA 复制起始过程中，①DNA 聚合酶 III；②SSB；③引物酶；④解旋酶；⑤拓扑异构酶等的顺序是（   ）

     A. ①②③⑤④   B. ⑤④②③①   C. ③①②⑤④   D. ⑤①④③②   E. ②①③⑤④

8. 下列有关反转录酶的叙述，错误的是（   ）

     A. 催化 DNA 合成反应也 $5'→3'$ 合成方向

     B. 在催化 DNA 合成开始进行是时不需要引物

     C. 具有 Rnase 活性

     D. 反转录酶无 $3'→5'$ 核酸外切酶活性，无校对功能

     E. 以 RNA 为模板

9. 反转录的产物是 $5'$-ATCGA-$3'$，其模板是（   ）

     A. $5'$-AGCTC-$3'$ B. $5'$-TCGAT-$3'$ C. $5'$-AGCUC-$3'$

     D. $5'$-UCGAU-$3'$ E. $5'$-UGCAU-$3'$

10. 在 DNA 双链中，能够转录生成 RNA 的核酸链是（   ）

     A. 模板链   B. 编码链   C. 领头链   D. 随从链   E. 启动子

11. 下列关于复制与转录过程异同点的叙述，错误的是（   ）

     A. 复制和转录的合成方向均为 $5'→3'$

     B. 复制和转录过程均需以 RNA 为引物

     C. 复制的原料 dNTP，转录的原料为 NTP

     D. 二者的聚合酶均催化形成 $3'→5'$ 磷酸二酯键

     E. 均以 DNA 为模板

12. 原核生物识别 DNA 模板上转录起始点的是（   ）

     A. RNA 聚合酶的核心酶   B. RNA 聚合酶的 σ 亚基

C. RNA 聚合酶的 α 亚基　　　　　D. RNA 聚合酶的 β 亚基

E. RNA 聚合酶全酶

13. 真核生物 RNA 聚合酶 Ⅱ 催化转录直接产物主要是（　　　）

A. tRNA　　　　B. hnRNA　　　　C. 45S rRNA　　　D. 5.8S rRNA　　　E. mRNA

14. RNA 的转录过程分为（　　　）

A. 解链、引物合成、链的延长和终止

B. 起始、延长和终止

C. 核蛋白体循环的启动、肽链的延长和终止

D. RNA 的剪切和剪接、末端添加核苷酸、修饰及 RNA 编辑

E. 进位—成肽—转位

15. 原核生物的 mRNA 转录终止需要下列哪种因子（　　　）

A. 释放因子　　　B. ρ 因子　　　　C. 信号肽　　　　D. σ 因子　　　　E. 延长因子

16. 真核生物的 mRNA 转录后加工不包括（　　　）

A. 3′ 末端加多聚 A 尾　　　　　　B. 5′ 末端加帽　　　　　　　C. 磷酸化修饰

D. 剪接去除内含子　　　　　　　　E. 连接外显子

17. 下列属于终止密码子的是（　　　）

A. UCA　　　　B. UCG　　　　C. UAC　　　　D. UAA　　　　E. AUG

18. 下列氨基酸中无相应遗传密码的是（　　　）

A. 异亮氨酸　　B. 天冬氨酸　　　C. 脯氨酸　　　　D. 羟赖氨酸　　　E. 谷氨酸

19. 下列有关遗传密码的叙述正确的是（　　　）

A. 遗传密码只代表氨基酸　　　　　B. 一种氨基酸可能有多个密码子

C. 一个密码子可代表多种氨基酸　　D. 每个 tRNA 上的反密码子只能识别一个密码子

E. 不同生物遗传密码一定不同

20. 关于蛋白质合成叙述，错误的是（　　　）

A. 氨基酸以氨基与 tRNA 共价相连　　　　　B. 氨基酸与 tRNA3′ 端连接

C. 核糖体是蛋白质合成的场所　　　　　　　D. mRNA 是多肽合成的直接模板

E. 肽链形成后需加工

21. 蛋白质生物合成过程中能在核蛋白体 E 位上发生的反应是（　　　）

A. 氨基酰 tRNA 进位　　　　　　B. 转肽酶催化反应　　　　　　C. 卸载 tRNA

D. 与释放因子结合　　　　　　　E. 与起始因子结合

22. 下列哪种因子参与蛋白质翻译的延长（　　　）

A. IF　　　　　B. SSB　　　　　C. EF　　　　　D. RF　　　　　E. ρ 因子

23. 参与新生多肽链正确折叠的蛋白质是（　　　）

A. 分子伴侣　　B. G 蛋白　　　　C. 转录因子　　　D. 释放因子　　　E. 泛素

二、判断题

1. DNA 复制是半不连续的。（　　　）

2. DNA 聚合酶和 RNA 聚合酶都催化 3′, 5′-磷酸二酯键的生成。（　　　）

3. 甲硫氨酰-tRNA 只用于起始。（　　　）

4. 一个氨基酸可被多个密码子编码。（　　　）

5. 参与蛋白质生物合成的物质有氨基酸、mRNA、转肽酶、连接酶等。（　　　）

6. DNA 复制和转录时都需要引物。（　　　）

7. 内含子不被转录。（　　　）

8. 翻译过程中肽链合成的方向是从 C 端到 N 端。（　　　）

9. DNA 复制时，子链走向与模板链走向相反。（　　　）

10. 转录时有固定的起点，向一个方向连续聚合。（　　　）

第十二章　细胞信号转导

一、选择题

1. G 蛋白偶联受体含有的跨膜 α-螺旋的数目是（　　　）
   A. 8 个　　　　B. 7 个　　　　C. 6 个　　　　D. 5 个　　　　E. 3 个

2. 作用于细胞内受体的激素是（　　　）
   A. 胰高血糖素　　B. 甲状腺素　　C. 肾上腺素　　D. 胰岛素　　E. 干扰素

3. 有关 PKA 的叙述不正确的是（　　　）
   A. cAMP 能激活 PKA　　　　　　　　B. PKA 是一种别构酶
   C. PKA 是一种 Ser/Thr 型蛋白激酶　　D. PKA 是一种单体蛋白
   E. 对基因表达有调控作用

4. 下列物质中，通过膜受体发挥作用的是（　　　）
   A. 胰岛素　　　　B. 维生素 D　　C. 盐皮质激素　　D. 雄激素　　E. 糖皮质激素

5. 可影响细胞内 cAMP 含量的酶是（　　　）
   A. 腺苷酸环化酶　B. 磷脂酶　　　C. ATP 酶　　D. 磷酸二酯酶　　E. 蛋白激酶

6. 有关 G 蛋白的描述，下列哪一项是错误的（　　　）
   A. 位于细胞膜胞质面的外周蛋白　　　B. 由 α、β、γ 三个亚基组成
   C. 与 GTP 结合后表现活性　　　　　　D. 有 GTP 酶活性
   E. 只有一种 G 蛋白

7. 下列物质中，能激活 PKA 的是（　　　）
   A. cAMP　　　　B. cGMP　　　C. DAG　　D. IP$_3$　　E. AMP

8. 肾上腺素发挥作用时，其第二信使是（　　　）
   A. cAMP　　　　B. cGMP　　　C. cCMP　　D. AMP　　E. GMP

9. 受体的化学本质是（　　　）
   A. 肽类　　　　B. 脂蛋白　　　C. 多糖　　D. 糖蛋白　　E. 脂类

10. 有关 IP$_3$ 作用的描述，正确的是（　　　）
    A. 是肌醇的活化形式　　　　　　　　B. 是多种肽类激素的第二信使
    C. 直接激活蛋白激酶 A　　　　　　　D. 在细胞内供能
    E. 是细胞膜的结构成分

11. 有关受体型 TPK 的叙述，下列哪一项是错误的（　　　）
    A. 与配体结合后可变构
    B. 为跨膜蛋白质
    C. 本身具有蛋白激酶活性
    D. 其丝氨酸/苏氨酸残基可被自身磷酸化
    E. 磷酸化后参与信息转导

12. 下列能激活 PKC 的物质是（　　　）
    A. cAMP　　　　B. cGMP　　　　C. IP_3　　　　D. DAG　　　　E. Ca^{2+}

13. 类固醇激素的作用方式是（　　　）
    A. 激素可进入核内，直接促进转录
    B. 激素与受体结合后可激活 G 蛋白
    C. 激素与受体结合后可激活热休克蛋白
    D. 激素与受体结合后可激活转录因子
    E. 其受体本身具有转录因子作用

14. 有关激素作用机制的叙述，错误的是（　　　）
    A. 激素可看作第一信使
    B. 激素只有与其受体结合才能发挥作用
    C. 所有激素必须通过第二信使才能发挥作用
    D. 甲状腺素与维生素 D 作用机制相似
    E. 肽类激素与雄性激素作用机制不同

15. 有关激素和受体的叙述，正确的是（　　　）
    A. 激素与受体有高度的亲合力，一旦结合就不能分离
    B. 受体有高度特异性，除激素外任何物质均不能与受体结合
    C. 每种激素都有其特异的受体，所以激素可与受体的任意部位结合
    D. 同激素一样，受体的含量是可变的
    E. 激素与受体的结合为共价结合

16. 以下哪种物质不直接参与信息传递（　　　）
    A. PIP_2　　　　B. IP_3　　　　C. cGMP　　　　D. cAMP　　　　E. DAG

17. 以下哪一种配体通过膜受体发挥作用（　　　）
    A. 类固醇　　　　B. 胰岛素　　　　C. 甲状腺素　　　　D. 维生素 D　　　　E. 雌激素

18. 通常与 G 蛋白偶联的受体存在于（　　　）
    A. 细胞膜　　　　B. 细胞质　　　　C. 内质网　　　　D. 线粒体　　　　E. 细胞核

19. G 蛋白与下列哪种物质结合时表现活性（　　　）
    A. GDP　　　　B. ADP　　　　C. ATP　　　　D. GTP　　　　E. cGMP

20. 通过受体型蛋白酪氨酸激酶途径发挥作用的是（　　　）
    A. 胰岛素　　　　B. 甲状腺素　　　　C. NO　　　　D. 生长因子　　　　E. 胰高血糖素

二、判断题

1. 受体是细胞膜上或细胞内能识别生物活性分子并与之结合的糖蛋白。（　　　）

2. G 蛋白是一类和 GTP 或 GDP 结合的，位于细胞膜胞液面的外周蛋白。（　　　）

3. 受体与配体的结合具有高度的专一性，二者是通过共价键结合。（　　　）

4. 一条信息途径的成员，只参与激活同一条信息途径，一种信号分子可作用几条信息转导途径。（　　　）

5. 两种不同的信息途径可共同作用于同一种效应蛋白，或同一基因调控区而协同发挥作用。（　　　）

6. 蛋白质磷酸化后被激活，去磷酸化后被灭活。（　　　）

7. 类固醇激素与其受体结合后，可使受体的构象发生改变，并形成类固醇激素-受体复合物以二聚体形式穿过核孔进入核内。（　　　）

第十三章 肝的生物化学

一、选择题

（一）单选题

1. 胆道阻塞时，可能导致下列何种维生素缺乏（　　）
   A. 维生素 PP　　　B. 维生素 B_1　　　C. 维生素 C　　　D. 维生素 B_2　　　E. 维生素 K

2. 肝脏合成最多的血浆蛋白质是（　　）
   A. 清蛋白　　　B. $α_1$-球蛋白　　　C. β-球蛋白　　　D. γ-球蛋白　　　E. $α_2$-球蛋白

3. 激素灭活的主要器官是（　　）
   A. 肝　　　B. 肾　　　C. 脾　　　D. 皮肤　　　E. 肠

4. 肝脏疾病的男性患者出现乳房发育、蜘蛛痣，主要是由于（　　）
   A. 雌激素分泌过多　　　　　　　　　　　　B. 雌激素分泌过少
   C. 雌激素灭活不好　　　　　　　　　　　　D. 雄激素灭活不好
   E. 雄激素分泌过少

5. 生物转化最主要的组织器官是（　　）
   A. 肝　　　B. 肾　　　C. 脾　　　D. 皮肤　　　E. 肠

6. 生物转化的主要目的是（　　）
   A. 解毒　　　B. 灭活激素　　　C. 使药物药理作用减弱
   D. 使药物药理作用增强　　　E. 增强非营养物质的水溶性，加快排泄

7. 生物转化的反应类型不包括（　　）
   A. 氧化反应　　　B. 还原反应　　　C. 水解反应　　　D. 结合反应　　　E. 脱羧反应

8. 生物转化的第二相反应为（　　）
   A. 氧化反应　　　B. 还原反应　　　C. 水解反应　　　D. 结合反应　　　E. 酯化反应

9. 生物转化第二项反应中最重要的结合反应是（　　）
   A. 谷胱甘肽结合　　　　　　　B. 葡萄糖醛酸结合　　　　　　　C. 硫酸结合
   D. 乙酰基结合　　　　　　　E. 甘氨酸结合

10. 结合反应中提供葡萄糖醛酸的物质是（　　）
    A. UDPG　　　B. UDPGA　　　C. PAPS　　　D. SAM　　　E. 谷胱甘肽

11. 生物转化的主要作用不包括（　　）
    A. 增强非营养物质水溶性，促进排泄　　　　　B. 解毒作用　　　C. 使激素灭活
    D. 减弱药物药理作用　　　　　　　　　　　E. 氧化营养物质

12. 体内能转变成胆汁酸的物质是（　　）
    A. 葡萄糖　　　B. 脂肪酸　　　C. 胆固醇　　　D. 氨基酸　　　E. 甘油

13. 属于初级游离胆汁酸的是（　　）
    A. 甘氨胆酸　　　　　　　B. 石胆酸　　　　　　　C. 脱氧胆酸
    D. 鹅脱氧胆酸　　　　　　E. 牛磺脱氧胆酸

14. 属于结合胆汁酸的是（　　）
    A. 胆酸　　　B. 石胆酸　　　C. 脱氧胆酸　　　D. 鹅脱氧胆酸　　　E. 甘氨胆酸

15. 在肠道中很少重吸收，大多随粪便排出的胆汁酸是（　　　）

    A. 胆酸　　　　B. 脱氧胆酸　　　　C. 鹅脱氧胆酸　　　　D. 石胆酸　　　　E. 甘氨胆酸

16. 下列化合物哪一个不是胆色素（　　　）

    A. 血红素　　　　B. 胆绿素　　　　C. 胆红素　　　　D. 胆素原　　　　E. 胆素

17. 血浆中运输胆红素的载体是（　　　）

    A. 清蛋白　　　　B. α-球蛋白　　　　C. 脂蛋白　　　　D. γ-球蛋白　　　　E. β-球蛋白

18. 胆红素在肝中与以下哪种物质反应生成结合胆红素（　　　）

    A. UDPG　　　　B. UDPGA　　　　C. PAPS　　　　D. 甘氨酸　　　　E. 谷胱甘肽

19. 溶血性黄疸时血浆中升高的是（　　　）

    A. 胆素原　　　　B. 胆素　　　　C. 未结合胆红素　　D. 结合胆红素　　　　E. 胆绿素

20. 溶血性黄疸时，错误的说法是（　　　）

    A. 血中游离胆红素增加　　　　　　　　B. 粪胆素原增加

    C. 尿胆素原增加　　　　　　　　　　　D. 尿中出现胆红素

    E. 粪便颜色加深

(二) 多选题（每题有两个或两个以上正确答案）

1. 由于肝功能异常，可能引起的疾病有（　　　）

    A. 黄疸　　　　B. 高血糖　　　　C. 脂肪肝　　　　D. 高血氨　　　　E. 胆结石

2. 胆色素包括（　　　）

    A. 胆红素　　　　B. 胆绿素　　　　C. 胆素原　　　　D. 胆素　　　　E. 胆汁酸

3. 胆汁酸的生理功能是（　　　）

    A. 促进脂类的消化和吸收　　　　B. 维持胆汁中胆固醇的溶解状态　　C. 转变为糖

    D. 氧化供能　　　　　　　　　　E. 转变为核酸

4. 结合胆红素的特点是（　　　）

    A. 水溶性大　　　　B. 细胞膜通透性大　　　　C. 可以由尿排出

    D. 毒性大　　　　E. 又称为直接胆红素

5. 黄疸根据其形成原因不同可分为（　　　）

    A. 溶血性黄疸　　　　B. 红细胞性黄疸　　　　C. 白细胞性黄疸

    D. 阻塞性黄疸　　　　E. 肝细胞性黄疸

6. 患肝细胞性黄疸时，患者血尿改变有（　　　）

    A. 血中结合胆红素增高　　　　　　B. 血中未结合胆红素增高

    C. 尿胆红素阳性　　　　　　　　　D. 尿胆素不定

    E. 尿胆红素阴性

7. 肝中可进行的代谢有（　　　）

    A. 酮体的生成　　　B. 酮体的利用　　　C. 胆固醇的合成

    D. 脂肪的合成　　　　　　　　　E. 胆汁酸的合成

8. 生物转化第一相反应包括（　　　）

    A. 氧化反应　　　　B. 还原反应　　　C. 结合反应　　　　D. 水解反应　　　　E. 羟化反应

二、判断题

1. 胆色素不一定都有颜色。（　　　）

2. PAPS 可参与葡萄糖醛酸结合反应。（　　　）

3. 生物转化作用有解毒和致毒的两重性。（　　　）

4. 肝细胞除合成自身所需要的蛋白质外，还可合成多种血浆蛋白质。（　　　）

5. 与血浆清蛋白结合的胆红素称结合胆红素。（　　　）

第十四章　水和电解质代谢

一、选择题

1. 细胞外液中主要的阳离子是（　　　）
   A. Na^+　　　　　B. Fe^{2+}　　　　　C. Ca^{2+}　　　　　D. K^+　　　　　E. Mg^{2+}

2. 血清钾浓度的正常范围是（　　　）
   A. 130～150mmol/L　　　　　　B. 140～160mmol/L
   C. 3.5～5.5mmol/L　　　　　　D. 0.75～1.25mmol/L
   E. 2.25～2.75mmol/L

3. 血液 pH 主要取决于血浆中（　　　）
   A. $[Pr^-]/[HPr^-]$　　　　　　　B. $[HCO_3^-]/[H_2CO_3]$
   C. $[Hb^-]/[HHb]$　　　　　　　　D. $[HbO^{2-}]/[HHbCO_2]$
   E. $[HPO_4^{2-}]/[H_2PO_4^-]$

4. 下述关于血磷的描述哪项不正确（　　　）
   A. 正常血磷浓度波动于 0.97～1.61mmol/L
   B. 甲状腺素是调节磷代谢的主要激素
   C. 磷主要由小肠吸收，由肾排出
   D. 肾功能衰竭常引起高磷血症
   E. 高磷血症是肾性骨营养不良的主要发病因素

5. 对神经、骨骼肌和心肌来说，均是抑制性阳离子的是（　　　）
   A. Na^+　　　　　B. K^+　　　　　C. Ca^{2+}　　　　　D. Mg^{2+}　　　　　E. HCO_3^-

6. 有关体液的正确描述为（　　　）
   A. 电解质在细胞内外的分布不均匀　　　B. 电解质在组织间液与血浆的分布不均匀
   C. 血管壁对各种无机离子的通透性不同　D. 血浆比细胞内的蛋白质浓度高
   E. 钠是细胞内液中含量最多的离子

7. 血浆约占体重的（　　　）
   A. 3%　　　　　B. 5%　　　　　C. 10%　　　　　D. 15%　　　　　E. 20%

8. 有关电解质的错误描述是（　　　）
   A. 电解质主要包括 K^+、Na^+、Ca^{2+}、Mg^{2+}、Cl^-、HPO_4^{2-}、HCO_3^- 等
   B. A 项所列电解质都是维持细胞膜两侧渗透平衡和酸碱平衡的主要因素
   C. 血浆中 K^+、Mg^{2+} 浓度升高，神经、肌肉的应激性降低
   D. 铁、铜、锌、锰、钴、钼都是微量元素
   E. 许多微量元素都是酶的辅酶或激活剂

9. 体液中各部分间渗透压关系是（　　　）
   A. 细胞内高于细胞外　　　　　B. 细胞内低于细胞外
   C. 血浆低于组织间液　　　　　D. 组织间液低于细胞内液

E. 细胞内外液基本相等

10. 关于水生理功能的错误叙述是（　　　）

　　A. 构成体液的主要成分　　　　　　B. 参与某些生物化学反应

　　C. 作为物质交换及运输的媒介　　　D. 可解离成 H^+ 和 OH^-

　　E. 作为各种组分的溶剂

11. 正常成人每日消耗混合食物，可产生的水量（ml）为（　　　）

　　A. 50　　　　　　B. 100　　　　　　C. 200　　　　　　D. 250　　　　　　E. 300

12. 细胞外液 K^+ 离子浓度约为（　　　）

　　A. 50mmol/L　　　　　　　　　　B. 0.5mmol/L

　　C. 5mmol/L　　　　　　　　　　　D. 3mmol/dl

　　E. 5mg/L

13. 低血钾的阈值（mmol/L）是（　　　）

　　A. 2.5　　　　　　B. 3.5　　　　　　C. 4.5　　　　　　D. 5.5　　　　　　E. 6.5

14. 患者出现高血钾时，应当（　　　）

　　A. 输入 NaCl　　　　　　　　　　B. 输入 $NaHCO_3$

　　C. 输入葡萄糖中加适量胰岛素　　　D. 输入全血

　　E. 输入 NaCl＋葡萄糖

15. 肾对水盐代谢的调节主要是通过（　　　）

　　A. 肾上腺素　　　B. 抗利尿激素　　　C. 醛固酮　　　D. A＋B　　　E. B＋C

16. 影响 ADH 分泌的因素中，哪项是错误的（　　　）

　　A. 体液渗透压↑，ADH 分泌增多

　　B. 体液渗透压↓，ADH 分泌增多

　　C. 体液渗透压↓，ADH 分泌减少

　　D. 血容量↑，ADH 分泌减少

　　E. 动脉血压↑，ADH 分泌减少

17. 酸中毒时常伴有血钾过高，其主要原因是（　　　）

　　A. NH_4^+-Na^+ 交换增加　　　　　　B. H^+-Na^+ 交换加强

　　C. 使细胞内 K^+ 逸出细胞　　　　　　D. 醛固酮分泌减少

　　E. 肾衰竭，排 K^+ 障碍

18. 妨碍肠道钙吸收的物质是（　　　）

　　A. 乳酸　　　　B. 氨基酸　　　　C. 抗坏血酸　　　　D. 柠檬酸　　　　E. 草酸盐

19. 下列哪项是影响钙吸收的主要因素（　　　）

　　A. 肠液 pH　　　　　　　　　　B. 食物中钙盐的种类及溶解度

　　C. 食物所含植酸磷酸盐等　　　　D. 甲状旁腺素

　　E. 1,25-二羟维生素 D_3

二、判断题

1. 血钙中直接发挥生理作用的部分是游离 Ca^{2+}。（　　　）

2. 正常人血浆中 [Ca] × [P] 值约为 20。（　　　）

3. Ca^{2+} 和 K^+ 均能降低神经、肌肉的应激性。（　　　）

4. 甲状旁腺素的作用是使血钙升高、血磷降低。（　　　）

5. 血钾浓度低于 3.5mmol/L 称低血钾。（　　　）

第十五章　酸碱平衡的调节

一、选择题

1. 机体对固定酸缓冲的主要缓冲系统是（　　　）
   A. 血浆蛋白缓冲系统　　　　　　　B. 血红蛋白缓冲系统
   C. 磷酸盐缓冲系统　　　　　　　　D. 碳酸氢盐缓冲系统
   E. 氧合血红蛋白缓冲系统

2. 血液中运输 CO_2 的主要形式是（　　　）
   A. 红细胞内氨基甲酸血红蛋白　　　B. 溶解在血液中的 HCO_3^-
   C. 溶解在血液中的 CO_2　　　　　D. 与血浆蛋白结合的 CO_2
   E. 红细胞内的 H_2CO_3

3. 血液 pH＞7.45 称为（　　　）
   A. 失代偿性呼吸性碱中毒　　　　　B. 失代偿性代谢性碱中毒
   C. 失代偿性碱中毒　　　　　　　　D. 失代偿性酸中毒
   E. 呼吸性碱中毒

4. 血液 pH＞7.45，血浆 H_2CO_3 浓度过低，可能为（　　　）
   A. 失代偿性呼吸性碱中毒　　　　　B. 失代偿性代谢性碱中毒
   C. 失代偿性碱中毒　　　　　　　　D. 失代偿性酸中毒
   E. 失代偿性代谢性酸中毒

5. 糖代谢紊乱致体内 β-羟丁酸和乙酰乙酸过多，血液发挥缓冲作用的主要是（　　　）
   A. 血浆蛋白缓冲系统　　　　　　　B. 血红蛋白缓冲系统
   C. 磷酸盐缓冲系统　　　　　　　　D. 碳酸氢盐缓冲系统
   E. 氧合血红蛋白缓冲系统

6. 钾代谢与酸碱平衡的关系（　　　）
   A. 高血钾致碱中毒　　　　　　　　B. 酸中毒致高血钾
   C. 碱中毒致高血钾　　　　　　　　D. 低血钾致酸中毒
   E. 以上都不是

二、判断题

1. 肺通气过度，血 HCO_3^- 代偿性增高。（　　　）
2. 乳酸是代谢产生的固定酸。（　　　）
3. 碱中毒引起高血钾。（　　　）

参考文献

［1］　查锡良，药立波.生物化学与分子生物学.第 8 版.北京：人民卫生出版社，2014.

［2］　查锡良.生物化学.第 7 版.北京：人民卫生出版社，2008.

［3］　高国全.生物化学.第 3 版.北京：人民卫生出版社，2013.

［4］　张又良，郭桂平.生物化学.北京：人民卫生出版社，2016.

［5］　何旭辉，吕士杰.生物化学.第 7 版.北京：人民卫生出版社，2014.

［6］　王晓凌，田华.生物化学.第 2 版.南京.江苏科技出版社，2015.

［7］　吴梧桐.生物化学.第 3 版.北京：中国医药科技出版社，2015.

［8］　王允祥，李峰.生物化学.武汉：华中科技大学出版社，2011.

［9］　谢达平.食品生物化学.第 2 版.北京：中国农业出版社，2014.

［10］　叶纪诚，扈瑞平，邓秀玲.生物化学与分子生物学.北京：中国医药科技出版社，2014.

［11］　黄熙泰.现代生物化学.第 3 版.北京：化学工业出版社，2012.

［12］　林德馨.生物化学.第 3 版.北京：人民卫生出版社，2013.

［13］　倪菊华，郑弋萍，刘观昌.医学生物化学.第 4 版.北京：北京大学医学出版社，2014.

［14］　李刚.生物化学.第 3 版.北京：北京大学医学出版社，2013.

［15］　郑里翔.生物化学.北京：中国医药科技出版社，2015.

［16］　杨海灵，蒋湘宁.基础生物化学.北京：中国林业出版社，2015.

［17］　杨荣武.生物化学原理.第 2 版.北京：高等教育出版社，2012.

［18］　童坦君，李刚.生物化学.第 2 版.北京：北京大学医学出版社，2009.